直升机地面停放环境谱编制与应用

吴云章　吴护林　主编
李　健　张伦武　王成章　副主编

国防工业出版社
·北京·

内容简介

本书介绍了直升机地面停放环境谱的内涵、编制方法、编制流程和国内外研究现状，阐明了与环境谱编制相关的环境因素监测要求，重点分析了内陆湿热、沿海湿热、高寒高沙、高原低气压及湿热海岸沙漠等地区直升机地面停放环境谱编制过程，给出了直升机全地域地面停放环境谱编制思路和相关应用案例。

本书适合直升机装备论证、设计、使用、维护与管理等相关工程技术人员使用，对环境工程领域相关人员也有重要参考价值。

图书在版编目(CIP)数据

直升机地面停放环境谱编制与应用 / 吴云章, 吴护林主编. —北京：国防工业出版社, 2025.1. —ISBN 978-7-118-13537-4

Ⅰ. V257

中国国家版本馆CIP数据核字第2025CZ8404号

※

国防工业出版社 出版发行

（北京市海淀区紫竹院南路23号　邮政编码100048）
北京虎彩文化传播有限公司印刷
新华书店经售

*

开本 787×1092　1/16　印张 18　字数 411千字
2025年1月第1版第1次印刷　印数 1—1000册　定价 120.00元

（本书如有印装错误，我社负责调换）

国防书店：(010)88540777　　发行邮购：(010)88540776
发行传真：(010)88540755　　发行业务：(010)88540717

编写委员会

主　　编　吴云章　吴护林
副 主 编　李　健　张伦武　王成章
委　　员　钟　勇　肖　阳　周　堃　吴　帅
　　　　　朱玉琴　沈　军　李宗原　李昌范
　　　　　许　斌　舒　畅　郭赞洪　石金大
　　　　　吴　勇　王丽萍　张　颂　韩振飞
　　　　　叶永林　冯利军　滕俊鹏　佘祖新
　　　　　苏　艳　杨小奎　张京亮　陈翌春
　　　　　王晓辉　张体磊　杨　祎　孙晓婷
　　　　　任宇楼　罗来正　李昊瑜

前　言

新形势下,我国直升机等航空装备迅速发展。为了从源头加强、提升装备的环境适应性,满足武器装备"好用、管用、耐用、适用"的要求,延长武器装备使用寿命,支撑武器装备多环境、多地域使用,为"能打仗、打胜仗"提供有力的装备质量保障已成为当前急需。但长期以来,部分通过定型鉴定、列装部队后的直升机装备在服役过程中经常面临两个"拦路虎":一是装备服役环境适应性问题频发,直接影响战备;二是装备日历寿命定寿科学性不足,考核验证不充分,延寿难度大。解决这些问题,归根结底离不开对装备服役环境的科学认知和充分的试验验证。

直升机作为陆军航空兵主战装备,在日历寿命期内,绝大多数时间处于地面停放状态,各种不同的地面停放环境会对直升机造成不同的影响。全面掌握不同地面停放环境下的主要环境特点,摸清影响直升机的主要环境因素及其变化规律,对于直升机在各种不同服役条件下正常使用具有重要意义。地面停放环境谱是对直升机使用环境的量化表征。通过编制科学、合理、有效的各类直升机地面停放自然环境谱和实验室模拟加速试验谱,可为直升机环境适应性论证、设计、研制、改进、腐蚀防护、故障预防,外场维护维修策略制定,以及疲劳寿命和日历寿命定寿、延寿等提供使用环境输入和验证考核条件,其应用于直升机论证、设计、研制、生产和修理维修保障等全寿命周期。

近年来,伴随着我国军用/民用直升机市场的不断发展,直升机面临的环境适应性问题也日益突出。直升机型号管理、论证、研制、使用、维护、修理等相应单位都对直升机环境工程提出了明确需求,迫切要求在型号研制总要求中量化环境条件,引入实验室加速模拟试验要求,明确耐久性指标考核方式,在试验验证、定型鉴定等方面建立并推广具有直升机特点的实验室加速模拟试验方法。为此,自2014年以来,直升机相关论证和研究单位结合当前现状与发展需求,组织力量集中开展了典型地域直升机环境谱编制、老龄机日历寿命延寿、腐蚀维修等系列工作,经过多年来的不断探索研究与积累,取得了一些研究成果,解决了装备面临的一些紧迫问题,发挥了良好的示范作用,也为后续研究奠定了良好基础。

在系统总结多年相关研究工作的基础上,我们组织一线科研人员编写了本书,以期促进相关技术领域的共同进步。全书共分为10章。第1章是对直升机地面停放环境谱的概括性介绍,主要包括直升机、直升机面临的环境、环境对直升机的影响、直升机环境谱的定义及内涵、编制直升机地面停放环境谱的作用和意义等内容。第2章重点介绍直升机地面停放环境谱的编制方法与流程。第3章介绍了国内外相关领域的研究现状。第4章详细介绍了与地面停放环境谱编制相关的环境因素监测基本要求。第5~9章以内陆湿热、沿海湿热、高寒高沙、高原低气压和湿热海岸沙漠等地区为例,重点介绍了典型直升机地面停放环境谱编制过程。第10章面向未来发展介绍了直升机全地域地面停放环境谱编制思路,给出了直升机地面停放环境谱典型应用案例。

在编写过程中,直升机论证、研究单位和中国兵器工业第五九研究所等相关单位科研人员付出了辛勤劳动,同时也参考了许多专家、同行的著作和论文,在此表示深深感谢。由于时间仓促,作者们的水平有限,书中难免存在不妥之处,敬请各位读者批评指正。

目　录

第一章　概述 ··· 1

　1.1　直升机 ·· 1

　　1.1.1　直升机的分类 ··· 1

　　1.1.2　直升机的组成 ··· 1

　　1.1.3　直升机的应用 ··· 2

　1.2　直升机面临的环境 ·· 2

　　1.2.1　自然环境 ·· 2

　　1.2.2　诱发环境 ·· 2

　1.3　环境对直升机的影响 ·· 2

　1.4　直升机地面停放环境谱的定义及内涵 ·· 5

　　1.4.1　地面停放自然环境谱 ·· 5

　　1.4.2　实验室加速模拟试验谱 ·· 6

　1.5　直升机地面停放环境谱的作用 ·· 6

　　1.5.1　地面停放环境谱是直升机定寿中腐蚀因素修正疲劳寿命的基础 ······ 6

　　1.5.2　地面停放环境谱是开展直升机日历寿命定寿、延寿工作的基础 ······· 7

　　1.5.3　地面停放环境谱是直升机环境耐久性和腐蚀防护设计的基础 ········· 7

　　1.5.4　地面停放环境谱是制定外场修理和使用维护策略的基础 ················ 7

　1.6　编制直升机地面停放环境谱的意义 ··· 8

第二章　直升机地面停放环境谱的编制方法与流程 ··························· 9

　2.1　直升机地面停放环境谱编制方法与流程 ····································· 9

　　2.1.1　环境要素的筛选 ·· 9

　　2.1.2　直升机地面停放环境谱的主体内容 ······································· 9

　　2.1.3　直升机地面停放环境谱的编制程序 ····································· 15

　　2.1.4　单项环境因素环境谱的编制方法 ··· 16

　　2.1.5　直升机地面停放总体环境谱的编制方法 ······························ 18

　　2.1.6　直升机局部环境谱的编制方法 ··· 18

　2.2　直升机地面停放加速模拟试验环境谱编制方法与流程 ············· 19

　　2.2.1　编制原则 ·· 19

2.2.2　编制流程和方法 ·· 20

第三章　国内外相关领域研究现状 ··· 23
  3.1　国外相关领域研究现状 ··· 23
  3.2　国内相关领域研究现状 ··· 24

第四章　大气环境因素监测 ··· 26
  4.1　大气环境因素监测通用要求 ·· 26
   4.1.1　适用范围 ·· 26
   4.1.2　大气环境因素监测相关标准规范 ··· 26
   4.1.3　环境因素名词释义 ··· 27
   4.1.4　监测项目及参数 ·· 28
   4.1.5　气象因素观测通用要求 ·· 30
   4.1.6　大气污染物监测要求 ·· 31
   4.1.7　数据统计要求 ··· 35
  4.2　直升机地面停放环境因素监测要求 ·· 36
   4.2.1　环境因素的选择 ·· 36
   4.2.2　环境因素数据的获取 ·· 37
   4.2.3　环境因素数据采集 ··· 37
  4.3　环境因素数据采集实施 ··· 42

第五章　内陆湿热地区直升机地面停放环境谱编制 ······································· 45
  5.1　内陆湿热地区的定义 ·· 45
  5.2　内陆湿热环境对直升机的影响 ··· 45
  5.3　内陆湿热地区直升机典型腐蚀/老化案例 ··· 45
  5.4　地面停放自然环境谱编制 ··· 47
   5.4.1　环境因素数据采集实施 ·· 47
   5.4.2　环境因素数据报表 ··· 47
   5.4.3　环境因素数据分析 ··· 51
   5.4.4　自然环境谱编制 ·· 71
  5.5　地面停放加速模拟试验环境谱编制 ·· 77
   5.5.1　地面停放加速模拟试验环境谱编制对象 ······································· 77
   5.5.2　地面停放加速模拟试验环境谱设计 ··· 77
   5.5.3　地面停放加速模拟试验环境谱剪裁 ··· 79
  5.6　地面停放加速模拟试验环境谱验证 ·· 80
   5.6.1　自然环境暴露试验验证 ·· 80

  5.6.2 实验室加速模拟试验验证 ··· 88
  5.6.3 实验室加速模拟试验与户外大气暴露试验对比分析 ················ 92

第六章 沿海湿热地区直升机地面停放环境谱编制 ································ 95
6.1 沿海湿热地区的定义 ··· 95
6.2 沿海湿热环境对直升机的影响 ·· 95
6.3 沿海湿热地区直升机典型腐蚀/老化案例 ····································· 95
6.4 地面停放自然环境谱编制 ··· 96
  6.4.1 环境因素数据采集实施 ·· 96
  6.4.2 环境因素数据报表 ··· 96
  6.4.3 环境因素数据分析 ·· 102
  6.4.4 自然环境谱编制 ··· 117
6.5 地面停放加速模拟试验环境谱编制 ··· 124
  6.5.1 地面停放加速模拟试验环境谱编制对象 ··························· 124
  6.5.2 地面停放加速模拟试验环境谱设计 ································· 124
6.6 地面停放加速模拟试验环境谱验证 ··· 127
  6.6.1 自然环境暴露试验验证 ·· 127
  6.6.2 实验室加速模拟试验验证 ·· 133
  6.6.3 实验室加速模拟试验与户外大气暴露试验对比分析 ·············· 137

第七章 高寒高沙地区直升机地面停放环境谱编制 ······························· 138
7.1 高寒高沙地区的定义 ·· 138
7.2 高寒高沙环境对直升机的影响 ··· 138
7.3 高寒高沙地区直升机典型腐蚀/老化案例 ··································· 138
7.4 地面停放自然环境谱编制 ·· 139
  7.4.1 环境因素数据采集实施 ·· 139
  7.4.2 环境因素数据报表 ··· 139
  7.4.3 环境因素数据分析 ··· 156
  7.4.4 高寒高沙地区直升机地面停放自然环境谱编制 ··················· 171
  7.4.5 高寒高沙地区直升机地面停放综合环境谱编制 ··················· 177
7.5 地面停放加速模拟试验环境谱编制 ··· 178
  7.5.1 地面停放加速模拟试验环境谱编制对象 ··························· 178
  7.5.2 地面停放加速模拟试验环境谱设计 ································· 178
  7.5.3 地面停放加速模拟试验环境谱剪裁 ································· 181
7.6 地面停放环境大气暴露试验 ··· 181
  7.6.1 大气暴露试验对象 ··· 181

7.6.2　大气暴露试验过程 …………………………………………… 189
　　7.6.3　大气暴露试验结果 …………………………………………… 191

第八章　高原地区直升机地面停放环境谱编制 …………………………… 196

8.1　高原地区的定义 …………………………………………………… 196
8.2　高原环境对直升机的影响 ………………………………………… 196
8.3　高原地区直升机典型腐蚀/老化案例 …………………………… 196
8.4　地面停放自然环境谱编制 ………………………………………… 198
　　8.4.1　环境因素数据采集实施 ……………………………………… 198
　　8.4.2　环境因素数据报表 …………………………………………… 198
　　8.4.3　环境因素数据分析 …………………………………………… 209
　　8.4.4　高原地区直升机地面停放自然环境谱编制 ……………… 230
8.5　地面停放加速模拟试验环境谱编制 ……………………………… 237
　　8.5.1　地面停放加速模拟试验环境谱编制对象 ………………… 237
　　8.5.2　地面停放加速模拟试验环境谱设计 ……………………… 237
　　8.5.3　地面停放加速模拟试验环境谱剪裁 ……………………… 241
　　8.5.4　地面停放加速模拟试验环境谱验证/修正思路 …………… 241
8.6　地面停放环境大气暴露试验 ……………………………………… 241
　　8.6.1　大气暴露试验对象 …………………………………………… 241
　　8.6.2　大气暴露试验过程 …………………………………………… 247
　　8.6.3　大气暴露试验结果 …………………………………………… 248

第九章　湿热海岸沙漠地区直升机地面停放环境谱编制 ………………… 258

9.1　湿热海岸沙漠地区的定义 ………………………………………… 258
9.2　湿热海岸沙漠环境对直升机的影响 ……………………………… 258
9.3　地面停放自然环境谱编制 ………………………………………… 259
　　9.3.1　环境因素数据分析 …………………………………………… 259
　　9.3.2　地面停放自然环境谱编制 …………………………………… 263

第十章　直升机全地域地面停放环境谱编制思路与应用案例 …………… 267

10.1　直升机全地域地面停放环境谱编制思路 ……………………… 267
10.2　直升机地面停放环境谱应用案例 ……………………………… 268
　　10.2.1　基于电化学阻抗的直升机涂层日历寿命评估 …………… 268
　　10.2.2　直升机地面停放局部环境谱编制 ………………………… 273

参考文献 …………………………………………………………………… 275

第一章 概述

1.1 直升机

直升机是一种由发动机驱动旋翼旋转产生升力且具有垂直起降和空中悬停等能力的飞行器。通过称为"倾斜盘"的机构可以改变直升机旋翼的桨叶角,从而实现旋翼周期变距,以此改变旋翼旋转平面不同位置的升力来改变直升机的飞行姿态,再以升力方向变化改变飞行方向。同时,直升机升空后发动机是保持在一个相对稳定的转速下,通过调整旋翼的总距得到不同的总升力来控制直升机的上升和下降。直升机独特的飞行原理和操纵系统,使其具有其他飞行器所不具备的特殊本领和独特性能,如可以垂直起飞、垂直降落,能够向前、后、左、右等方向飞行,可以在允许的高度上悬停和空中定点转弯等。

1.1.1 直升机的分类

直升机通常按照平衡旋翼反扭矩的方式分类,可分为单旋翼式、双旋翼式和多旋翼式。

1. 单旋翼式

直升机上仅安装一副旋翼,升力和推进力均由其产生,安装在机身尾部的尾桨提供平衡旋翼的反扭矩。这是当今技术最成熟、数量最多的直升机形式。

2. 双旋翼式

直升机上安装两副旋翼,旋转方向相反抵消反扭矩。双旋翼直升机有两种:一种是共轴双旋翼,即两个旋翼同一个轴心;另一种是分轴双旋翼,即两个旋翼分开比较远,各有各自的轴。分轴双旋翼直升机还可以根据两根旋翼轴的相对位置分为纵列双旋翼直升机、横列双旋翼直升机以及横列交叉双旋翼直升机。

3. 多旋翼式

直升机上安装多副旋翼,通过多副旋翼实施相反方向旋转,抵消单个旋翼产生的反扭矩。目前,多旋翼直升机一般在小型无人机上出现较多。

1.1.2 直升机的组成

最典型的单旋翼直升机主要由旋翼、尾桨、动力装置、传动系统、操纵系统、机身、起落装置和机载设备等部分组成。旋翼是产生向上拉力使直升机离地升空的部件,并能产生水平方向的分力,实现直升机的前飞、后飞、侧飞动作。旋翼既是升力面,也是操纵面。尾桨是安装在直升机尾端的小螺旋桨,它的旋转平面与旋翼的旋转平面垂直,作用是用来平衡旋翼作用在机身上的反扭矩,保持直升机的航向。动力装置一般为涡轴发动机,通过传动系统中主减速器、中尾减速器和传动轴,将功率传递给旋翼和尾桨。操纵系统由三部分组成:总距-油门系统同时控制发动机的油门和旋翼的桨距,驾驶杆系统控制自动倾斜器的倾斜方向,脚蹬系统控制尾桨的桨距。

1.1.3 直升机的应用

直升机能够垂直起落,对起降场要求低;能在空中进行前、后、左、右各个方向任意运动,并且在一定高度下能够悬停,因此能够承担其他交通工具无法完成的任务。例如,可以在山顶、峡谷、舰艇艇面、海洋油井平台等处起落,可以在悬崖绝壁、水面上悬停,以执行救援人员或运载物资等任务。直升机这些特点,使它在军事和民用领域具有广阔的用途及发展前景。在军用方面已广泛应用于对地攻击、机降登陆、武器运送、后勤支援、战场救护、侦察巡逻、指挥控制、通信联络、反潜扫雷、电子对抗等。在民用方面应用于短途运输、医疗救护、救灾救生、紧急营救、吊装设备、地质勘探、护林灭火、空中摄影等。海上油井与基地间的人员及物资运输是民用的一个重要方面。

1.2 直升机面临的环境

直升机在全寿命周期内,要经历立项论证、设计、研发、生产、试飞、运输、贮存、考核、训练、战备执勤、演习、作战以及报废等状态,均会受到各种气候、力学和电磁环境的单独、组合及综合的作用。一般将直升机面临的环境分为自然环境和诱发环境。

1.2.1 自然环境

自然环境是指自然界中由非人为因素构成的环境,它是由自然力产生的,无论直升机处于静止状态或工作状态,都受这种环境的影响。所以自然环境是一种与直升机的存在形态和工作形态无关的环境。自然环境又分为地面环境和空中环境。

直升机地面环境,主要指直升机在地面停放时所处的环境。统计表明,军用直升机的地面停放时间约占总使用时间的96%,是直升机结构、腐蚀防护涂层等性能退化的重要因素。空中环境是指直升机执行任务所处的空中环境,随直升机执行任务区域的不同变化较大。直升机在使用过程中会承受载荷与环境的共同作用,且直升机内部区域不同,其局部环境的差异较大。

1.2.2 诱发环境

诱发环境是指任何人为活动、平台、其他装备或装备自身产生的局部环境,也就是说诱发环境可能是人为的或武器装备自身工作过程中产生的,也可能是自然环境与武器装备的物理化学特性综合作用产生的。因此,诱发环境可以发生在武器装备内部,也可以发生在外部。诱发环境主要包括气载环境、机载环境及能量环境等。

1.3 环境对直升机的影响

在现代高技术战争和特殊任务背景下,直升机服役过程中所处的环境复杂多变,环境作为影响直升机实战性能、衡量战斗力的重要因子，比以往更受关注。直升机在服役过程中时刻经受外界复杂环境的综合作用，极易出现性能变低、失效甚至报废等问题，这不仅会缩短装备的服役寿命、降低使用率、大幅增加维护维修的费用和工作强度，而且直接影响直升机战技性能的发挥，有时甚至对其使用安全造成严重的威胁。如沿海、海岛等环境下服役的直升机普遍存在涂层/镀层脱落、腐蚀严重等现象，沙漠环境下直升机主要表现出活动部件磨损/卡滞、电路劣化、密封失效等环境适应性问题，而高原低气压环境则对直升机非金属部附件、电子电气系统等影响较大。

直升机在漫长的日历寿命期（通常为30年以上）内，除去飞行时间外，其余时间均处于地面停放状态。地面环境的影响是直升机环境适应性问题产生的重要因素。因此，全面掌握不同地面停放环境下的主要环境特点，摸清对直升机产生影响的主要环境因素的变化规律，对于直升机在各种不同服役条件下正常使用意义重大。

下面对常见的环境因素对直升机性能的影响进行分析。

1. 温度和湿度

当温度高于露点时（大气相对湿度小于100%时），金属表面易因毛细凝聚、吸附凝聚和化学凝聚形成液膜，从而为金属材料环境腐蚀提供了必要的腐蚀条件。在一定湿度下，温度越高，越易结露。统计表明：在其他条件相同时，平均温度高的地区，昼夜温差大的地方，金属材料环境腐蚀速度均较快。对于一般的化学反应，温度每升高10℃，反应速度可以提高2~4倍。

空气的温度并不很高，夏天我国许多地区的最高温度在37~44℃之间，而地面极端最高温度却可以达到75~85℃。在光、氧等因素的综合作用下，热的因素对高分子材料的老化起加速作用，气温越高，加速作用越大。低温对高分子材料的老化也有影响，如聚乙烯在低温下变脆、变硬，甚至发生断裂。气温会随地区和季节而变化，昼夜之间也有温差，这种温度交叉变化的结果，对某些高分子材料的老化产生一定影响。例如，由于温度交叉变化的作用，而使漆膜热胀冷缩，形成内应力的变化，导致漆膜变形，附着力降低，甚至脱离。

2. 湿度

金属材料腐蚀与材料表面附着的水膜厚度直接相关，而湿度是形成水膜的重要原因。当空气的相对湿度超过某一临界值时，金属表面通常形成一层含有电解质和阴极去极化剂的水膜，金属的腐蚀速度急剧增高，此临界值称为临界相对湿度。当相对湿度小于100%而高于金属的临界湿度时，金属表面可形成连续水膜，氧极化作用能顺利进行，发生电化学腐蚀。但在青藏高原，由于空气洁净和缺氧，金属表面尽管发生水膜凝结，在大气中含氧量低且无污染物条件下，金属材料环境腐蚀明显减缓。

在大气环境中，水的表现形式为降水（雨、雪、霜、冰、雾）、潮湿、凝露等。降雨能冲洗掉户外材料表面的灰尘，使其受太阳光的照射更为充分，从而利于光老化的进行。特别是凝露形成的水膜，能渗入材料内部，加速材料的老化。水是引起漆膜起泡的根本原因。然而，水分对某些高聚物亦能起到增塑作用，在一定条件下，它不但不起加速老化作用，反而起延缓老化作用。大气相对湿度的高低，对高分子材料老化也有一定影响，一般情况下，相对湿度大，会加速材料的老化。例如，低压聚乙烯在湿度大的地区就比湿度小的地区老化显著。另外，大多数非金属材料，都具有吸湿性，其吸湿量未达到饱和前，老化将随着湿度增大而增大。

3. 降水

降水对金属材料的影响主要有两个方面：一方面是引起大气湿度上升，金属表面连续水膜增厚，使金属材料相当于全浸在电解液中，从而引起金属材料环境腐蚀损伤；另一方面是降水可以冲洗沉积在材料表面的大气降尘，与此同时，空气中的污染介质溶于降水，引起降水pH值变化，当降水pH值偏离中性，将促进材料腐蚀与老化。

4. 雾、露

雾、露是由于温度下降而引起的。金属材料表面结露，电化学腐蚀加速。当温度上升，雾或露散去，金属表面液膜减薄，当液膜厚度减薄到一定程度后，材料腐蚀减缓。如此循环，金属表面形成了干湿交替环境，促进材料环境腐蚀损伤。

5. 太阳辐射

太阳辐射对直升机的环境影响主要包括热效应和光化学效应。太阳辐射是高分子材料老化的最重要的环境因素。太阳光中紫外光的光能量很大，对许多高分子材料的破坏性较大。一般情况下，高分子聚合物的键能多数在250~500kJ/mol的范围，而300nm的紫外线的光能量约397kJ/mol，这个能量能切断许多高聚物的分子键或者引发其发生光氧化反应。太阳光中的红外线对高分子材料老化亦起重要影响，因为材料吸收红外线后转变为热能，加速材料的老化。在一定条件下，也能引发某些高聚物的降解以及破坏含颜料的高分子材料。

6. 盐雾

盐雾是一种常见和最有破坏性的腐蚀介质。盐雾一般是指悬浮在大气中的气溶胶状的盐粒子，它的主要腐蚀成分是氯化物盐——氯化钠，盐雾的形成主要是因为风引起海面扰动和涨、落潮时，海水相互间的冲击和海浪拍击海岸致使很多海浪粒子进入空中，水分蒸发后，留下一些极小的盐粒，在大气团的平流和紊流交换作用下，这些盐粒在空气中散开来，并随风流动，形成海洋地区的盐雾。

盐雾对金属材料表面的腐蚀，主要是由于含有的Cl^-半径小，穿透力强，Cl^-穿透金属表面的氧化层和防护层，与内部金属发生电化学反应，形成"低电位金属—电解质溶液—高电位杂质"微电池系统，发生电子转移，作为阳极的金属出现溶解，形成新的化合物（腐蚀物）。同时，Cl^-含有一定的水合能，易被吸附在金属表面的孔隙、裂缝中，排挤并取代氧化层中的氧，把不溶性的氧化物变成可溶性的氯化物，使钝化态表面变成活泼表面，造成对产品很强的腐蚀破坏。

除了Cl^-外，盐雾腐蚀还受溶解在试样表面的盐液膜中氧的影响。氧能够引起金属表面的去极化过程，加速阳极金属溶解，沉降在试样表面上的盐液膜，使含氧量始终保持在接近饱和状态。腐蚀产物的形成，使渗入金属缺陷里的盐溶液的体积膨胀，因此增加了金属的内部应力，引起应力腐蚀，导致保护层鼓起。盐对铝、不锈钢和碳钢的影响很大，腐蚀现象以点蚀最为严重。

7. 氮氧化物

以NO_2为代表的空气中氮氧化物主要由工业燃煤和交通尾气等引起，而在远离城市的地方,氮氧化物在大气中的含量极少。氮氧化物与空气中的水结合最终转化成硝酸和硝酸盐,是酸雨的成因之一,对材料腐蚀影响较大。

8. 大气降尘

大气固体污染物颗粒部分具有腐蚀性和吸湿性,促使金属材料环境腐蚀,如 NaCl 及铵盐颗粒,溶于金属表面水膜,提高了电导和酸度,阴离子有很强的侵蚀性;而不具有腐蚀性但能吸附物质的固体污染物能吸附水汽和 SO_2,从而引起金属材料环境腐蚀;对于既无腐蚀性又无吸附性固体颗粒物,附着在金属表面能形成缝隙而凝聚水分,形成氧浓差电池的局部腐蚀条件,引起金属材料环境腐蚀。

9. 雨水中介质

雨水中 SO_4^{2-}、Cl^- 和雨水 pH 值可反映 SO_2、Cl^- 等污染物在大气中的含量。SO_4^{2-}、Cl^- 和 H^+ 随雨水贮存在金属材料及其典型构件表面,会形成电解液膜并加速金属阳极溶解,因此雨水中介质对金属材料及其典型构件的环境腐蚀损伤影响也很大。

10. 臭氧

臭氧分解生成的原子态氧的活性很高,能使橡胶、聚乙烯、聚苯乙烯、聚酰胺等高分子材料发生降解。大气中臭氧浓度随地区、天气层高度、季节和气象条件的影响不同而有一定的变化,且臭氧容易分解。一般情况下,大气中臭氧的质量分数约为 $0.01×10^{-6}$,浓度极低,因此对自然环境暴露的高分子材料影响较小。

11. 霉菌

在热带和亚热地区,由于温度和湿度易于霉菌的生长和繁殖,高分子材料发生长霉的现象较多。导致霉菌生长的主要因素,是高分子材料体系内的一些增塑剂及油脂类化合物。

1.4 直升机地面停放环境谱的定义及内涵

1.4.1 地面停放自然环境谱

自然环境谱是指装备(产品)在某个地域服役/使用所经受的气候、介质等环境因素的强度、持续时间、发生频率以及它们的组合。自然环境谱提供了装备服役/使用环境的详尽信息,是装备使用环境文件的重要组成,是开展环境适应性设计、编制装备实验室加速模拟试验谱的基本输入。

直升机地面停放环境谱的编制需根据不同服役环境针对直升机产生影响起主要作用的环境特点和特征环境因素开展。例如:高原低气压环境下,气候环境主要表现出气压低、含氧量少、太阳辐射强等特点,拉萨等地的日照时间与太阳辐射强度高居全国之首。高寒高沙环境下,主要气候环境特点为温度低、低温持续时间长、昼夜温差大、沙尘暴频发,新疆、东北等地冬季最低气温可达 -40~-50℃。沿海湿热环境下,气候环境具有高温、高湿、高盐雾、强太阳辐射等特点,表现出典型的"三高一强"现象,特别是大气中氯离子含量高,约为内陆地区的 100~600 倍。内陆湿热环境下,气候环境主要表现出温度变化范围大、温度/太阳辐射/降雨与季节关联度较大、年平均相对湿度较高、大气污染物复杂/含量高等特点。

1.4.2 实验室加速模拟试验谱

装备(产品)在服役环境中所经历的自然环境谱是造成其环境损伤的主要原因。通过自然环境试验来考核、验证产品的环境适应性,具有真实、可靠的显著特点,但缺点是试验周期通常较长。采用实验室模拟加速手段能够有效缩短试验和评价周期,快速评价装备(产品)的环境适应性。实验室加速模拟试验谱就是实验室各环境条件的强度、持续时间、发生频率以及它们的组合,是对实验室加速试验条件的量化表征。但要做到对产品自然环境效应的真实再现和等效评估,其试验条件的选取至关重要。如何将自然环境谱转化为实验室加速试验环境谱,对科学考核、验证装备(产品)的环境适应性具有重要意义。

直升机实验室加速模拟试验谱是在直升机自然环境谱编制研究的基础上,针对直升机材料、零部件、部组件等对象,进一步开展环境影响因素分析,依据一定的原理和基本原则,科学确定试验模块、试验参数后编制形成的,是研究环境对直升机性能影响的变化规律,考核评价服役性能的重要手段,其核心目标是用较短的时间达到与实际服役较长年限相同的腐蚀/老化损伤情况。

1.5 直升机地面停放环境谱的作用

直升机地面停放环境谱是直升机在地面停放期间所经受的气候、化学、光照、热环境等各种"因素—时间"历程,包括环境中影响部附件功能的,对结构产生腐蚀/老化作用的各种环境因素的强度、持续时间、发生频率以及各种环境因素的组合,主要包括地面停放自然环境谱和由自然环境谱转化形成的实验室加速模拟试验谱两大类。直升机地面停放环境谱(以下简称"环境谱")是对直升机面临的使用环境的明确量化和科学转化,可为直升机环境适应性设计、改进、故障分析,外场维护维修策略制定,以及疲劳寿命和日历寿命定寿、延寿等提供使用环境输入和验证考核条件,其应用贯穿了装备设计、验证、使用、维修全过程。

1.5.1 地面停放环境谱是直升机定寿中腐蚀因素修正疲劳寿命的基础

在直升机的使用过程中,疲劳载荷与环境腐蚀的耦合作用决定机体和动部件的疲劳寿命。目前直升机疲劳定寿试验是在实验室条件下进行的,而实验室条件和直升机具体服役环境条件有一定差异,如何在实验室条件下复现具体服役环境条件对直升机造成的腐蚀/老化,引入具体服役环境条件造成的腐蚀/老化对疲劳寿命进行修正是直升机疲劳定寿试验亟需解决的问题。特别是一些复杂、严酷的服役环境,如具有高温、高湿、强太阳辐射等特征的沿海湿热地区,对直升机金属部件、非金属部件(复合材料旋翼等)腐蚀/老化影响较大,带来腐蚀疲劳等问题,影响直升机疲劳寿命。编制不同地区直升机地面停放环境谱并转化为相应的加速模拟试验谱,在实验室条件下复现典型自然环境对直升机造成的腐蚀/老化,对修正直升机疲劳寿命和科学定寿具有重要意义。

1.5.2 地面停放环境谱是开展直升机日历寿命定寿、延寿工作的基础

环境是决定直升机日历寿命的关键条件,直升机服役环境条件既是开展型号研制日历寿命设计和考核的条件,也是现役直升机开展日历寿命延寿工作的基础。目前直升机普遍存在疲劳寿命和日历寿命不匹配问题,尤其部分直升机总日历寿命到寿时,疲劳寿命仅消耗30%左右。同时,随着直升机飞行任务的不断变化,直升机年平均飞行强度也随着变化,在役在研装备和未来装备的直升机将始终面临寿命不匹配的问题。因此针对各种典型使用环境,编制不同地区直升机环境谱对于开展直升机日历寿命定寿、延寿工作具有重要意义。

1.5.3 地面停放环境谱是直升机环境耐久性和腐蚀防护设计的基础

目前,我国直升机在型号设计、研制、鉴定等方面针对环境适应性的考核主要以GJB 150等标准为依据,主要验证系统在极限环境条件下的工作功能和性能,无法真实反映系统在实际服役环境下所经受的长期综合环境作用。由于直升机服役环境特征不清、主要环境因素参数缺失,在型号研制总要求中没有明确直升机使用环境,装备环境适应性设计缺乏输入,无法对服役环境适应性和腐蚀防护效能进行考核验证,导致直升机装备部队后常常受环境影响出现各种故障和腐蚀问题,影响装备的正常使用。同时,国内对于长期服役环境下直升机材料级/部组件级/系统级/整机级的耐腐蚀性能验证很不充分,直升机地面停放环境腐蚀等效模拟加速试验技术的研究基础薄弱,缺少将直升机地面停放环境谱等效转化为实验室加速模拟试验谱的实践与应用,在直升机关键重要部件服役环境适应性快速考核验证等方面,难以满足装备试验考核与鉴定需求,制约了直升机的安全可靠服役。显然,掌握直升机使用环境,编制直升机地面停放环境谱和加速模拟试验谱,解决直升机环境适应性设计和考核验证缺乏输入的瓶颈问题已成为当前亟需。

1.5.4 地面停放环境谱是制定外场修理和使用维护策略的基础

直升机在不同地区使用时,其故障模式因面临的特征环境不同而呈现较大差别。例如,在沿海湿热地区使用时,直升机受温度、湿度、太阳辐射、盐雾等环境因素作用易出现金属构件锈蚀、涂层/镀层腐蚀脱落严重、机载部附件故障等问题,其故障模式明显与内陆湿热、高寒高沙等地区不同。因此在不同地区应根据直升机使用环境和故障模式,合理编制环境谱,制定外场修理和使用维护策略。例如,沿海湿热地区清洗直升机频率要比内陆地区高,使用缓蚀剂、密封剂等防腐蚀措施,对直升机滑油散热系统和环控系统进行经常性检查维护等。

1.6 编制直升机地面停放环境谱的意义

近年来,伴随着我国直升机市场的迅猛发展,直升机面临的环境适应性问题也日益突出。直升机型号论证、设计、研制、试验、修理和使用维护等单位都对直升机环境工程提出了明确需求,迫切要求在型号研制总要求中量化环境条件,明确耐久性指标考核方式,在试验验证、定型鉴定等环节推广符合直升机特点的实验室加速模拟试验方法,使装备更易于保障,定寿更加合理、经济。现阶段,系统开展不同地区服役的直升机地面停放环境谱编制研究工作,掌握直升机在内陆湿热、沿海湿热、高寒高沙、高原低气压等典型地区的实际使用环境,编制相应的地面停放环境谱,并将之科学、合理、有效地转化成实验室加速模拟试验谱,能够指导支撑直升机(含整机和部附件)的实验室加速模拟试验,快速复现、掌握其环境适应性数据,能够为直升机型号研制及现役装备改进、延寿提供设计输入和考核验证条件,对于直升机装备发展建设具有重要意义,军事需求与经济效益突出。

本书聚焦于典型地区直升机地面停放环境谱的编制,重点围绕内陆湿热、沿海湿热、高寒高沙、高原低气压、湿热海岸沙漠等典型气候环境,介绍直升机地面停放环境因素数据采集、地面停放环境大气暴露试验、地面停放环境谱编制、地面停放加速模拟试验环境谱编制等研究工作,展示相关研究成果,以期促进相关技术领域的共同进步,为直升机在典型地区的可靠服役与环境适应性改进提升等提供基础支撑。

第二章　直升机地面停放环境谱的编制方法与流程

直升机地面停放环境谱是直升机在地面停放期间所经受的气候、化学、光照、热环境等各种环境因素的作用强度、持续时间、发生频率以及它们的组合。直升机地面停放环境谱又可细分为总体停放环境谱和局部环境谱。总体停放环境谱是指停放期间遭受总体环境的各种环境因素的作用强度、持续时间、发生频率以及它们的组合。一般情况下，总体停放环境谱以大量的服役机场环境数据为基础，通过统计和折算的方法进行编制。局部环境谱是直升机上某个局部结构或局部舱室的环境谱，与总体停放环境谱不同，局部环境谱受结构造型影响较大。

本章主要介绍总体停放环境谱和局部环境谱的编制方法与流程，以及根据地面停放环境谱向模拟加速试验谱转化的方法。

2.1　直升机地面停放环境谱编制方法与流程

2.1.1　环境要素的筛选

环境要素的筛选直接决定直升机地面停放环境能否真实反映其服役环境的环境特征。

各种环境要素对直升机环境损伤的作用是非常漫长的，既有环境要素强度的变化，又有作用时间长短的不同，为使工程实际能够再现环境要素对直升机产生环境损伤作用，必须对环境要素进行筛选简化。环境要素筛选准则如下：

（1）基本性：首先应选取最基本的气象环境因素，比如温度、相对湿度、降水等，从温湿度的均值和极值上区分不同环境类型。

（2）影响性：选取的环境因素应对直升机环境损伤影响较大，如太阳辐射对直升机蒙皮涂层老化影响较大，SO_2、Cl^-、降水等对直升机结构材料腐蚀影响较大，剔除对直升机环境损伤影响较小的环境因素。

（3）特征性：选取的环境因素能反映特定直升机停放机场的环境特征。比如编制在高原环境使用的直升机地面停放环境谱，应选取大气压力，因为气压低是高原机场所特有的环境特征。

根据上述原则，选取环境要素编制直升机地面停放环境谱。必要时，可根据具体的工程对象进行环境要素的剪裁。

2.1.2　直升机地面停放环境谱的主体内容

直升机地面停放环境谱包括单项环境因素谱和综合环境谱。其中单项环境因素谱根据环境要素分类,包括温度谱、相对湿度谱、温度-相对湿度谱、降水谱、酸雨谱、日照辐射谱、雾/露谱、污染介质谱、气压谱、风速风向谱等。综合环境谱包括总体停放环境谱和局部环境谱。

1. 单项环境因素谱的内涵与谱表

直升机环境损伤与服役/使用的自然环境密切相关,尽管服役/使用的自然环境因素随时间不断变化,存在许多不确定的因素,但是在一段较长的时间内表现出一定的规律性,这种规律可以通过大量环境因素数据统计和折算的方法,并用"谱"的形式定量表述出来。表述某个单项环境因素在某个地域一段时间内规律性的谱称为"单项环境因素谱",它是指一定统计时间内,某个直升机服役地域某个单项环境因素作用强度或持续时间或发生频次统计结果所呈现的规律,主要包括温度谱、相对湿度谱、温度-相对湿度谱、降水谱、酸雨谱、日照辐射谱、雾/露谱、风速风向谱、气压谱、污染介质谱等。

温度谱、相对湿度谱、温度-相对湿度谱是最基本的环境因素谱,直观反映了直升机服役机场所在地域的温湿度特征、温湿度变化趋势,以及处于高温高湿的时间比例,谱图或谱表包括平均值、极值(风险极值)和一定温度(湿度)区间内年均累积时间三个方面,其内涵是温湿度变化趋势及特定温度(湿度)区间内累积时间的统计结果。温度谱、相对湿度谱和温度-相对湿度谱的谱表如表2-1~表2-3所列。

表2-1 温度谱

月份	1	2	3	4	5	6	7	8	9	10	11	12	年平均
平均温度/℃													
极高温度/℃						1%时间风险极高温度/℃							
极低温度/℃						1%时间风险极低温度/℃							
温度区间/℃	A_1		A_2		A_3		A_4		A_5		A_6		A_7		A_8		A_9		A_{10}
累积时间 t_A													

表2-2 相对湿度谱

月份	1	2	3	4	5	6	7	8	9	10	11	12	年平均
平均相对湿度/%													
极高相对湿度/%													
极低相对湿度/%													
相对湿度区间/%	B_1		B_2		B_3		B_4		B_5		B_6		B_7		B_8
累积时间 t_B													

表 2-3 温度-相对湿度谱

相对湿度区间	累积时间 t_{AB}											
	温度区间											
	A_1	A_2	A_3	A_4	A_5	A_6	A_7	A_8	A_9	A_{10}	合计
B_1											
B_2											
B_3											
B_4											
B_5											
B_6											
B_7											
B_8											
合计											

雾/露谱、降水谱、日照辐射谱、风速风向谱是天气现象类的环境因素谱，其中雾和露对直升机环境损伤的影响与其发生频次、作用时间和环境温度高低有关系，而与其作用强度关系不大，而降水、日照辐射、风速风向对直升机环境损伤的影响不仅与作用时间和环境温度有关，且与作用强度关联较大，因此雾/露谱应直观反映直升机服役机场雾/露发生频次及作用时间，其内涵是发生频次和作用时间的统计结果；降水谱、日照辐射谱、风速风向谱应直观反映直升机机场降水、日照辐射和风速风向的作用时间和作用强度，其内涵是环境因素作用时间和作用强度累积量的统计结果。雾/露谱、降水谱、日照辐射谱、风速风向谱的谱表如表 2-4～表 2-7 所列。

表 2-4 雾/露谱

温度区间	A_1	A_2	A_3	A_4	A_5	A_6	A_7	A_8	A_9	A_{10}
雾/露日数/天										
年均总雾/露日数/天					年均总雾/露日占全年时间的比例/%					

表 2-5 降水谱

温度区间	降水量/mm	降水时数/h	降水累积次数	年均总降水时数占全年时间的比例/%
A_1				

续表

温度区间	降水量/mm	降水时数/h	降水累积次数	年均总降水时数占全年时间的比例/%
A_2				
A_3				
A_4				
A_5				
A_6				
A_7				
A_8				
A_9				
A_{10}				

表2-6 日照辐射谱

月份	1	2	3	4	5	6	7	8	9	10	11	12	合计
总辐射/(MJ/m²)													
红外辐射/(MJ/m²)													
紫外辐射/(MJ/m²)													
日照时数/h													
日照时数占全年时间比例/%													

表2-7 风速风向谱

月份	1	2	3	4	5	6	7	8	9	10	11	12
最多风向												
平均风速/(m/s)												
最大风速/(m/s)												
风速>10m/s时间/h												

注：一般统计10m高的风向风速，如统计其他高度风速，应另行说明。

酸雨谱和污染介质谱是空气污染介质类环境谱，酸雨和污染介质对直升机环境损伤的影响主要与作用强度及持续时间有关,因此酸雨谱和污染介质谱的内涵是环境因素作用强度累积量及作用时间的统计结果。酸雨谱和污染介质谱的谱表如表2-8和表2-9所列。

表2-8 酸雨谱

pH值区间	E_1	E_2	E_3	E_4	E_5	E_6	E_7	E_8
降水量/mm								
雨水pH值极值								

表2-9 污染介质谱

月份		1	2	3	4	5	6	7	8	9	10	11	12	合计	平均	月极高
$Cl^-/(mg/(100cm^2 \cdot d))$																
$SO_2/(mg/(100cm^2 \cdot d))$																
$NO_x/(mg/(100cm^2 \cdot d))$																
降尘/$(g/(m^2 \cdot 30d))$	水溶性															
	非水溶性															
降水$SO_4^{2-}/(mg/m^3)$																
降水$Cl^-/(mg/m^3)$																

低气压是高原环境所特有的环境特征,因此气压谱是高原直升机机场所特有的单项环境因素谱,它反映直升机服役机场所在地域的低气压特征以及气压随季节的变化趋势,其内涵是气压极值及变化趋势的统计结果。低气压的谱表如表2-10所列。

表2-10 气压谱

月份	1	2	3	4	5	6	7	8	9	10	11	12
平均气压/hPa												
最低气压/hPa												
1%风险极值气压/hPa												
5%风险极值气压/hPa												

2. 总体停放环境谱的内涵及谱表

直升机总体停放环境谱为直升机在某个机场及附近地域服役/使用所经受的气候、介质等环境因素的强度、持续时间、发生频率以及它们的组合。在单项环境因素谱的基础上,根据环境因素类别,将总体停放环境谱中的环境类型划分为三类:第一类为天气现象类环境,包括雾、凝露、雨、日照等;第二类为温湿效应类环境,包括潮湿空气和干燥空气;第三类为污染介质类环境,包括工业废气和盐雾。天气现象类环境根据原始数据记录进行判定;温湿效应类环境根据温度-相对湿度条件进行判定,温度0℃以上且相对湿度70%以上的环境判定为潮湿空气,其余判定为干燥空气;污染介质类环境根据空气中Cl^-沉积率、SO_2沉积率和相对湿度进行判定,空气中Cl^-沉积率大于等于$0.6mg/(100cm^2·d)$且相对湿度大于等于70%时判定为盐雾环境;空气中SO_2沉积率大于等于$0.24mg/(100m^2·d)$且相对湿度大于等于70%时判定为工业废气环境。直升机总体停放环境谱的谱表如表2-11所列。

表2-11 总体停放环境谱

环境	雾/露	雨	盐雾	工业废气	潮湿空气	干燥空气	日照
时间比例/%							
作用时间/h							
作用次数							
pH值	—			—	—	—	—
$SO_2/(mg/(100m^2·d))$	—				—	—	—
$NO_x/(mg/(100cm^2·d))$	—				—	—	—
$Cl^-/(mg/(100cm^2·d))$	—				—	—	—
降尘$/(g/(m^2·30d))$			—				
降水$SO_4^{2-}/(mg/m^3)$	—		—	—	—	—	—
降水$Cl^-/(mg/m^3)$	—		—	—	—	—	—
雨量/mm	—		—	—	—	—	—
总辐射$/(MJ/m^2)$	—	—					
紫外辐射$/(MJ/m^2)$	—	—					
极端温度/℃					1%风险极低温度		
极端湿度/%					1%风险极高温度		
其他							

3. 直升机局部环境谱的内涵及谱表

在总体停放环境谱的基础上,进一步针对直升机具体的结构、构件、器件所处的局部区域或舱室,分析其在飞机上所处部位、结构形式、密封情况、排水情况等,编制局部环境谱。典型的局部环境谱如表2-12所列。

表 2-12　直升机　　　××　　　局部环境谱

环境	盐雾	盐雾+工业废气	潮湿空气
时间比例/%			
作用时间/h			
作用次数			
$SO_2/(mg/(100cm^2 \cdot d))$			
$Cl^-/(mg/(100cm^2 \cdot d))$			

2.1.3　直升机地面停放环境谱的编制程序

直升机地面停放环境谱的编制程序如图 2-1 所示。

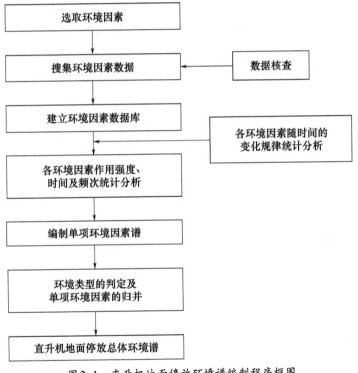

图 2-1　直升机地面停放环境谱编制程序框图

首先根据对象和已有的经验选取合适的环境因素,剔除对直升机环境损伤贡献小的环境因素,保留贡献相对较大的环境因素,然后从机场气象台、机场附近环境监测及试验站、机场实测等多渠道收集/采集环境因素数据,并对搜集数据的准确性进行核查。建立环境因素数据库,根据相应的统计公式和方法对各环境因素作用强度、时间及频次进行统计分析,编制单项环境因素谱。在此基础上,对环境类型进行判定,并根据归并原则,将单项环境因素谱归并为直升机地面停放总体环境谱。

2.1.4 单项环境因素环境谱的编制方法

1. 温度谱

温度谱以统计年份内温度月平均值、极值和一定温度区间的年均作用时间表示。温度区间一般以5℃为一个间隔，对于温度跨度较大的高原高寒地区，可根据实际情况，以10℃为一个间隔，调整后的统计区间应涵盖该机场及相近地域的温度极值。

温度区间作用时间宜以统计年份内的整点温度数据为基础，一个整点温度按一小时计算进行统计。在缺失整点温度数据的情况下，也可以日平均温度数据为基础，一个日平均温度按一天计算进行统计。

对于温度记录极值、时间风险极值的统计可参考 GJB 1172.1—1991《军用设备气候极值总则》中相关规定进行统计。

2. 相对湿度谱

相对湿度谱以统计年份内相对湿度平均值、极值和一定相对湿度区间的年均作用时间表示。相对湿度区间一般以10%为一个间隔，推荐划分为"0~30%，30%~40%，40%~50%，50%~60%，60%~70%，70%~80%，80%~90%，90%~100%"（此划分不含上限，余同）。相对湿度区间作用时间宜以统计年份内的整点相对湿度数据为基础，一个整点相对湿度按一小时计算进行统计。在缺失整点相对湿度数据的情况下，以日平均相对湿度数据为基础，一个日平均相对湿度按一天计算进行统计。

3. 温度-相对湿度谱

温度-相对湿度谱以统计年份内一定温度-相对湿度区间的年均作用时间表示。

以统计年份内的整点温度/相对湿度数据为基础，一组温湿度数据按一小时计算，用式(2-1)、式(2-2)对温度-相对湿度区间作用时间 $t_{AB}(\text{h})$ 进行统计。

$$t_{AB} = \left(\sum_{i=1}^{a}\sum_{j=1}^{12}\sum_{k=1}^{P}\sum_{q=0}^{23} C_{ijkq}\right)\bigg/ a \tag{2-1}$$

$$C_{ijkq} = \begin{cases} 1 & T_0 \leq T_{ijkq} < T_1 \text{且} H_0 \leq H_{ijkq} < H_1 \\ 0 & T_{ijkq} < T_0 \text{或} T_{ijkq} \geq T_1 \text{或} H_{ijkq} < H_0 \text{或} H_{ijkq} \geq H_1 \end{cases} \tag{2-2}$$

式中：a 为统计年份；p 为每个月的统计天数；A 为温度区间 (T_0, T_1)；B 为相对湿度区间 (H_0, H_1)。

在缺失整点温湿度数据的情况下，温度-相对湿度区间累积时间亦可以日平均温度-相对湿度数据为基础，一组数据按一天计算，用式(2-2)的简化形式进行 $t_{AB}(\text{d})$ 的统计，即

$$t_{AB} = \left(\sum_{i=1}^{a}\sum_{j=1}^{12}\sum_{k=1}^{P} C_{ijk}\right)\bigg/ a$$

4. 降水谱

降水谱以统计年份内一定温度区间（环境温度）的年均降水总量、降水时数和降水次数表示。首先对某地域统计年份内第 j 月的平均降水量、降水时数和降水次数进行统计，然后用式(2-3)、式(2-4)对一定温度区间 (A) 内的降水量、降水时数和降水次数进行统计。

$$R_A = \sum_{j=1}^{12}(R_j C_j) \tag{2-3}$$

$$C_j = \begin{cases} 1 & T_0 \leq T_j < T_1 \\ 0 & T_j < T_0 \text{或} T_j \geq T_1 \end{cases} \tag{2-4}$$

式中：R_A 与 R_j 的单位保持一致，如当 R_j 表示 j 月的降水量时，R_A 表示温度区间 A 的降水量。

5. 酸雨谱

酸雨谱应以统计年份内一定 pH 值区间的年均降水总量表示。首先对统计年份内第 j 月的雨水 pH 值的月均值 (p_j) 进行统计，然后用式 (2-5)、式 (2-6) 对一定 pH 值区间内的降水量 (R_E) 进行统计。

$$R_E = \sum_{j=1}^{12}(R_j C_j) \tag{2-5}$$

$$C_j = \begin{cases} 1 & \text{pH}_0 \leq p_j < \text{pH}_1 \\ 0 & p_j < \text{pH}_0 \text{或} p_j \geq \text{pH}_1 \end{cases} \tag{2-6}$$

pH 值区间推荐以"<3.2,3.2~4.0,4.0~4.8,4.8~5.6,5.6~6.5,6.5~7.2,7.2~8.0,>8.0"进行划分。

酸雨 pH 记录极值可参照 GJB 1172.1—1991 中记录极值的统计方法进行统计。

6. 日照辐射谱

日照辐射谱以太阳总辐射、红外辐射、紫外辐射、日照时数月均值、年均累积值及年均总日照时数占全年时间的比例进行表示。首先对统计年份内 j 月太阳总辐射、红外辐射、紫外辐射和日照时数的月均值进行统计，然后对统计年份内太阳总辐射、红外辐射、紫外辐射和日照时数的年均累积量进行统计，并计算年均总日照时数占全年时间的比例(%)。

7. 雾/露谱

雾/露谱以统计年份内一定温度区间内年均雾/露作用时间和年均总雾/露时间占全年时间比例进行表示。

首先对统计年份内 j 月雾/露作用时间进行统计，然后统计一定温度区间内的雾/露作用时间，并计算年均总雾/露作用时间占全年时间比例。温度区间应与温度谱中温度区间的间隔保持一致。

8. 风速风向谱

风速风向谱以统计年份内每个月的最多风向、平均风速、最大风速以及风速超过 10m/s 的时间表示，可直接从原始数据统计得出。值得注意的是，一般情况下，风速风向谱一般统计 10m 高的风向风速，如果统计其他高度处的风向风速，应在谱表中进行备注说明。

9. 污染介质谱

污染介质谱以大气中 Cl^-、SO_2、NO_x、降尘，降水中的 SO_4^{2-} 和 Cl^- 的月均值、年均累积量、极值和风险极值进行表示。首先对统计年份内 j 月大气中 Cl^-、SO_2、NO_x 降尘，降水中 SO_4^{2-} 和 Cl^- 等介质环境因素的月均值进行统计，然后对统计年份内各介质环境因素的年均累积量进行统计，在污染介质谱中应注明各介质环境因素的检测方法或参照标准。

10. 气压谱

气压谱以统计年份内平均气压、最低气压的月均值和时间风险极值表示,可直接从原始数据统计得出。

2.1.5 直升机地面停放总体环境谱的编制方法

将各单项环境因素谱按雾和凝露、雨、盐雾、工业废气、潮湿空气、干燥空气、日照的顺序逐一给出各种环境的时间比例、作用时间、作用次数、作用强度以及各种环境下介质的浓度,形成直升机地面停放环境谱,具体编制方法如下:

(1) 从雾/露谱和降水谱中获取雾/露作用次数、作用时间,雨的作用时间、作用强度。

(2) 如果雾/露谱仅有雾/露日数,根据经验将雾日数或露日数换算成雾或凝露的作用时间。一般情况下,潮湿且污染严重的地域按4~5h/d换算,潮湿无污染的地域按3~4h/d换算,干燥的地域按2~3h/d换算。

(3) 酸雨的统计,应采用多年极值的平均值。

(4) 根据污染介质谱和环境类型的判定初步确定盐雾和工业废气的作用时间,扣除雾、凝露和雨的作用时间后作为盐雾和工业废气最终作用时间。

(5) 如出现盐雾和工业废气交叉重叠的现象,推荐将重叠部分合并在一起(盐雾+工业废气)进行作用时间和作用强度的统计。

(6) 在温度-相对湿度谱基础上,根据潮湿空气判定原则初步确定潮湿空气作用时间,扣除雾、凝露、雨、盐雾和工业废气的作用时间后作为潮湿空气最终作用时间。

(7) 各种环境下介质作用强度的统计应只统计该环境作用时间内的介质浓度或沉积率,并用平均值表示,如采用极值表示,则应特别说明。

(8) 单独统计日照的作用时间和时间比例,日照的作用强度采用"总辐射(MJ/m^2)和紫外辐射(MJ/m^2)"表述。

(9) 在综合环境谱中根据温度谱和相对湿度谱给出温度极值和相对湿度极值。

(10) 对于某些环境特有环境因素,如高原环境中特有的低气压环境因素,可在总体环境谱中"其他"一项列出。

2.1.6 直升机局部环境谱的编制方法

编制局部环境谱时,除了考虑直升机所遭受的总体环境外,还应考虑具体结构在直升机上所处的部位、结构形式、密封、通风、排水等情况,进行具体分析,最好是实测局部环境数据后编制其对应部位的局部环境谱。

直升机结构部位或舱室一般在机身发动机主减舱、设备舱、电瓶舱、地板以下或尾梁内部(特别是运输直升机),阳光无法直接照射,其温湿度的变化相对机场总体环境温湿度变化较为滞后。结构部位或舱室根据其密封情况可大致分为三类:敞开式、半敞开式和密闭式。此外,直升机一般停放在机库或者厂房内,这些机库或者厂房也形成了敞开式、半敞开式和密闭式空间。

温湿度变化与结构部位舱室类型有关。结构部位所属类型不同,温湿度变化趋势不同。在同一总体环境条件下,同类结构部位舱室,温湿度变化趋势相同,线性关系明显。因此,知道同一个类型部位舱室的温湿度变化情况,便可估算出其他同类舱室的温湿度值。

结构部位舱室类型对温度的相关性影响较小,但对湿度的影响较大,且结构局部环境与总体环境的相关性,敞开式优于半敞开式,密闭式舱室最差。从直升机上实测数据统计来看,敞开式、半敞开式的温湿度与机场总体环境温湿度有较好的线性关系,而结构密闭舱室部位的湿度与总体环境湿度的相关性差。

2.2 直升机地面停放加速模拟试验环境谱编制方法与流程

直升机在整个服役期间都受到环境因素的作用,整个历程既复杂又漫长。编制的直升机地面停放环境谱描述了直升机在整个日历停放期间所遭受到的真实环境,采用该环境谱来模拟直升机服役环境进行长期的环境试验,从时间、经费和技术条件上都难以实现。为了使直升机的环境谱能够有效地应用于工程实践,需将直升机地面停放环境谱转化为模拟加速试验谱,缩短试验时间,简化环境因素,明确试验条件,快速且尽量真实地反映直升机在实际服役环境下可能出现的环境损伤。

2.2.1 编制原则

直升机地面停放环境谱转化为模拟加速试验谱时,应遵循以下原则:

(1) 环境损伤模式和损伤机理不能改变原则。这是确保模拟加速试验模拟性和有效性的重要原则。在此原则约束下,模拟加速试验谱设计必须针对具体的对象,因为在自然环境中不同对象的环境损伤模式和损伤机理可能不同,引起环境损伤的主要环境因素也可能不同。

(2) 短期快速模拟,满足工程应用原则。根据直升机地面停放环境谱转化得到的模拟加速试验谱应大大缩短试验时间,达到通过短期试验快速考核验证装备(产品)环境适应性的目的,降低工程研制费用。要缩短试验时间,就必须提高模拟加速试验参数量值水平。因此,模拟加速试验参数量值水平设计时应采用极值原则,并在此基础上适当提高模拟加速试验参数量值水平,但必须满足第一条原则。

(3) 环境应力累积值及环境应力累积效应相等原则。环境应力累积值相等原则主要用于当量计算模拟加速试验作用时间,即实验室条件下施加的环境应力累积值应与自然环境条件下各环境因素应力累积值相等;环境应力累积效应相等原则,是在前述几个原则下,主要用于调整试验量值水平参数或试验时间,保证加速试验的模拟等效性。

(4) 综合环境应力优先采用原则。单环境应力可能与综合环境应力的作用效果不同,在实验室条件可满足综合环境应力条件下,应优先采用综合环境应力。此项原则是提升加速试验模拟性的重要原则。

在上述原则下,再进一步明确模拟加速试验的模块、环境应力水平、作用时间、作用顺序、循环周期等参数。

2.2.2 编制流程和方法

直升机地面停放环境谱向加速模拟试验谱转化的流程如图2-2所示。

在直升机地面停放环境谱的基础上,进一步分析环境因素对编谱对象(直升机产品)的影响,分析环境综合应力的累积效应,确定哪些环境因素是引起损伤的主要因素,哪些是次要因素,选择合适的加速模拟试验模块,并确定各模块的作用顺序。根据单项环境因素谱,进一步确定每个试验模块的条件参数、各参数的量值水平,然后确定每个试验模块的试验时间,并根据环境应力累积效应对试验模块的参数量值水平或试验时间进行修正,形成加速模拟试验谱。

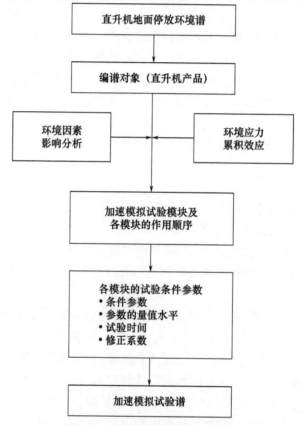

图2-2 加速模拟试验谱编制流程

1. 编谱对象的确定

直升机在服役环境下的环境损伤与本身所采用的材料工艺有关,也与所处的环境类型有关。

在编制模拟加速试验谱时首先应确定编谱对象,并摸清编谱对象的以下信息:

(1) 编谱对象应用在直升机哪个部位,所处的局部环境属于直接接触外部大气的户外环境,还是数据半封闭区或全封闭区;直升机的使用对编谱对象局部环境是否有影响。

(2) 直升机主要服役的气候区域,服役范围内哪个气候区或地区的环境最严酷。

(3) 编谱对象所用的材料工艺类型。

(4) 编谱对象在哪些环境出现过环境损伤，损伤模式及损伤机理；如果编谱对象是新材料、新工艺、新结构、新产品，应摸清相似产品的损伤模式及损伤机理。

2. 主要环境因素的确定

确定编谱对象环境损伤的主要环境因素，可从编谱对象所处的局部环境和编谱对象所用材料工艺的敏感环境因素两个方面综合考虑。

3. 试验模块的确定

针对已确定的主要环境因素，应选择以该环境因素为主的加速模拟试验模块，具体可参考表2-13选择模拟加速试验模块。

表2-13 单项/两项环境因素谱转化时选择的模拟加速试验谱模块

单项/两项环境因素谱	模拟加速试验谱块
温度谱	低温试验模块、高温试验模块、温度冲击模块
温度-相对湿度谱	湿热-干燥试验模块
太阳辐射谱	实验室光源暴露试验模块
降水谱	淋雨试验模块、试验溶液浸渍模块
雾/露谱	冷凝试验模块
沙尘谱	沙尘试验模块
腐蚀介质谱	盐雾试验模块、酸性大气试验模块
气压谱	低气压试验模块
酸雨谱	酸性盐雾模块
风速风向谱	风压试验模块

4. 各模块试验条件参数的确定

确定加速模拟试验模块后，应进一步根据直升机地面停放环境谱确定每一个模块的试验条件参数。每个模块应确定的参数可参考表2-14。

表2-14 部分加速模拟试验模块应确定的试验条件参数

加速模拟试验模块名称	需确定的试验条件参数		
	量值水平	试验时间	其他
低温试验模块	低温温度	低温持续时间	—
高温试验模块	高温温度	高温持续时间	—
温度冲击模块	低温温度；高温温度	低温持续时间；高温持续时间	低温到高温转化时间

续表

加速模拟试验模块名称	需确定的试验条件参数		
	量值水平	试验时间	其他
湿热-干燥试验模块	湿热的温度和相对湿度;干燥的温度和相对湿度	湿热、干燥持续时间;试验总时间	湿热-干燥-湿热各阶段转化时间及温升/温降速率等
实验室光源暴露试验模块	光源类型;光源辐照强度;温度;相对湿度	辐照时间;关闭辐照时间;试验总时间	循环周期
淋雨试验模块	雨滴大小;风速;滴水量	淋雨时间	—
试验溶液浸渍模块	溶液化学成分、pH值;温度	浸润时间;干燥时间;试验总时间	循环周期;是否吹风
中性/酸性盐雾试验模块	溶液化学成分、pH值;温度;相对湿度;样品放置角度	盐雾沉降率;喷雾时间/间隔时间;盐雾试验总时间	温升/温降速率;是否吹干燥空气;循环周期
酸性大气试验模块	溶液化学成分、pH值;温度;相对湿度;样品放置角度	喷雾时间;贮存时间;试验总时间	—

在确定加速模拟试验模块参数量值水平时,可参考如下原则进行。

(1) **极值原则**:根据直升机地面停放环境谱实测数据的极值或风险极值或面积极值,确定主要试验条件参数量值水平,确保直升机在最严酷的环境下有较好的环境适应性。

(2) **参照已有标准执行**:对于没有实测数据,或实测数据量较少难以支撑模拟加速试验参数量值水平的确定时,可参照已有标准确定相关量值水平。

(3) **参照类似试验执行**:当前两条原则不适用时,想提高试验参数量值水平以缩短试验周期,可参照类似试验进行确定。

(4) **分析和论证**:当设计的模拟加速试验参数量值水平比直升机地面停放环境谱中极值应力水平高出许多,且没有类似试验参考时,应当做出分析和论证,说明应力水平的改变不会造成异常环境效应的产生,即环境损伤机理以及产品与环境作用的产物不会发生显著变化。

加速模拟试验模块参数量值水平确定后,再根据电化学原理当量折算法或环境应力累积相等法计算环境应力的作用时间,然后根据环境应力累积效应相等的原则,调整试验应力量值水平或试验时间参数,确定每个模块的试验条件参数,最后组合形成直升机地面停放加速模拟试验环境谱。

第三章 国内外相关领域研究现状

3.1 国外相关领域研究现状

在环境因素监测与分析领域,欧美发达国家对环境因素数据的重要性有着十分深刻的认识,历来非常重视环境因素数据的采集工作。通过覆盖全球的众多站点的持续监测,累积了海量的环境因素数据资源,并编制了各种实用性极强的标准、手册、技术资料,为武器装备的环境适应性设计、评估、改进以及装备定寿延寿等提供强有力的指导和基础数据支撑,如美国军用标准 MIL-HDBK-310《军用产品研制用全球气候数据》、MIL-STD-810G《环境工程考虑和实验室试验》第3部分"世界气候区指南",美军条例 AR70-38《军用装备在严酷气候条件下的研究、开发、试验以及评估》,英国国防部标准 Defence Standard 00-35《国防装备环境手册》第4部分"自然环境",国际电工委员会标准 IEC 60721-2-1《环境条件分类 第2-1部分:自然环境条件 温度和湿度》等。

20世纪60年代,随着飞机在使用过程中暴露出来的腐蚀和腐蚀疲劳问题越来越严重,人们逐渐考虑腐蚀环境对飞机结构使用寿命的影响,提出了飞机结构环境谱和飞机结构载荷/环境谱的编制方法和要求。然而由于飞机实际服役年限很长,通常要达到30年左右,故而真实地模拟使用环境进行长期的环境试验在当前是不现实的,也会因试验周期过长而使试验失去意义。为了缩短试验时间,需要进行加速腐蚀试验,形成加速腐蚀环境谱。20世纪80年代,北大西洋公约组织(AGARD)先后组织了8个国家10个研究机构,针对典型飞机结构连接件,展开了湿热、盐雾、SO_2 等典型环境对疲劳寿命影响的系统研究。模拟了飞机结构疲劳关键部位在地面停放时所承受的综合腐蚀环境,比较真实地再现了实际情况下的腐蚀损伤。

20世纪80年代后期,美国先后制定了与腐蚀相关的一系列标准和规范,如 MIL-A-008866B、MIL-A-87221、MIL-A-8860B(AS)、MIL-F-7179、MIL-STD-1568、MIL-HDBK-5、MIL-IIDBK-729 等。针对军用飞机在亚热带沿海地区服役的环境条件,美国空军就制定了军用飞机(注:针对固定翼战斗机)外用涂层实验室加速试验环境谱及试验程序(CASS谱),并阐述其加速腐蚀环境谱的编制方法。CASS谱包含了对涂层失效产生影响的主要环境因素,构成合理,在环境谱编制领域被广泛借鉴。CASS谱的基本构成如图3-1所示。

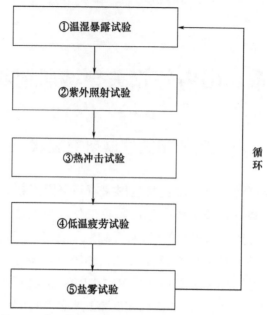

图 3-1　美军涂层加速试验环境谱(CASS谱)的基本构成

3.2　国内相关领域研究现状

　　国内对飞机结构腐蚀疲劳定寿的研究起步较晚,虽然在20世纪70年代中期就开展了有关材料损伤容限分析及一些与环境相关的腐蚀与防护的研究工作,但这些研究工作无论从研究的深度还是实际应用的可能性与国外先进研究水平相比都有一定的差距。真正系统的研究是进入20世纪80年代以后,人们才逐渐考虑腐蚀环境对飞机结构的影响,并开始结合军用飞机的腐蚀及寿命问题,开展了腐蚀损伤普查、载荷谱与环境谱的编制、材料在多种环境条件下的试验、结构件的腐蚀疲劳试验和服役飞机机体结构的疲劳试验等方面的基础研究和应用研究工作。但到目前为止,国内在飞机环境谱编制、工程简化及试验实施方法等研究领域还处于探索阶段,主要存在以下三方面的不足:

　　(1) 收集的环境数据量较少,还没有建立较为完整的飞机环境数据库,局限性较大;

　　(2) 对环境数据的分析带有一定的经验性和片面性,还没有形成完善的统计分析方法;

　　(3) 环境谱的编制方面随意性较大,数据处理方法不够规范,对相同服役地区环境数据分析处理后,不同的研究人员得出的结果往往相差很大,没有形成相对公认的方法。

　　在飞机环境谱编制领域,北京航空航天大学的刘文珽教授针对腐蚀条件下飞机结构寿命评定开展了大量的研究工作,提出了适用于飞机结构腐蚀关键部位涂层的加速试验环境谱。该谱的基本构成以CASS谱为基础,1个周期包括温湿、紫外照射、热冲击、低温疲劳和盐雾5个环境块,代表地面停放1年。在《飞机结构腐蚀部位涂层加速试验环境谱研究》一文中,其结合我国沿海、湿热地区实际情况给出了温湿试验、热冲击试验的具体条件,建立了盐雾试验中性与酸性盐雾的比例、紫外试验时间及低温疲劳应力的确定方法,并以某歼击机腐蚀关键部位作为实例具体阐述了加速环境谱的编制过程,用与外场飞机关键部位腐蚀程度对比的方法验证了1个周期代表我国沿海、湿热地区停放1a的当量加速关系。

空军研究院航空兵所张福泽院士在《飞机停放日历寿命腐蚀温度谱的编制方法和相应腐蚀介质的确定》一文中认为飞机在每一年使用腐蚀环境下，应编制成三种平均使用腐蚀温度谱。在《三维等损伤环境谱的编制原理和方法》一文中给出了真实使用环境的温度、湿度和时间三维等腐蚀损伤谱，从理论上消除了腐蚀领域的"当量折算"这个不准确环节，使日历寿命确定更加可靠。

海军航空大学陈跃良教授对海军飞机的使用环境谱进行了系统深入的研究，在专著《海军飞机结构腐蚀控制及强度评估》中，详细介绍了地面停放环境谱、典型结构地面局部环境谱、空中飞行环境谱的编制方法、流程和案例等，以及飞机的停放-飞行-停放环境谱和载荷/环境谱。

沈阳飞机设计研究所陈亮在《飞机腐蚀疲劳典型部位地面停放局部环境谱及当量折算》一文中，在分析某型飞机腐蚀疲劳典型部位的结构特点、腐蚀环境的基础上，编制了典型部位的局部环境谱；根据当量加速原理，建立了局部停放环境谱与实验室加速环境之间的折算关系，并成功地应用于某型飞机定延寿工作中飞机腐蚀环境对机体结构使用寿命影响试验研究。文中介绍了某型飞机的地面停放环境谱，如表3-1所列。

表3-1 某型飞机的地面停放环境谱

$T/℃$	雨时/h	年均雨时/h	年均雨量/mm	年均次数	雨时占全年比例/%
5	110.2				
10	54.4				
15	61.7	448.8	594.4	105.8	5.12
20	103.3				
25	113.3				
30	5.6				

而在直升机的环境谱编制、实验室加速模拟试验谱研究等方面，国内目前开展的研究工作相对较少，海军航空大学穆志韬研究团队和中航工业602所曾本银等对直升机结构疲劳进行的相关研究中部分内容涉及环境谱的编制。整体来看，国内在军用直升机的环境谱编制及其应用方面，相关研究还不充分。尽管针对军用(固定翼)飞机的环境谱研究工作对于军用直升机具有一定的借鉴意义(两种武器装备在同一地方服役时地面整体停放环境是一致的，局部环境可能有不同)，但两种武器装备在材料/工艺/结构、任务剖面、飞行环境(特别是空中腐蚀环境与载荷环境)等方面有着巨大的不同，其腐蚀损伤情况与损伤模式等存在较大差异。因此，系统开展针对不同地区服役的直升机环境谱编制等相关基础研究工作，对于直升机的腐蚀防护设计、改进与环境适应性提升，仍然具有重要意义。

第四章　大气环境因素监测

大气环境因素监测包括气象因素监测和大气污染物监测。大气环境是直升机全寿命期内普遍遭遇且经历时间最长的环境，也是引起故障最多、经济损失最大的环境。直升机受各种自然环境因素的长期作用及耦合、诱发作用，导致其功能或性能出现不可修复的退化或下降；亦或是装备自身未发生物理、化学破坏的情况下，各种自然环境因素的客观变化直接影响装备的效能发挥和作战效果。掌握直升机服役环境特征是分析直升机环境适应性的前提，可为直升机的维护保养决策提供环境数据支撑。

本章主要介绍大气环境因素监测与分析方法的通用要求，并具体给出了直升机停放环境的大气环境因素监测与分析方法的选取流程和要求。

4.1　大气环境因素监测通用要求

4.1.1　适用范围

本节规定的环境因素监测通用要求包括采集范围、采集分析方法和数据规范处理方法等，用于指导环境监测人员在自然环境条件下开展大气环境气象因素观测和大气污染物成分采集分析。

4.1.2　大气环境因素监测相关标准规范

（1）GJB 8894.1—2017《自然环境因素测定方法　第1部分：大气环境因素测定》。

（2）GB/T 34203—2017《金属和合金腐蚀　大气腐蚀　大气污染物的采集与分析方法》。

（3）GB/T 6682—2008《分析实验室用水规格和试验方法》。

（4）GB/T 13580.4—1992《大气降水pH值的测定　电极法》。

（5）GB/T 13580.6—1992《大气降水中硫酸盐测定》。

（6）GB/T 13580.9—1992《大气降水氯化物的测定　硫氰酸汞高铁光度法》。

（7）GB/T 14678—1993《空气质量　硫化氢、甲硫醇、甲硫醚和二甲二硫的测定　气相色谱法》。

（8）GB/T 15265—1994《环境空气降尘的测定　重量法》。

（9）GB/T 19292.3—2018《金属和合金腐蚀　大气腐蚀性污染物的测量》。

（10）GB/T 24516.1—2009《金属和合金腐蚀　大气腐蚀　地面气象因素测定方法》。

（11）GB/T 8170—2019《数值修约规则与极限数值的表示和判定》。

（12）HJ 549—2016《环境空气和废气　氯化氢的测定　离子色谱法》。

（13）HJ 479—2009《环境空气　氮氧化物的测定　盐酸萘乙二胺分光光度法》。

（14）HJ 482—2009《环境空气和废气　二氧化硫的测定　甲醛吸收——副玫瑰苯胺分光光度法》。

（15）HJ 483—2009《环境空气和废气　二氧化硫的测定　四氯汞盐吸收——副玫瑰苯胺分光光度法》。

（16）HJ 533—2009《环境空气和废气　氨的测定　纳氏试剂分光光度法》。

（17）HJ 548—2016《固定污染源废气　氯化氢的测定　硝酸银容量法》。

4.1.3　环境因素名词释义

（1）环境温度：表示环境中空气冷热程度的物理量。

（2）相对湿度：空气中实际水汽压与当时气温下的饱和水汽压之比。

（3）气压：气压是作用在单位面积上的大气压力，即等于单位面积上向上延伸到大气上界的垂直空气柱的重量。

（4）天气现象：天气现象是指发生在大气中、地面上的一些物理现象。它包括降水现象、地面凝结现象、视程障碍现象、雷电现象和其他现象等，这些现象都是在一定的天气条件下产生的。

（5）降水量：指某一时段内，从天空降落到地面上的液态或固态降水，未经蒸发、渗透和流失而在水平面上积累的深度，以毫米（mm）为单位，取一位小数。

（6）风：空气运动产生的气流。它是由许多在时空上随机变化的小尺度脉动叠加在大尺度规则气流上的一种三维矢量。地面气象观测中测量的风是两维矢量（水平运动），用风向和风速表示。

（7）日照时数：在自然条件下，一给定时间内，太阳直接辐照度达到或超过120W/m^{2}的各段时间的总和，以小时（h）为单位，取一位小数。

（8）日照百分率：一定时期内实际日照总时数与可照时数的百分比。

（9）总辐射：总辐射是指水平面上，天空2π立体角内所接收到的太阳直接辐射和散射辐射之和。

（10）雪深：雪深是从积雪表面到地面的垂直深度，以厘米（cm）为单位。

（11）雪压：雪压是单位面积上的积雪质量，以g/cm^{2}为单位。

（12）蒸发量：监测的蒸发量是水面蒸发量，它是指一定口径的蒸发器中，在一定时间间隔内因蒸发而失去的水层深度，以毫米（mm）为单位。

（13）大气能见度：反映大气透明度的一个指标，具有正常视力的人在当时的天气条件下还能够看清楚目标轮廓的最大地面水平距离。

（14）大气污染物：由于自然过程或人类活动，排放到环境大气中的物质对设施或环境产生不利影响，称为大气污染物。

（15）浓度采样：利用气体采样器在规定时间内（通常为1h）采集一定体积气体，用于分析大气污染物浓度。

（16）沉积速率采样：利用挂片器在规定时间内（通常为一个月）采集大气沉积物，用于分析大气污染物的沉积率。

（17）大气降尘：大气降尘是指在自然大气环境条件下,靠重力自然沉降下来的颗粒物。

4.1.4 监测项目及参数

地面气象因素观测项目、参数和观测频率等要求如表4-1所列。大气污染物监测项目、参数和监测频率等要求如表4-2所列。

表4-1 大气气象因素观测项目及采集频率

序号	项目	参数	单位	监测频率	备注
1	温度	平均	℃	每天24h连续监测	自动或人工采集
		最高			自动或人工采集
		最低			自动或人工采集
		整点瞬时值			自动采集
2	相对湿度	平均	%	每天24h连续监测	自动或人工采集
		最大			自动或人工采集
		最小			自动或人工采集
		整点瞬时值			自动采集
3	气压	平均	hPa	每天24h连续监测	自动或人工采集
		最高			自动或人工采集
		最低			自动或人工采集
		整点瞬时值			自动采集
4	风向风速	最多风向	16方位	每天24h连续监测	自动或人工采集
		平均风速	m/s		自动或人工采集
		整点瞬时值			自动采集
5	大气降水	降水量	mm	每天24h连续监测	自动或人工采集
		降水时数	h		自动或人工采集
		整点瞬时值	mm		自动采集
6	太阳辐射	45°总辐射	MJ/m²	每天24h连续监测	自动采集
		45°红外辐射			自动采集
		45°紫外辐射			自动采集
		纬度总辐射			自动采集
		纬度红外辐射			自动采集

续表

序号	项目	参数	单位	监测频率	备注
6	太阳辐射	纬度紫外辐射	MJ/m²	每天24h连续监测	自动采集
		0°总辐射			自动采集
		0°紫外辐射			自动采集
		0°红外辐射			自动采集
7	日照	日照时数	h		自动或人工采集
		日照百分率	%	1次/月	自动或人工采集
8	蒸发量		mm	每天24h连续监测	自动
9	天气现象		—	2次/天	人工采集
10	积雪	雪深	cm	1次/天	自动或人工采集
		雪压	g/m²	1次/天	自动或人工采集

表4-2 大气污染物监测项目与采集频率

序号	内容	参数	单位	监测频率	备注
1	SO_2	浓度采样	mg/m³	自动:连续监测 人工:2次/月	自动或人工采集
		沉积速率采样	mg/(100cm²·d)	1次/月	人工采集
2	氯离子	浓度采样	mg/m³	2次/月	人工采集
		沉积速率采样	mg/(100cm²·d)	1次/月	人工采集
3	氮氧化物	浓度采样	mg/m³	自动:连续监测 人工:2次/月	自动或人工采集
		沉积速率采样	mg/(100cm²·d)	2次/月	人工采集
4	NH_3	浓度采样	mg/m³	自动:连续监测 人工:2次/月	自动或人工采集
		沉积速率采样	mg/(100cm²·d)	1次/月	人工采集
5	H_2S	浓度采样	mg/m³	2次/月	人工采集
		沉积速率采样	mg/(100cm²·d)	自动:连续监测 人工:2次/月	自动或人工采集
6	雨水组分	pH	—	每次降雨	人工采集
		SO_4^{2-}	mg/m³	每次降雨	人工采集
		Cl^-	mg/m³	每次降雨	人工采集

续表

序号	内容	参数	单位	监测频率	备注
7	大气降尘	水溶性	g/m²	1次/月	人工采集
		非水溶性	g/m²	1次/月	人工采集
8	沙尘	粒度		1次/月	人工采集
		盐度			人工采集
9	O_3	浓度采集	mg/m³	自动:连续监测 人工:1次/月	自动或人工采集
10	微生物	真菌	—	1次/月	人工采集

4.1.5 气象因素观测通用要求

4.1.5.1 户外暴露场观测要求

户外暴露场观测要求主要包括暴露场地选取要求和气象观测仪器设备的安装要求。

户外暴露场观测场地包括三点要求。第一，观测场四周空旷平坦，边缘与障碍物的距离至少是障碍物高度的3倍以上；设在能较好反映本地区环境气象因素变化特点的地方，避免局部地形、地貌对大气环境因素采集造成影响。第二，观测场地大小为25m×25m或20m(南北向)×16m(东西向)；观测场地应平整，并有均匀草层(不长草的地区例外)，草高不超过0.2m。第三，观测场内应干净、整洁，不允许有树叶、纸屑等杂物；有积雪时，除小路的积雪可以清除外，应保持场地内自然积雪状态。

户外观测场观测仪器的安装包括四点要求。第一，观测仪器的放置按"北高南低，东西排列成行"的原则依次放置。第二，仪器安置时南北间距不小于4m，东西间距不小于3m；仪器距围栏不小于3m。第三，大气观测场入口设在北面，观测人员应从北面进入观测场。第四，仪器的安置，应互不影响，便于观测操作。

4.1.5.2 试验棚/库观测要求

试验棚/库观测要求主要包括试验棚/库场地选取要求和气象观测仪器设备的安装要求。

试验棚/库观测场地包括三点要求。第一，试验棚(百叶窗式试验设施)四周应开阔、空旷，10m以内不得有障碍物或高大建筑物。棚顶适当倾斜，四面墙壁(大门)做成百叶窗式，保证棚内能自然通风，雨和雪不能飘落进来。第二，试验库(全封闭试验设施)一般分为地面库、地下库和半地下库三种，地面库应建在四周空旷的地方，周围无高大建筑；地下库和半地下库应建在山丘下面。库内要求干燥洁净，有防潮、隔热、防雷电等措施。第三，在试验棚/库的中央建立环境因素监测场，场地大小为棚/库界内面积的1/10左右，在监测场内安放环境因素监测台，开展试验棚/库内环境因素数据的采集。

试验棚/库观测仪器的安装要求，将观测仪器安置在试验棚/库环境因素监测台上，监测台离地面高度为0.8~1.0m，仪器之间不能相互影响，要便于观测操作。

4.1.5.3 气象因素观测仪器要求

要求仪器设备的技术指标达到观测目标要求，且仪器设备必须严格经过国家认证的检定/校准机构进行检定/校准,并在有效期内。

4.1.6 大气污染物监测要求

4.1.6.1 大气污染物监测场地要求

大气污染物监测场地包括四点要求。第一,监测场地应设在能较好反映监测地区环境因素变化特点的地方,避免局部地形、地貌对采样结果造成影响。第二,监测场内建有大气污染物采样平台,平台应有遮雨篷,避免采样时受到雨淋。推荐采样平台长度为1.5~2.0m,宽度为0.5~0.8m,高度为0.5~1.0m,如图4-1所示。第三,降尘采样平台推荐长、宽为0.5~0.8m的正方形,高度为1.2m±0.1m。没有遮雨篷和朝向等要求。第四,试验棚/库环境污染物监测场地在棚/库内气象观测场附近。

图4-1 大气污染物采样平台

4.1.6.2 采集装置要求

污染物浓度采集仪器主要采用大气采样器。大气采样器建议选用流量范围为0.0~1.5L/min,精度为±2%。

根据监测参数不同,沉积速率采样装置采用不同的采样器,详见表4-3和图4-2。

表4-3 大气污染物沉积速率采样装置

采集参数	采集方式	采样器材料	采样地点	备注
SO_2	滤膜法	塑料制品	大气污染物采样平台	参见GJB 8894.1—2017 详如图4-2(b)
	铅浊法	—	大气污染物采样平台	参见GB/T 19292.3—2018
Cl^-	干片法	木质(或塑料)	大气污染物采样平台	参见GJB 8894.1—2017 详如图4-2(a)
	湿烛法	—	大气污染物采样平台	参见GB/T 19292.3—2018 详如图4-2(e)
氮氧化物	滤膜法	塑料制品	大气污染物采样平台	参见GJB 8894.1—2017 详如图4-2(b)
H_2S	滤膜法	塑料制品	大气污染物采样平台	参见GJB 8894.1—2017 详如图4-2(b)

续表

采集参数	采集方式	采样器材料	采样地点	备注
NH₃	滤膜法	塑料制品	大气污染物采样平台	参见GJB 8894.1—2017 详如图4-2(b)
大气降尘	积尘缸	玻璃器皿或不锈钢制品	大气降尘采样台	参见GJB 8894.1—2017 详如图4-2(d)
雨水	盛水器	玻璃器皿或不锈钢制品	大气雨水采样台	参见GJB 8894.1—2017 详如图4-2(f)
沙尘	积尘缸	玻璃器皿或不锈钢制品	大气沙尘采样台	参见GJB 8894.1—2017 详如图4-2(c)

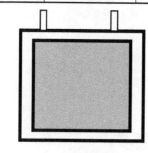

(a) 干片法采集器

(b) 滤膜法采集器

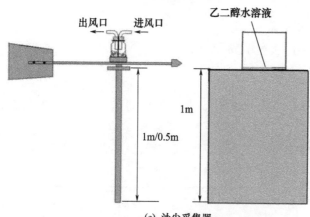

(c) 沙尘采集器

(d) 降尘采集器

(e) 湿烛法采集器

(f) 降水采集器

图4-2 大气污染物采样器

4.1.6.3 采样位置和采集时间要求

大气污染物采集位置应设在监测目标地内,采样装置放置高度与试验样品高度相同,处于最多风向的下风处,迎风放置。

大气污染物人工采样采集时间要求主要分为沉积速率采样时间和瞬时浓度采样时间。沉积速率采样时间要求为:先在实验室制作好采集样品,置于干净采集器中,一般地,每月1日上午9时将上月的采集样品取回,并将新制作干净的采集器投放。瞬时浓度采样时间要求为:每月上半月和下半月分两次采集,采样开始时间为上午9时和下午4时,每次采集1h。四次采集分析的数据平均值作为当月某种污染物平均浓度。

4.1.6.4 大气污染物采集具体要求

大气污染物采样主要分为沉积速率采样、瞬时浓度采样、降尘采样和降水采样四类。下面分别介绍这四类大气污染物采样的具体要求。

1. 沉积速率采样

沉积速率采样是利用纱布或浸有吸收剂的滤膜,放置于各种污染物特制采集器中,将采集器挂放置于户外监测场(或棚/库)采集位置,进而采集一定周期大气环境中的污染物。沉积速率采样主要包括干片法、湿烛法、滤膜法等。下面分别阐述。

干片法是先将医用纱布裁剪成采集器框架大小,用去离子水或蒸馏水冲洗,洗净后放入烘箱(温度为40~80℃)烘干,然后放入干燥器备用。采样时,将制好的纱布放入干净的自封袋中,再带到监测位置现场安装于采集器中。

湿烛法是先调整芯暴露部分的长度到预定位置,从瓶中拆下塞子和芯,用蒸馏水冲洗纱布的自由端和瓶子,再向瓶中注入丙三醇溶液,重新安装芯和瓶,放到采集位置采样。

滤膜法是先检查滤膜有无针孔、折裂、不均匀、颗粒物或其他缺陷,用毛刷去除滤膜表面的颗粒物、碎片等异物,清理干净后涂抹上吸收剂。在规定温度和湿度条件下平衡24h,再用精密天平称重。滤膜在放入采集器时,严禁用手直接接触滤膜,应用镊子轻轻夹入采样器中,有滤膜一面的滤纸方向朝下。对于浸吸收剂的滤膜,应考虑滤膜由于光、热、湿等影响因素,是否造成其颜色改变或变脆、变形等,如果出现这种现象应舍去滤膜采样。

2. 瞬时浓度采样

1) 采集类型

瞬时浓度采样主要分为阶段性采样、连续性采样和特殊性采样。阶段性采样是为了分析某种气体的日浓度。即在某日早上日出前进行第一次采样,随后每隔4h采样一次,采集5~6次,浓度的平均值定为该日该气体的浓度值。连续性采样是为了分析某种气体的月(季)浓度。即在某月(季)内按测定日浓度的方法沉积速率进行30d,所得平均浓度值作为该气体该月(季)的浓度值。特殊性采样是为了在试验场周围建筑物明显改动、污染源明显变化、天气异常现象等特殊情况下,须及时采样分析,掌握特殊条件下的污染物浓度。

2) 采集步骤

大气污染物瞬时浓度采样步骤如下:

(1) 吸收管中的吸收液应在实验室装好,不应该在现场进行。
(2) 吸收管与采样器连接时,应将吸收管上部粗的一端与采样器相连。
(3) 采样器上的吸收管口应放置于迎风处。
(4) 用大气采样器将气体抽入装有吸收液的吸收管中。
(5) 对于有避光要求的吸收液,需要用黑布或黑纸将吸收管包好。

3) 采气速度

采气速度通常在0.3~1.0L/min范围。

4) 采气体积

采气体积通常为30L左右。

5) 体积计算

根据气体采集速度和时间,按式(4-1)计算采集的体积。

$$V = V_0 \times t \tag{4-1}$$

式中:V为采集气体体积(L或m^3);V_0为采集气体速度(L/min或m^3/min);t为采集气体时间(min)。

例如:采气速度为0.5L/min,采气所用时间为50min,则采气体积为25L,并将该气体体积换算成为标准状态下的体积(V_0),即

$$V_0 = \frac{V_t \times T_0 \times P}{T \times P_0} = \frac{V_t \times 273 \times P}{(273 + t) \times 1013} \tag{4-2}$$

式中:V_0为标准状态下的采样体积(L或m^3);T_0为标准状态下的绝对温度(273K);P_0为标准状态下的大气压(1013hPa);V_t为采样体积(L或m^3);T为采样时的绝对温度(K);t为采样时的温度(℃);P为采样时的大气压力(hPa)。

3. 降尘采样要求

将洗净的集尘缸加入100~200mL含有6~80mL乙二醇的水溶液,保持溶液漫过缸底,并将集尘缸水平固定在大气降尘采样台上。

4. 降水采样要求

降水采样包括自动采样和人工采样。自动采样是采用降水自动采样器对大气降水进行自动采样。人工采样是用外口直径大于40cm的盛水器水平固定在大气降尘台上进行人工采样。

4.1.6.5 大气污染物分析仪器要求

大气污染物采集分析仪器的主要技术参数见表4-4。本章中分析用水均指蒸馏水或去离子水。

表4-4 大气污染物采集分析仪器技术参数

仪器	测量范围	精度
分光光度计	透过率:0%~100%	±0.5%
	吸光度:0~1.999	±0.5
	浓度值范围:0~1999	—

续表

仪器	测量范围	精度
气体采样器	采气流量:0.0~1.5L/min	±2%
电子天平	测量范围:0~200g	±0.1mg
电热鼓风干燥箱	最高温度:300℃	±1℃
酸度计	0.00~14.00	±0.01
臭氧仪	0.000~0.500ppm	0~0.1ppm:<±0.008ppm 0.1~0.5ppm:<±10%
离子色谱仪	电导池的输出范围:0~10000μS	0.1ug/ml
粒度分析仪	测量范围:0.02~2000μm	≤0.5%(国标样D50)
气相色谱仪	离子源温度:独立控温,150~300℃可调 离子化能量:5~241.5eV	—

4.1.7 数据统计要求

通过监检测获取的环境因素数据需要进行统计处理,主要包括平均值统计、极值统计、可疑值处理及数据修约等。

4.1.7.1 平均值的统计

采用仪器连续监测的环境因素数据,按规定应进行日(月)的平均,对采样分析结果只进行月平均。平均值均采用纵行统计,即:日(月)平均值为该日(月)各定时(日)的合计值除以该日(月)的时(日)数。

4.1.7.2 极值的挑选

极值包括日极值、月极值和年极值,下面分别介绍日极值、月极值和年极值的统计方法。

日极值的选取方法为,在仪器连续观测情况下,从当日全部数据中比较选取日极值;月极值是从一个月内每个日极值中比较选取;年极值是从一年内每个月的月极值中比较选取。

4.1.7.3 可疑数据处理

在监测值中,如出现特别大或特别小的可疑数据时,不能主观决定取舍,要仔细检查从监测到计算过程中,是否有可说明异常的充分原因,然后再做取舍。还可以用统计学的方法来处理,常用方法有Grubbs法、Dixon法、t检验法等。对于定时观测记录缺测时,凡有自动记录的观测项目,应用订正后的自动记录代替。无自动记录的项目,应用当地气象台站(环保部门)的数据(记录)代替。此外,记录数据有疑问时,应在疑问数据上加"( )",而合计和平均值照常统计,不加"( )",并在备注栏里予以说明。

4.1.7.4 数值修约要求

观测数据的数值修约要求按GB/T 8170—2019的规定进行。

4.2 直升机地面停放环境因素监测要求

4.2.1 环境因素的选择

4.2.1.1 气象环境因素的选择

直升机在地面停放环境下，经受多种外界环境因素的综合作用。其中，气象环境因素主要有温度、湿度、降水(降雨量和降雨时数)、太阳辐射(日照时数、太阳总辐射、红外辐射、紫外辐射)、风向风速、气压、天气现象(雨、雾、露、雪、沙尘暴、雷电)等。

影响直升机结构材料腐蚀/老化的环境因素很多，但就某一特定区域而言，可能只是其中几种环境因素在起主导作用。根据编制直升机地面停放环境谱的需要，推荐选择典型环境下对直升机结构腐蚀/老化影响较为显著的气象环境因素进行数据采集，主要选择温度、湿度、降水(降雨量和降雨时数)、气压、太阳辐射(日照时数、太阳总辐射、紫外辐射、红外辐射)、风向风速等气象环境因素。实际编制直升机地面停放环境谱时，推荐根据各典型地区环境因素量值水平和气象环境因素特征，对气象环境因素类别进行裁剪。

4.2.1.2 大气污染物的选择

大气污染物主要有：大气中 Cl^-、SO_2、SO_3、NO_x、氯化氢、硫化氢，降水组分(雨水 pH 值，雨水中 SO_4^{2-}、Cl^-、NO_3^- 等)，降尘和沙尘粒子等。

根据编制直升机地面停放环境谱的需要，推荐选择典型环境下对直升机结构腐蚀/老化影响较为显著且通常量值水平相对较高的大气污染物进行数据采集，主要选择大气中 Cl^-、SO_2、氮氧化物 NO_x、雨水组分(雨水 pH 值，雨水中 SO_4^{2-}、Cl^-、NO_3^- 等)、降尘(含水溶性降尘量和非水溶性降尘量)和沙尘粒子(沙尘粒度和成分)等大气污染物环境因素。特别指出，直升机发动机运转时排放的尾气中常含有较多的氮氧化物，可能导致直升机停放地区的地大气环境中氮氧化物含量偏高，推荐重点持续监测直升机停放环境大气中氮氧化物 NO_x 的量值。实际编制直升机地面停放环境谱时，推荐根据各典型地区环境因素量值水平和大气污染物特征，对大气污染物类别进行裁剪。

4.2.1.3 典型大气自然环境下推荐监测的环境因素项目

表4-5给出了典型大气自然环境下推荐监测的环境因素项目。

表4-5 典型大气自然环境下推荐监测的环境因素项目

序号	典型大气自然环境类型	推荐监测的环境因素项目	
		常规参数	特征参数
1	湿热海洋大气环境	降水量、降水pH值、降水时数、日照时数、大气压力等	温度、相对湿度、太阳总辐射、紫外辐射、氯离子沉积率等
2	湿热雨林环境	降水量、降水pH值、降水时数、太阳总辐射、紫外辐射、日照时数、大气压力等	温度、相对湿度、霉菌等
3	亚湿热工业环境	温度、相对湿度、降水量、降水时数、太阳总辐射、紫外辐射、日照时数、大气压力等	降水pH值、二氧化硫沉积率、硫化氢沉积率等
4	暖温高原环境	温度、相对湿度、降水量、降水时数等	太阳总辐射量、紫外辐射、日照时数、大气压力等

续表

序号	典型大气自然环境类型	推荐监测的环境因素项目	
		常规参数	特征参数
5	暖温半乡村环境	温度、相对湿度、降水量、降水pH值、降水时数、太阳总辐射、紫外辐射、日照时数、大气压力等	氮氧化物沉积率、二氧化硫沉积率等
6	干热沙漠环境	温度、降水量、降水pH值、降水时数、太阳总辐射、紫外辐射、日照时数、大气压力等	沙尘、相对湿度、大气降尘量、氯离子沉积率(适用于盐碱地区域)等
7	寒冷乡村环境	相对湿度、降水量、降水pH值、降水时数、太阳总辐射、紫外辐射、日照时数、大气压力等	温度、二氧化硫沉积率、硫化氢沉积率、雪深、雪压等

4.2.2 环境因素数据的获取

环境因素数据的获取主要有两种方法:一是收集直升机机场气象站或附近的国家气象台/站已有的环境因素数据;二是现场实测采集。

其中,针对温度、湿度、降水(降雨量和降雨时数)、风向风速等环境因素数据,机场气象站或附近的国家气象台/站一般均有持续性监测;同时,为了避免机场气象站或附近的国家气象台/站在某种环境因素数据上可能存在的缺失,而影响地面停放环境谱的编制,推荐根据直升机地面停放环境谱编制需要在直升机停放现场开展一定时间的温度、湿度、降水(降雨量和降雨时数)等环境因素数据实测,作数据备份和数据对比用。而针对机场气象站或附近的国家气象台/站没有开展监测无法提供的,同时又是编制直升机停放环境谱所必需的关键环境因素数据,如紫外辐射、大气污染物数据等,推荐采用现场实测的方法进行补充。

4.2.3 环境因素数据采集

4.2.3.1 环境因素数据采集方式与地点

环境因素数据的采集分外场户外环境因素和室内环境因素两种。

外场户外环境因素采集在直升机外场合适的固定地点开展,其中温度、湿度、太阳总辐射、紫外辐射、红外辐射、日照时数、降雨量、降雨时数、气压、风向、风速等环境因素数据推荐采用便携式自动气象站持续自动监测,数据以平均值或累积值的形式每小时采集记录1次,见表4-6;NO_x、盐雾(Cl^-)、SO_2等环境因素在不直接接触雨水、通风又良好的地方采集;雨水、降尘和沙尘粒子在露天空旷的合适场地采集,见表4-7。

表4-6 直升机外场户外气象环境因素监测项目

序号	采集地点	项目	参数	单位	监测频率	备注
1	外场固定地点	温度	整点温度	℃	每天24小时连续监测	推荐采用便携式自动气象站自动采集
2		相对湿度	整点湿度	%	每天24小时连续监测	
3		气压	平均气压	hPa	每天24小时连续监测	
			最高气压			

续表

序号	采集地点	项目	参数	单位	监测频率	备注
3	外场固定地点	气压	最低气压	hPa	每天24小时连续监测	推荐采用便携式自动气象站自动采集
4		降水	降水量	mm	每天24小时连续监测	
			降水时数	h		
5		太阳辐射	0°总辐射	MJ/m^2	每天24小时连续监测	
			0°紫外辐射			
			0°红外辐射			
6		日照	日照时数	h		
			日照百分率	%	1次/月	
7		风向、风速	最多风向	16方位	每天24小时连续监测	
			平均风速	m/s		

注：平均温湿度、最高温湿度、最低温湿度等由整点温湿度数据统计得到。

表4-7 外场户外大气污染物监测项目与采集频率

序号	采集地点	内容	参数	采样方式	平行样数量	单位	监测频率	备注
1	外场不直接接触雨水、通风又良好的地方	NO_x	沉积率	连续采样	3个	$mg/(100cm^2·d)$	1次/月	
2		Cl^-	沉积率	连续采样	3个	$mg/(100cm^2·d)$	1次/月	
3		SO_2	沉积率	连续采样	3个	$mg/(100cm^2·d)$	1次/月	
4	外场露天空旷的合适场地	沙尘	粒度和成分	连续采样	—	—	沙尘频发季节推荐每月2次，其余时间每月1次	人工采集
5		降尘	非水溶性降尘量、水溶性降尘量	连续采样	—	$g/(m^2·30d)$		
6		雨水	pH值	—	—	—	每次降雨	
7			Cl^-浓度	—	—	mg/m^3	每次降雨	
8			SO_4^{2-}浓度	—	—	mg/m^3	每次降雨	

室内环境因素采集推荐在直升机机库合适的固定地点开展，一般主要针对机库内的温度和湿度两种环境因素，推荐由便携式温湿度传感器持续自动监测，数据以平均值的形式每半小时采集记录1次，见表4-8。

表 4-8　机库气象环境因素监测项目

序号	采集地点	项目	参数	单位	监测频率	备注
1	机库固定地点	温度	半小时平均值	℃	每天24小时连续监测	推荐采用便携式温湿度传感器自动采集
2		相对湿度	半小时平均值	%	每天24小时连续监测	

4.2.3.2　气象环境因素数据的采集

气象环境数据的采集重点针对太阳辐射(包括太阳总辐射量、紫外辐射量、红外辐射量和日照时数)。太阳辐射一般采用在直升机机场实测的方式采集。

太阳辐射量的采集参照 GB/T 24516.1—2009《金属和合金的腐蚀　大气腐蚀地面气象因素观测方法》标准执行。

太阳辐射采用自动气象采集系统采集太阳辐射量,其采集方式如图4-3所示,辐射表0°角水平放置。

图4-3　太阳辐射量的采集方式(0°角)

4.2.3.3　大气污染物数据的采集

根据前面介绍的环境因素采集方法,选择采用连续采样法(某地某时间段内单位时间、单位面积上沉积/吸附在物体表面的大气污染物累积量(单位通常为 $mg/(100cm^2 \cdot d)$ 或 $mg/(m^2 \cdot d)$))监测大气中氮氧化物、氯离子、二氧化硫等环境因素,用于分析大气污染物沉积率;雨水在每次降水时实时采样分析。下面分别介绍直升机地面环境中氮氧化物、二氧化硫、氯离子、雨水的采集分析方法。

1. 氮氧化物采集分析方法

氮氧化物采集分析方法参照GJB 8894.1—2017《自然环境因素测定方法　第1部分:大气环境因素》标准执行。

氮氧化物采集分析过程为:NO_x 沉积率采用滤膜采样法进行采集:将玻璃纤维滤膜剪

成直径70mm的圆片,滴加吸收液后,将滤膜片固定在滤膜采样器(图4-4)上;每次将3个滤膜采样器放置在采集装置上进行采样。采样时间为7天,采样器一般每月初更换和取样分析1次,采集总时长不低于12个月。采样后将滤膜片放入干净的塑料袋中带回实验室,按照相应的测定标准采用分光光度法分析NO_x的沉积率。

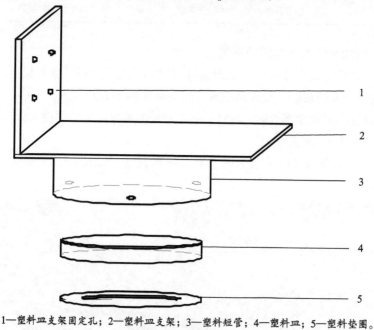

1—塑料皿支架固定孔;2—塑料皿支架;3—塑料短管;4—塑料皿;5—塑料垫圈。

图4-4 采样器结构示意图

2. 二氧化硫采集分析方法

二氧化硫采集分析方法参照GJB 8894.1—2017《自然环境因素测定方法 第1部分:大气环境因素》标准执行。

二氧化硫采集分析过程为:SO_2沉积率同样采用滤膜采样法进行采集:将玻璃纤维滤膜剪成直径70mm的圆片,经充分脱硫、滴加碳酸钾溶液、烘干后备用,将滤膜片固定在滤膜采样器上,每次将3个滤膜采样器放置在采集装置上进行采样。采样时间为1个自然月,一般月初开始,月底取样,采集总时长不低于12个月。采样后将滤膜片放入干净的塑料袋中带回实验室,按照相应的测定标准采用碱片-重量法分析大气中SO_2的沉积率。

3. 氯离子采集分析方法

氯离子采集分析方法参照GJB 8894.1—2017《自然环境因素测定方法 第1部分:大气环境因素》标准执行。

氯离子采集分析过程为:氯离子沉积速率采用纱布法采样,将医用纱布剪裁成采样器框架大小,经充分洗涤、烘干后备用,采样时,将制好的纱布对折夹入采样器具框内,每次将3个采样器具垂直放置在采集装置上,如图4-5所示。采样时间为1个自然月,一般月初开始,月底取样,采集总时长不低于12个月。采样后将纱布放入干净的塑料袋中带回实验室,按照相应的测定标准采用分光光度法分析Cl^-的沉积率。

图4-5 氯离子沉积率的采集装置示意图

4. 雨水采集分析方法

雨水采集分析方法参照GB/T 13580.2—1992《大气降水样品的采集与保存》标准执行；雨水pH值的测定按照GB/T 13580.4—1992《大气降水pH值的测定电极法》执行，雨水中SO_4^{2-}的测定按照GB/T 13580.6—1992《大气降水中硫酸盐测定》执行，雨水中Cl^-的测定按照GB/T 13580.9—1992《大气降水中氯化物的测定 硫氰酸汞高铁光度法》执行。

雨水采集分析过程为：雨水采用3000mL的圆形玻璃（不锈钢）器皿或聚乙烯塑料小桶（上口直径40cm，高20cm）作为采集器进行采集。每次降水开始，立即将清洗干净的降水采样器放置在预定的采样点进行采样，取每次降水开始至结束的全过程样，将收集到的降水样倒入清洗干净的聚乙烯塑料瓶中，贴上标签（记录好降水地点、日期、起止时间等）。雨水在有降水时采集，一般每月采集3次，采集总时长不低于12个月。采样后将聚乙烯塑料瓶带回实验室，分析按照相应的测定标准，采用酸度计分析雨水pH值，采用硫酸钡浊度法分析雨水中SO_4^{2-}浓度，采用硫氰酸汞高铁光度法分析雨水中Cl^-浓度。

5. 沙尘采集分析方法

沙尘采集分析方法参照GJB 8894.1—2017《自然环境因素测定方法 第1部分：大气环境因素》标准执行。

沙尘采集分析过程为：采用内径30cm、高40cm的集尘缸，固定于高100cm的平台上。通过放置一个集尘缸采集沙尘。集尘缸内加入60~80mL乙二醇，以占满缸底为准；加适量水形成乙二醇水溶液，加水量视当地的气候情况而定，一般冬季加50mL，其他季节加100~200mL，保持在湿式条件下采样。在夏季多雨季节，应注意缸内积水情况，防止水满溢出，在水将满时应及时更换新缸。

沙尘样品收集后，先用镊子将非沙尘物取出，然后用恒重的滤纸过滤。将滤纸与沉淀物一同放入恒重的瓷坩埚中，在105~110℃烘干后称重，编号后密封存放或立即开展沙尘样品粒度分析和沙尘样品成分分析。

表4-9列出了环境因素监检测所需的仪器设备。

表4-9 环境因素监检测所需的仪器设备

环境因素监检测项目		化学药品	主要耗材	仪器设备
气象环境因素监测	外场温度、湿度、气压、降水、太阳辐射、日照	—	医用纱布等	推荐采用自动气象站
	机库温度、湿度	—	—	推荐采用便携式温湿度传感器
大气污染物监检测	大气中NO_x	三乙醇胺、甘油、丙酮、过氧化氢、对氨基苯磺酰胺、磷酸、盐酸萘乙二胺、亚硝酸钠等	采样器、烧杯、容量瓶、玻璃棒、超细玻璃纤维滤膜、吸收管、比色皿等	分光光度计、电子分析天平、冰箱、干燥器等
	大气中Cl^-	硫氰酸汞、无水乙醇、高氯酸、硫酸铁铵、氯化钾等	采样器、细口瓶、烧杯、容量瓶、吸收管、医用纱布、比色管、比色皿、滤纸等	分光光度计、电子分析天平、烘箱、干燥器等
	大气中SO_2	无水碳酸钾、浓盐酸、氯化钡、硝酸银等	采样器、吸管、烧杯、容量瓶、塑料皿、塑料垫圈、塑料袋、超细玻璃纤维滤膜、瓷坩埚等	电子分析天平、水浴或电热板、高温炉等
	沙尘	乙二醇、过氧化氢、盐酸、偏磷酸钠、离子色谱用标样	集尘缸、镊子、滤纸、烧杯、玻璃棒、瓷坩埚、滤纸、容量瓶、滤纸等	激光粒度仪(湿法)、离子色谱仪、电子分析天平、烘箱等
	降尘	乙二醇	集尘缸、瓷坩埚、称量瓶等	电热板、电子分析天平、干燥器等
	雨水pH值	—	烧杯等	酸度计等
	雨水中Cl^-		详见GB/T 13580.6—1992、GB/T 13580.9—1992等标准	
	雨水中SO_4^{2-}			

4.3 环境因素数据采集实施

第一步,根据实际测量地覆盖范围进行环境因素数据采集地点选址。外场环境因素监测地点位于气象站外场空旷场地或直升机户外停机坪,机库环境因素监测地点位于直升机机库或直升机修理厂机库内。

第二步,气象环境因素数据和氯离子、二氧化硫、氮氧化物等大气污染物的采集地点位于外场空旷场地,气象环境因素的采集通过便携式自动气象站完成,氯离子、二氧化硫、氮氧化物采样器放置于大气污染物监测试验棚下,雨水、沙尘采集器露天放置,机库内温湿度数据采用便携式温湿度传感器采集,具体如图4-6~图4-9所示。

第四章 大气环境因素监测

图 4-6 便携式自动气象站

图 4-7 大气污染物采集试验棚

图 4-8 雨水采集器

图 4-9 机库温湿度传感器

第三步，持续开展环境因素数据采集工作。获取温度、相对湿度、太阳辐射（总辐射、紫外辐射、红外辐射）、日照时数、降水（降雨量、降雨时数）、风向风速等气象因素数据，大气中氮氧化物、大气中沙尘粒子、降雨pH值等大气污染物含量数据。

第四步，收集当地气象站记录的近年气象数据，主要包括温度、相对湿度、风向风速等气象因素数据。

第五章 内陆湿热地区直升机地面停放环境谱编制

5.1 内陆湿热地区的定义

GB/T 4797.1—2018《环境条件分类 自然环境条件 温度和湿度》中以温度和湿度日平均值的年极值的平均值为依据对不同气候类型进行了划分,其中湿热与亚湿热气候类型的划分依据如下:

(1) 湿热气候类型:低温为7℃;高温为35℃;相对湿度≥95%时的最高温度为26℃;最大绝对湿度为26g/m³。

(2) 亚湿热气候类型:低温为-5℃;高温为35℃;相对湿度≥95%时的最高温度为25℃;最大绝对湿度为25g/m³。

参照上述划分依据,我国内陆地区的A地、武汉、B地、长沙等地可以归属或大致归属内陆湿热气候类型或内陆亚湿热气候类型。本章重点围绕内陆湿热地区的A地、B地所处的典型环境介绍内陆湿热地区直升机地面停放环境谱编制相关研究工作。

5.2 内陆湿热环境对直升机的影响

内陆湿热地区环境特征较为严酷,对直升机结构腐蚀、机载设备故障等影响较大。如某型直升机在湿热内陆上空执行任务,其机体、旋翼为铝合金制造,在高空、地面时,机舱、地板下半部分、设备舱等部分为封闭及半封闭状态,由于局部环境条件极差,容易受湿、热、盐、雾、露、水等影响,因而不少机舱及地板的前梁腹板普遍存在较为严重的腐蚀情况;在环境条件的作用下,防护涂层的薄弱点首先出现点蚀,而后发生晶间剥蚀,由于腐蚀程度超出其损伤容限,因而导致腐蚀失效。另外氯离子等腐蚀介质会随着雨水或湿度较大的空气进入直升机结构的内部,再加上通风及排水效果差,导致含有各种腐蚀性离子的水分长期滞留在结构内部,在干湿不断交替的状况下使局部环境条件更加恶劣。统计显示,腐蚀故障已成为当前直升机最为普遍和严重的故障类型之一,占所有故障的58.9%。

5.3 内陆湿热地区直升机典型腐蚀/老化案例

近年来,来自使用单位和直升机修理厂的大量反馈表明,内陆湿热地区服役的直升机腐蚀现象较为普遍。

内陆湿热地区服役的某型直升机腐蚀主要发生在中机身框、螺栓、外挂油箱吊带、操纵组合件等部位,如图5-1~图5-4所示。直升机蒙皮的腐蚀主要发生在消耗油箱地板蒙皮、应急窗防雨槽与机身连接处结合面、三角整流罩、起动发动机舱整流罩安装框架与机身蒙皮结合面、中机身右侧框、桁条间等部位，如图5-5~图5-9所示。对直升机飞行安全构成了严重威胁。

图5-1　中机身框腐蚀　　　　　　　　图5-2　螺栓锈蚀

图5-3　油箱吊带接头腐蚀

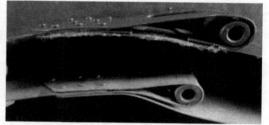

图5-4　外挂油箱吊带锈蚀后产生裂纹

图5-5　消耗油箱地板蒙皮腐蚀穿孔

图5-6　应急窗防雨槽与机身连接处结合面

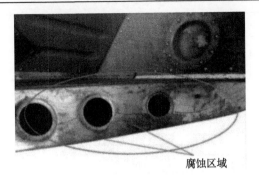

图 5-7　三角整流罩腐蚀

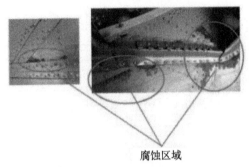

图 5-8　起动发动机舱左侧整流罩安装框架与机身蒙皮结合面腐蚀

图 5-9　中机身右侧框、桁条间的点蚀

5.4　地面停放自然环境谱编制

5.4.1　环境因素数据采集实施

根据4.3节实施方法,在内陆湿热地区A地和B地持续开展为期12个月的环境因素数据采集工作,累计获取温度、湿度、太阳辐射等气象因素数据和大气中Cl^-、SO_2、氮氧化物等大气污染物含量数据,并调取了当地近年的气象数据。

5.4.2　环境因素数据报表

表5-1~表5-2列出了A地、B地2017年主要气象因素年报数据,表5-3~表5-4列出了A地和B地2017年主要大气污染物年报数据。

表5-1 A地2017年主要气象因素年报表

气象因素		2017年												合计	平均
		1月	2月	3月	4月	5月	6月	7月	8月	9月	10月	11月	12月		
温度/℃	月平均	8.5	9.5	12.5	18.8	23.0	24.7	28.3	27.3	23.8	17.5	13.9	8.6	—	18.0
	月最高	16.9	20.1	23.5	29.6	32.8	33.0	36.6	35.0	32.5	28.9	24.4	17.0	—	27.5
	月最低	2.8	4.0	5.4	11.2	14.1	17.6	21.1	20.2	19.0	11.3	2.9	0.4	—	10.8
相对湿度/%	月平均	79	76	76	70	64	74	76	79	78	85	76	71	—	75
	月最大	100	98	98	98	98	98	99	100	98	98	99	99	—	99
	月最小	34	30	23	33	19	38	37	46	38	54	36	24	—	34
平均风速/(m/s)		1.0	0.7	0.8	0.9	1.0	0.9	0.8	1.3	1.0	1.0	0.8	0.7	—	0.9
日照时数/h		36.0	38.6	73.7	111.5	154.3	120.4	177.7	127.3	84.0	46.3	52.2	53.1	1075.1	—
降雨量/mm		4.3	18.5	32.6	70.7	39.1	108.7	270.3	231.4	65.3	48.6	8.9	4.5	902.9	—
降雨时数/h		31.4	43.0	56.0	55.6	34.2	37.3	6.4	40.0	27.7	143.4	92.7	40.9	608.6	—
太阳辐射/(MJ/m²)	紫外辐射	5.76	6.94	10.52	16.39	20.42	19.14	26.77	19.14	17.41	10.08	9.85	8.18	170.61	—
	总辐射	143.65	167.81	238.60	363.88	486.01	396.60	558.49	415.36	290.75	160.76	197.96	198.64	3618.50	—

表5-2 B地2017年主要气象因素年报表

气象因素		2017年												合计	平均
		1月	2月	3月	4月	5月	6月	7月	8月	9月	10月	11月	12月		
温度/℃	月平均	5.6	6.7	10.6	18.2	23.3	25.3	31.6	28.8	23.5	17.2	12.5	5.9	—	17.4
	月最高	15.2	22.2	21.9	30.4	34.5	34.2	40.7	39.0	31.3	29.3	23.4	15.7	—	28.2
	月最低	−3.9	−3.0	1.3	7.1	14.6	16.5	23.0	19.7	15.9	6.2	1.9	−3.5	—	8.0
相对湿度/%	月平均	69	62	62	61	62	71	68	77	81	78	67	63	—	69
	月最大	97	96	96	97	97	98	97	97	98	98	98	97	—	97
	月最小	23	15	19	22	24	36	35	39	38	30	19	19	—	27
平均风速/(m/s)		1.4	1.4	1.5	1.5	1.5	1.4	1.8	1.6	1.1	1.3	1.3	1.1	—	1.4
日照时数/h		134.9	148.5	170.4	210.2	238.8	162.4	260.0	180.3	136.2	130.9	151.6	154.7	2078.9	—
降雨量/mm		53.1	33.9	48.1	98.3	76.6	260.1	78.2	200.1	31.1	5.3	8.0	8.3	901.1	—
降雨时数/h		40.4	22.4	39.0	35.1	26.6	28.0	24.0	44.1	44.4	29.1	4.2	4.3	341.5	—
太阳辐射/(MJ/m²)	紫外辐射	9.62	12.06	16.42	22.07	25.67	23.48	30.00	23.65	16.93	15.31	11.56	9.29	216.05	—
	总辐射	244.62	307.54	398.25	510.38	566.43	480.39	603.61	455.64	331.09	323.79	284.93	261.01	4767.67	—

表 5-3　A 地 2017 年大气污染物含量年报表

月份	沉积率 /(mg/(100cm²·d))			降水分析		
	Cl^-	SO_2	NO_x	pH 值	SO_4^{2-}/(mg/m³)	Cl^-/(mg/m³)
1	0.0064	—	0.1468	—	—	—
2	0.0060	0.0120	0.0188	5.95	12000	1000
3	0.0063	0.0175	0.1425	6.40	9000	700
4	0.0072	0.0319	0.1019	6.88	30000	3500
5	0.0075	0.0120	0.1347	6.54	2000	1500
6	0.0021	—	0.1352	6.58	8200	1140
7	0.0041	0.0199	—	6.18	500	620
8	0.0060	0.0175	0.1371	6.07	2400	1140
9	0.0061	0.0226	0.1188	—	—	—
10	0.0056	0.1725	0.1213	6.37	2800	2660
11	0.0049	0.0088	0.1978	—	—	—
12	0.0086	0.0058	0.1072	6.25	5600	1200
平均	0.0061	0.0321	0.1238	6.36	8056	1496
最高	0.0086	0.1725	0.1978	6.88	30000	3500
最低	0.0021	0.0058	0.0188	5.95	500	620

注：表中"—"表示"未检出"或"无数据"，下同。

表 5-4　B 地 2017 年大气污染物含量年报表

月份	沉积率 /(mg/(100cm²·d))			降水分析		
	Cl^-	SO_2	NO_x	pH 值	SO_4^{2-}/(mg/m³)	Cl^-/(mg/m³)
1	0.0262	0.0305	0.1492	5.50	2700	760
2	0.0308	0.0476	0.1128	6.79	10000	1800
3	0.0156	0.1019	0.0716	6.34	7600	1000
4	0.0115	0.0534	0.1378	6.08	13200	1400
5	—	—	—	6.63	600	260
6	0.0070	0.0388	0.1340	6.14	500	600
7	0.0100	0.0291	0.1343	6.42	2200	5300
8	0.0118	0.0233	0.0812	6.47	5533	2133

续表

月份	沉积率 /(mg/(100cm²·d))			降水分析		
	Cl⁻	SO₂	NO$_x$	pH值	SO$_4^{2-}$/(mg/m³)	Cl⁻/(mg/m³)
9	0.0095	0.0967	0.1125	7.15	1240	300
10	0.0315	0.0448	0.5520	6.39	1120	1600
11	0.0237	0.0212	0.0204	—	—	—
12	0.0144	0.0233	0.1809	—	—	—
平均	0.0175	0.0464	0.1506	6.39	4469	1515
最高	0.0315	0.1019	0.5220	7.15	13200	5300
最低	0.0070	0.0212	0.0204	5.50	500	260

5.4.3 环境因素数据分析

5.4.3.1 外场环境因素数据分析

1. 气象因素时间变化历程对比分析

对A地和B地温度、相对湿度、0°太阳总辐射、0°紫外辐射、日照时数、降雨总量、风速等主要气象因素进行对比分析,结果如下。

1) 温度

图5-10给出了A地、B地2017年月平均温度随时间变化的趋势图。A地、B地气候四季分明,温度随时间成类弦函数规律变化,夏季最高,冬春较低,具体而言,A地全年平均温度为18.0℃,年最高温度为36.6℃,年最低温度为0.4℃,B地全年平均温度为17.4℃,年最高温度为40.7℃,年最低温度为-3.9℃,两地月平均温度相近。

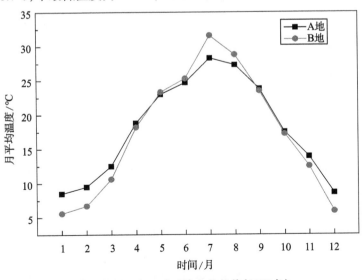

图5-10 A地、B地温度变化趋势(2017年)

2）相对湿度

图5-11给出了A地、B地2017年月平均相对湿度随时间变化的趋势图。A地、B地月平均相对湿度相近,前者略高,两地全年月平均相对湿度变化幅度不大,全年最大相对湿度在夏末秋雨时节(9~10月份),最小相对湿度在冬末春初时节(2~5月份)。具体而言,A地全年平均相对湿度为75%,年最高湿度为100%,年最低湿度为19%,B地全年平均相对湿度为69%,年最高湿度为98%,年最低湿度为15%。

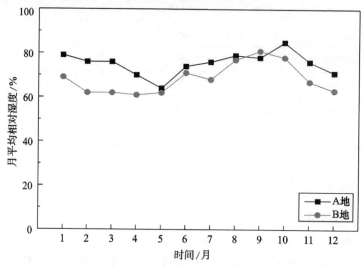

图5-11　A地、B地相对湿度变化趋势(2017年)

3）太阳总辐射和紫外辐射

图5-12~图5-13给出了A地、B地2017年月0°太阳总辐射和月0°紫外辐射随时间变化的趋势图。A地、B地太阳总辐射和紫外辐射随时间均大致成类弦曲线规律,夏季最高,冬春较低,具体而言,A地全年太阳总辐射为3618.50MJ/m^2,紫外辐射为170.61MJ/m^2;而B地全年太阳总辐射和紫外辐射均高于A地,分别为4767.67MJ/m^2和216.05MJ/m^2。

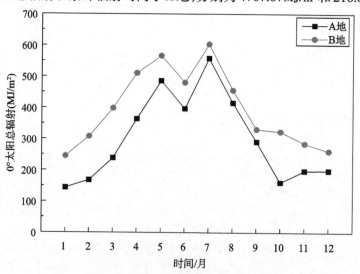

图5-12　A地、B地0°太阳总辐射变化趋势(2017年)

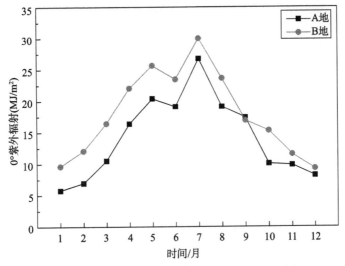

图 5-13　A 地、B 地 0°紫外辐射变化趋势（2017 年）

4）日照时数

图 5-14 给出了 A 地、B 地 2017 年月日照时数随时间变化的趋势图。A 地月日照时数随时间大致成类弦函数规律变化，夏季最高，冬春较低，B 地全年月日照时数较均匀，均在 100h 以上。具体而言，A 地全年日照总时数为 1075.1h，B 地为 2078.9h，B 地约为 A 地的 2 倍。

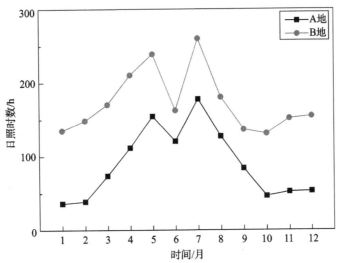

图 5-14　A 地、B 地日照时数变化趋势（2017 年）

5）降雨量

图 5-15 给出了 A 地、B 地 2017 年月降雨总量随时间变化的趋势图。A 地全年降雨量分布不均，主要集中在夏季，7~8 月份降雨量最大，冬春季节降雨较少，降雨量仅在几毫米至几十毫米范围内；B 地降雨全年分布相对均衡，最大降雨月份主要集中在夏季，6 月份和 8 月份降雨量最大，秋末冬初季节降雨较少。具体而言，A 地全年降雨总量为 902.9mm，B 地为 901.1mm，两地降雨总量相当。

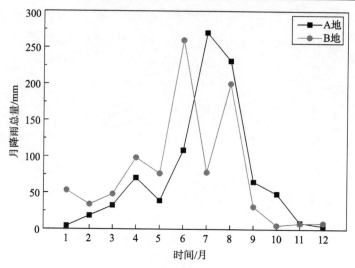

图 5-15 A地、B地降雨量变化趋势(2017年)

6)风速

图5-16给出了A地、B地2017年月平均风速随时间变化的趋势图。A地、B地月平均风速相近,B地略高,两地全年月平均风速变化不大,具体而言,A地全年平均风速为0.9m/s,B地为1.4m/s。

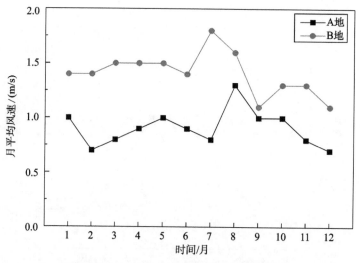

图 5-16 A地、B地风速变化趋势(2017年)

A地、B地2017年气象因素数据的对比表明:以月平均值/累积值数据为比较对象,月太阳总辐射、月紫外总辐射、月日照时数、月平均风速数据B地高于A地,其余月平均温度、月平均相对湿度和月降雨总量数据两地相当,且两地温度、太阳辐射、日照、降雨等环境因素与季节关联度较大,量值水平上通常呈现夏秋季较高、春冬季较低。

2. 大气污染物时间变化历程对比分析

对A地和B地大气中NO_2、大气中SO_2、大气中Cl^-和雨水pH值、雨水中SO_4^{2-}、雨水中Cl^-等主要大气污染物进行对比分析,结果如下。

1）大气中NO_2沉积率

图5-17给出了A地、B地外场2017年中NO_2沉积率随时间变化的趋势图。A地、B地大气中NO_2沉积率相近,两地全年NO_2沉积率整体变化不大;A地最大值出现在11月份,最小值出现在2月份;B地在10~11月份时NO_2沉积率有较大突变。具体而言,A地全年平均NO_2沉积率为$0.1238 mg/(100cm^2 \cdot d)$,最大值为$0.1978 mg/(100cm^2 \cdot d)$;B地全年平均$NO_2$沉积率为$0.1506 mg/(100cm^2 \cdot d)$,最大值为$0.5220 mg/(100cm^2 \cdot d)$,B地略高。

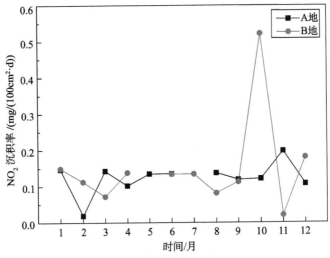

图5-17 A地、B地NO_2沉积率变化趋势(2017年)
(注:图中折线中断处表示"未检出"或"无数据",下同)

2）大气中SO_2沉积率

图5-18给出了A地、B地2017年大气中SO_2沉积率随时间变化的趋势图。A地、B地大气中SO_2沉积率相近,两地全年SO_2沉积率整体变化不大;A地在10月份时SO_2沉积率有较大突变,B地最大值出现在3月份和9月份。具体而言,A地全年平均SO_2沉积率为$0.0321 mg/(100cm^2 \cdot d)$,最大值为$0.1725 mg/(100cm^2 \cdot d)$;B地全年平均$SO_2$沉积率为$0.0464 mg/(100cm^2 \cdot d)$,最大值为$0.1019 mg/(100cm^2 \cdot d)$,B地略高。

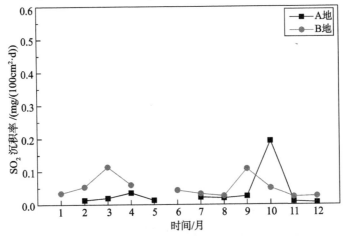

图5-18 A地、B地SO_2沉积率变化趋势(2017年)

3）大气中Cl⁻沉积率

图5-19给出了A地、B地2017年大气中Cl⁻沉积率随时间变化的趋势图。A地、B地大气中Cl⁻沉积率相近，两地全年Cl⁻沉积率变化不大。具体而言，A地全年平均Cl⁻沉积率为0.0061mg/(100cm²·d)，最大值为0.0086mg/(100cm²·d)；B地全年平均Cl⁻沉积率为0.0175mg/(100cm²·d)，最大值为0.0315mg/(100cm²·d)，B地较高。但A地、B地大气中Cl⁻沉积率数据与沿海地区对比，量值极小，如湿热海洋大气环境的万宁站离海100m户外Cl⁻多年平均沉积率统计数据为0.6208mg/(100cm²·d)，约为A地的100倍、B地的35倍。

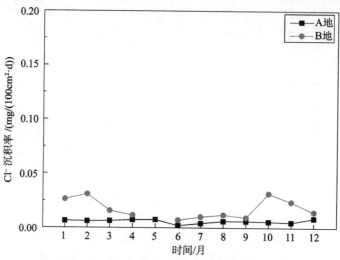

图5-19　A地、B地Cl⁻沉积率变化趋势（2017年）

4）雨水pH值

图5-20给出了A地、B地2017年雨水pH值随时间变化的趋势图。A地、B地雨水pH值相近，两地全年雨水pH值变化不大，均呈微弱酸性。具体而言，A地全年雨水pH值平均为6.36，最小值为5.95；B地全年雨水pH值平均为6.39，最小值为5.50。

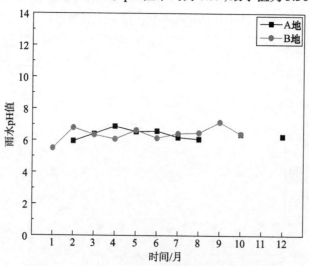

图5-20　A地、B地雨水pH值变化趋势（2017年）

5）雨水中SO_4^{2-}浓度

图5-21给出了A地、B地2017年雨水中SO_4^{2-}浓度随时间变化的趋势图。A地、B地雨水中SO_4^{2-}浓度相近,最大值均出现在4月份。具体而言,A地全年雨水中SO_4^{2-}浓度平均为8056mg/m³,最大值为30000mg/m³;B地全年雨水中SO_4^{2-}浓度平均为4469mg/m³,最大值为13200mg/m³,A地略低。

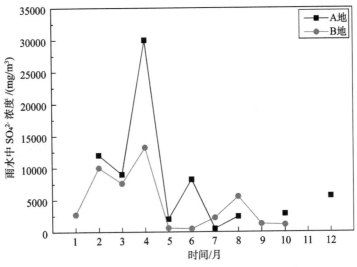

图5-21　A地、B地雨水中SO_4^{2-}浓度变化趋势(2017年)

6）雨水中Cl^-浓度

图5-22给出了A地、B地2017年雨水中Cl^-浓度随时间变化的趋势图。A地、B地雨水中Cl^-浓度相近,两地全年雨水中Cl^-浓度变化不大。具体而言,A地全年雨水中Cl^-浓度平均为1496mg/m³,最大值为3500mg/m³;B地全年雨水中Cl^-浓度平均为1515mg/m³,最大值为5300mg/m³。

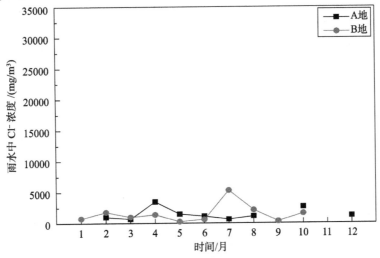

图5-22　A地、B地雨水中Cl^-浓度变化趋势(2017年)

A地、B地2017年大气污染物环境因素数据的对比表明:以年平均值为比较对象,大

气中 Cl^- 沉积率 B 地比 A 地高，其余大气中 SO_2 沉积率、大气中 NO_2 沉积率、雨水 pH 值和雨水中 Cl^- 浓度等数据两地相当，而 A 地雨水中 SO_4^{2-} 浓度略高于 B 地。

基于上述环境因素时间变化历程对分析，将 A 地、B 地主要环境因素对比结果汇总，见表 5-5。

表 5-5 A 地、B 地主要环境因素量值比较

序号	环境因素对比项	量值比较
1	温度	A 地≈B 地，A 地略高
2	相对湿度	A 地≈B 地，A 地略高
3	0°太阳总辐射、0°紫外辐射	A 地＜B 地
4	日照时数	A 地＜B 地，B 地约为 A 地的 2 倍
5	降雨总量	A 地≈B 地
6	风速	A 地＜B 地
7	大气中 NO_2 沉积率	A 地＜B 地，B 地略高
8	大气中 SO_2 沉积率	A 地≈B 地，B 地略高
9	大气中 Cl^- 沉积率	A 地＜B 地，B 地约为 A 地的 3 倍
10	雨水 pH 值	A 地≈B 地
11	雨水中 SO_4^{2-} 浓度	A 地＞B 地，A 地约为 B 地的 2 倍
12	雨水中 Cl^- 浓度	A 地≈B 地

3. 典型环境特征参数量值对比分析

针对采集到的内陆湿热地区某地环境因素数据，为便于理解主要环境因素量值水平的相对大小，选取同处内陆地区的重庆江津自然环境大气暴露试验站与 A 地、B 地进行典型环境特征参数量值对比，江津站属亚湿热酸雨环境，其环境类型典型，具有全年气候温和、雨量充沛、雾/露日数和降雨日数多、润湿时间长、酸雨较重等特点，环境因素统计数据较为齐全。

表 5-6~表 5-9 给出了 A 地、B 地外场与江津站户外在温度、湿度、太阳辐射、大气中 NO_2、雨水 pH 值等典型环境特征参数方面的统计对比数据。表中 A 地、B 地环境因素数据为 2017 年实测数据，江津站为 2007—2016 年 10 年间统计数据。

表 5-6 A 地、B 地与江津站户外温湿度数据

地点	温度/℃			湿度/%		
	年均值	年极大值	年极小值	年均值	年极大值	年极小值
A 地外场	18.0	36.6	0.4	75	100	19

续表

地点	温度/℃			湿度/%		
	年均值	年极大值	年极小值	年均值	年极大值	年极小值
B地外场	17.4	40.7	-3.9	69	98	15
江津站户外	19.5	44.0	0.7	80	100	14

表5-7 A地、B地与江津站户外太阳辐射数据

地点	总辐射/(MJ/m^2)	紫外辐射/(MJ/m^2)	总日照时数/h
A地外场	3619	171	1075
B地外场	4768	216	2079
江津站户外	3046	153	1156

表5-8 A地、B地与江津站户外降雨量数据

地点	年降雨总量/mm
A地外场	903
B地外场	901
江津站户外	930

表5-9 A地、B地和江津站户外主要大气污染物数据

地点	大气污染物数据(年平均值)			
	大气中Cl$^-$	大气中SO$_2$	大气中NO$_2$	雨水pH值
	mg/(100cm^2·d)			—
A地	0.0061	0.0321	0.1238	6.36
B地	0.0175	0.0464	0.1506	6.39
江津站户外	0.0047	0.7362	0.0548	5.49

依据表中数据,对A地、B地温度、相对湿度、太阳总辐射、紫外辐射、日照时数、降雨总量等主要气象因素和大气中NO$_2$、大气中SO$_2$、大气中Cl$^-$、雨水pH值等主要大气污染物的量值水平相对大小进行对比分析,结果如下。

1) 温度

图5-23给出了A地、B地与江津站户外年平均温度、年最高温度、年最低温度对比。

由表5-6和图5-23可得：A地、B地外场温度与江津站相近，B地略低于江津站。

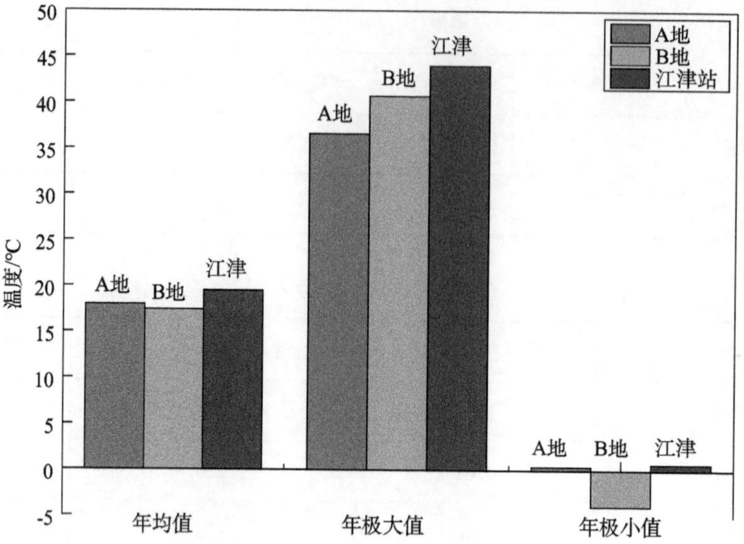

图5-23 A地、B地与江津站户外温度

2）相对湿度

图5-24给出了A地、B地与江津站户外年平均相对湿度、年最高相对湿度、年最低相对湿度对比。由表5-6和图5-24可得：A地、B地外场相对湿度与江津站相近，B地略低于江津站。

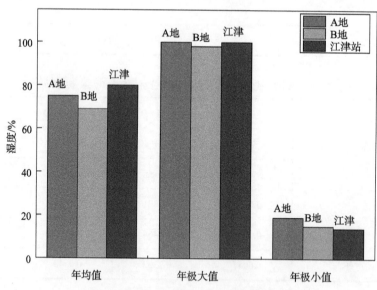

图5-24 A地、B地与江津站户外相对湿度

3）太阳总辐射和紫外辐射

图5-25给出了A地、B地与江津站户外年0°太阳总辐射和0°紫外辐射对比。由表5-7和图5-25可得：A地、B地外场0°太阳总辐射和0°紫外辐射均高于江津站，其中B地0°太阳总辐射和0°紫外辐射约为江津站的1.5倍。

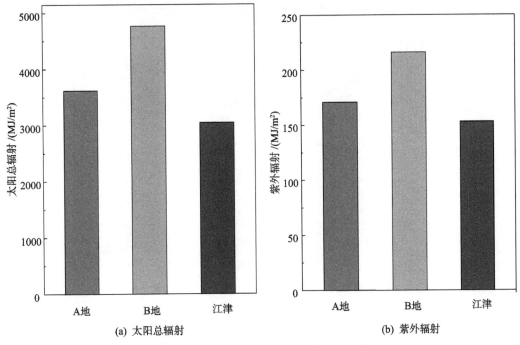

(a) 太阳总辐射 　　　　　　　　　　(b) 紫外辐射

图 5-25　A地、B地与江津站户外太阳辐射

4）日照时数

图 5-26 给出了 A 地、B 地与江津站户外日照时数对比。由表 5-7 和图 5-26 可得：A 地外场日照时数与江津站接近，均低于 B 地，B 地日照时数约为 A 地和江津站的 2 倍。

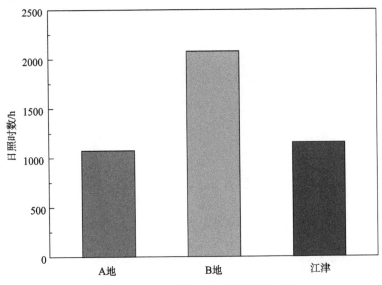

图 5-26　A地、B地与江津站户外日照时数

5）降雨总量

图 5-27 给出了 A 地、B 地外场与江津站户外降雨总量对比。由表 5-8 和图 5-27 可得：A 地、B 地外场降雨总量与江津站基本相同。

61

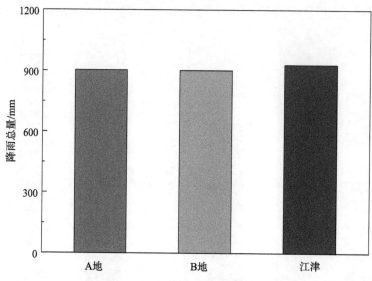

图 5-27　A 地、B 地与江津站户外降雨总量

6）大气中 NO_2 沉积率

图 5-28 给出了 A 地、B 地与江津站户外大气中 NO_2 沉积率对比。由表 5-9 和图 5-28 可得：A 地、B 地大气中 NO_2 沉积率均高于江津站，其中 B 地约为江津站的 3 倍。

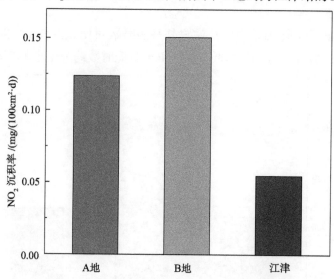

图 5-28　A 地、B 地与江津站户外大气中 NO_2 沉积率

7）大气中 SO_2 沉积率

图 5-29 给出了 A 地、B 地与江津站户外大气中 SO_2 沉积率对比。由表 5-9 和图 5-29 可得：A 地、B 地外场大气中 SO_2 沉积率均远低于江津站。

其中 A 地约为江津站的 1/23，B 地约为江津站的 1/16。整体而言，A 地、B 地外场大气中 SO_2 含量与典型酸性大气环境相比很低。（注：江津站大气中的 SO_2 主要来源于周边工厂含硫废气的排放，这也是江津站属酸性大气环境、酸雨较重的原因。）

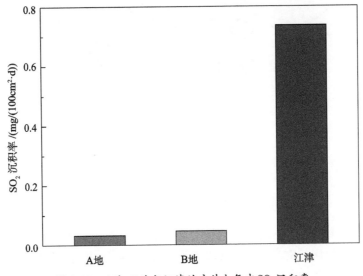

图 5-29　A 地、B 地与江津站户外大气中 SO_2 沉积率

8）大气中 Cl^- 沉积率

图 5-30 给出了 A 地、B 地与江津站户外大气中 Cl^- 沉积率对比。由表 5-9 和图 5-30 可得：A 地大气中 Cl^- 沉积率与江津站相近，前者略高，而 B 地约为江津站的 3.7 倍。整体而言，A 地、B 地和江津站户外大气中 Cl^- 含量与沿海地区高盐雾环境相比均极低（湿热海洋大气环境的万宁站离海 100m 户外 Cl^- 多年平均沉积率统计数据为 $0.6208mg/(100cm^2 \cdot d)$，约为 A 地的 100 倍、B 地的 35 倍）。

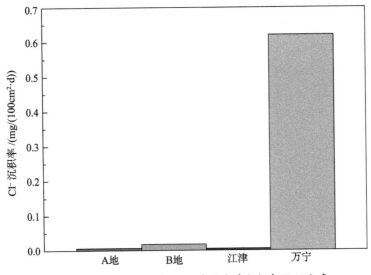

图 5-30　A 地、B 地、江津站、万宁站户外大气中 Cl^- 沉积率

9）雨水 pH 值

图 5-31 给出了 A 地、B 地与江津站户外雨水 pH 值对比。由表 5-9 和图 5-31 可得：A 地、B 地雨水 pH 值高于江津站。整体而言，江津站雨水偏酸性，而 A 地、B 地外场雨水 pH 值在 5.50~7.15 之间，呈微弱酸性。

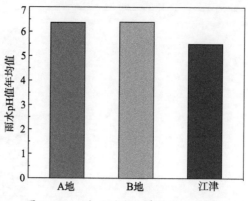

图 5-31　A 地、B 地与江津站雨水 pH 值

A 地、B 地与江津站户外典型环境特征参数量值的对比表明：量值水平上，以年平均值/年累积值数据为比较对象，A 地、B 地年平均温度、年平均相对湿度、年降雨总量数据与江津站户外接近，其中年平均温度和年平均相对湿度略低于江津站；而 A 地和 B 地年太阳总辐射、年紫外辐射、大气中 NO_2 含量、雨水 pH 值均高于江津站，大气中 SO_2 含量均低于江津站；年日照总时数上，A 地与江津站接近，B 地约为 A 地和江津站的 2 倍；大气中 Cl^- 含量 A 地与江津站相近，小于 B 地。

基于上述环境因素量值水平对比分析，将 A 地、B 地外场主要环境因素与江津站户外对比结果汇总，见表 5-10。

表 5-10　A 地、B 地与江津站主要环境因素量值比较

序号	环境因素对比项	量值比较
1	温度	三地相近，江津站略高
2	相对湿度	三地相近，江津站略高
3	0°太阳总辐射、0°紫外辐射	江津站＜A 地＜B 地
4	日照时数	A 地≈江津站＜B 地，B 地约为江津站的 2 倍
5	降雨总量	三地相近
6	大气中 NO_2 沉积率	江津站＜A 地≈B 地，B 地约为江津站的 3 倍
7	大气中 SO_2 沉积率	A 地≈B 地＜＜江津站 某地大气中含量较低
8	大气中 Cl^- 沉积率	江津站≈A 地＜B 地 某地大气中含量极低
9	雨水 pH 值	江津站＜A 地≈B 地 某地雨水呈微弱酸性

4. 内陆湿热地区整体环境特征分析

1）A 地、B 地 2017 年实测数据与同地区常年数据对比分析

表 5-11 中列出了 A 地 2004—2015 年的气候平均数据，表 5-12 为 2009 年 B 地气象局公布的 B 地气象资料，表 5-13 给出了文献资料中公布的 A 地和 B 地太阳总辐射数据。

第五章 内陆湿热地区直升机地面停放环境谱编制

表5-11 A地2004—2015年气候平均数据

A地气候数据（平均数据2004—2015年，极端数据1951—2017年）

月份	1月	2月	3月	4月	5月	6月	7月	8月	9月	10月	11月	12月	全年
历史最高温/℃	18.0	22.7	30.9	32.8	36.1	36.0	37.3	37.3	35.8	29.8	24.9	20.3	37.3
平均高温/℃	9.2	12.1	17.3	22.9	26.5	28.2	30.1	30.0	25.7	21.1	16.1	10.8	20.8
每日平均气温/℃	5.4	8.0	12.3	17.4	21.3	23.7	25.4	25.0	21.7	17.3	12.4	6.9	16.4
平均低温/℃	2.6	5.1	8.6	13.2	17.3	20.4	22.2	21.8	19.1	15.0	9.9	4.0	13.3
历史最低温/℃	−6.5	−3.5	−1.2	2.1	7.4	13.2	16.8	15.7	11.6	3.2	−0.1	−5.9	−6.5
平均降水量/mm	8.6	7.8	23.6	40.8	96.1	111.7	227.3	181.3	120.9	47.6	14.9	6.8	887.4
平均降水日数(≥0.1mm)	7.8	6.8	10.8	12.9	13.9	15.4	15.0	15.8	16.3	14.0	8.5	6.8	144
平均相对湿度/%	79	76	74	72	71	76	80	81	81	82	80	79	77.6
每月平均日照时数/h	45.0	46.1	84.0	110.3	112.5	95.4	108.7	117.8	54.8	50.6	50.4	50.1	925.7

表 5-12 2009 年 B 地气象资料

月份	1月	2月	3月	4月	5月	6月	7月	8月	9月	10月	11月	12月	全年
平均气温/℃	2.2	7.3	9.8	16.6	21.9	26.6	28.0	27.2	23.4	20.1	8.6	4.5	16.4
极端最高气温/℃	14.7	27.7	25.8	29.3	34.9	36.1	37.0	36.7	32.2	29.2	26.1	13.6	37.0
出现日期	22	12	19	15	10	25	17	26	6	31	8	24	7.17
极端最低气温/℃	−7.8	0.6	−0.3	1.9	11.0	17.6	20.3	16.9	18.2	10.8	−2.2	−5.3	−7.8
出现日期	24	10	14	1	4	6	28	30	21	20	18	21	1.24
降水量/mm	32.2	112.8	48.3	59.2	56.0	168.7	485.4	102.7	102.9	3.2	113.7	78.4	1363.5
降水日数/d	10	19	12	8	8	14	15	22	15	6	14	9	152
日照时数/h	144.8	53.4	130.3	218.5	243.8	212.2	182.0	147.2	116.6	199.1	110.4	104.9	1863.2

注：暂未查找到 B 地市多年气候平均数据，此处以 2009 年气象资料作为参照对象分析。

表5-13 A地和B地太阳总辐射数据

地区	太阳总辐射/(MJ/m²)
A地	3344~4190
B地	4550~4950

由表5-3~表5-4、表5-11~表5-13的对比分析可得：A地、B地外场2017年实测数据与同地区常年数据对比，在年平均温度、年平均相对湿度、年太阳总辐射、年日照时数、年降水总量等主要气象因素数据方面，量值上无显著差异。这表明A地、B地2017年属于正常气候年份，其2017年外场实测数据可以用于本地区环境特征分析。

2）基于温湿度数据的气候类型分析

GB/T 4797.1—2018《环境条件分类 自然环境条件 温度和湿度》中以温度和湿度日平均值的年极值的平均值为依据对不同气候类型进行了划分。参照该标准，A地、B地外场2017年实测温湿度数据表明：从年平均温度、湿热月时间、高低温范围、所处地域等方面定性判定，A地、B地所处区域气候环境具有内陆湿热环境特点。

3）A地、B地大气腐蚀性分类

GB/T 19292—2018《金属和合金的腐蚀 大气腐蚀性》中给出了依据大气潮湿时间(τ)、空气中二氧化硫含量(P)和氯化物含量(S)三个因素确定大气腐蚀性等级(C)的方法。参照该标准，A地、B地外场2017年实测数据表明（表5-14）：A地、B地所处环境大气腐蚀性等级为$C3$级（腐蚀性中等）。

表5-14 A地、B地外场大气腐蚀性等级

地点	潮湿时间(h)/对应等级	二氧化硫的沉积率/对应等级	氯化物的沉积率/对应等级	大气腐蚀性等级
A地外场	4037/τ_4	3.2/P_0	0.6/S_0	$C3$
B地外场	2895/τ_4	4.6/P_0	1.8/S_0	$C3$

注：1.GB/T 19292—2018中将温度大于0℃且相对湿度大于80%的时间定义为潮湿时间(τ)。

2.GB/T 19292—2018中给出的τ_4等级对应的潮湿时间——2500h<τ<5500h，P_0等级对应的二氧化硫沉积率——P_d≤10mg/(m²·d)，S_0等级对应的氯化物沉积率——S≤3mg/(m²·d)。

3.沉积率单位为mg/(m²·d)。

4）结论

整体而言，A地与B地在气象因素和大气污染物量值水平上两地基本相当，驻地环境均具有典型的内陆湿热地区非工业环境特点：年平均温度较高（A地18.0℃、B地17.4℃），温度变化范围大（A地0.4~36.6℃、B地-3.9~40.7℃），温度、太阳辐射、降雨等环境因素与季节关联度较大（一般夏秋季较高，春冬季较低），年平均相对湿度较高（A地75%、B地69%），整体环境与亚湿热酸雨环境较为接近（略微温和，酸性大气含量远低于江津站），大气腐蚀性等级中等（$C3$级）。其中A地、B地环境因素中较为突出的特点是大气中NO_2含量较高。

5.4.3.2 机库环境因素数据分析

1. 机库环境状态分析

A地环境因素监测地点位于某工厂直升机修理机库内，B地机库环境因素监测地点位于B地直升机机库内。某工厂修理机库和B地机库位置上均紧邻外场，机库与外场环境因素监测地点直线距离小于200m。通常，机库大门白天开晚上闭，机库内空气与外场保持自由流通。

2. 机库温湿度量值与时间变化历程对比分析

图5-32给出了A地、B地外场和机库2017年日平均温湿度数据随时间变化趋势图，表5-15列出了外场和机库温湿度均值和极值统计数据。

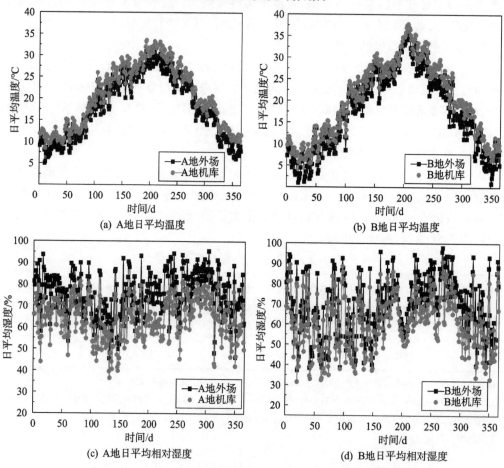

图5-32 A地、B地外场和机库日平均温湿度随时间变化趋势图

表5-15 A地、B地温湿度数据统计(2017年)

地点	温度/℃			湿度/%		
	年均值	年极大值	年极小值	年均值	年极大值	年极小值
A地外场	18.0	36.6	0.4	75	100	19
A地机库	20.5	36.8	6.3	64	88	22

续表

地点	温度/℃			湿度/%		
	年均值	年极大值	年极小值	年均值	年极大值	年极小值
B地外场	17.4	40.7	−3.9	69	98	15
B地机库	20.0	43.3	2.4	61	94	15

由图5-32和表5-15可得：A地、B地机库和相应外场的日平均温度、日平均湿度随时间变化趋势基本一致，量值上同一某地的机库内每日日平均温度均高于外场，而每日平均湿度则低于外场。具体而言，2017年实测数据显示，A地机库内年平均温度为20.5℃，比外场高2.5℃，机库内年平均相对湿度64%，比外场低9%；B地机库内年平均温度为20.0℃，比外场高2.6℃，机库内年平均相对湿度为61%，比外场低8%。即

A地：机库年平均温度=外场年平均温度+2.5℃

机库年平均相对湿度=外场年平均相对湿度−9%

B地：机库年平均温度=外场年平均温度+2.6℃

机库年平均相对湿度=外场年平均相对湿度−8%

表5-16、表5-17列出了A地、B地机库2017年每月白天和晚上月平均温湿度数据。图5-33给出了机库白天和晚上月平均温湿度数据随时间变化趋势图。

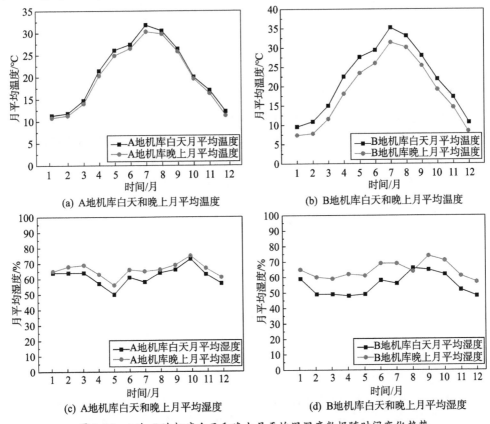

图5-33 A地、B地机库白天和晚上月平均温湿度数据随时间变化趋势

表5-16　A地、B地机库每月白天和晚上月平均温度数据（2017年）

地点	时段	月平均温度/℃												年平均温度/℃
		1	2	3	4	5	6	7	8	9	10	11	12	
A地机库	白天	11.3	11.8	14.7	21.4	26.1	27.4	31.8	30.5	26.4	20.0	17.0	12.2	20.9
	晚上	10.8	11.3	14.0	20.3	24.9	26.5	30.3	29.8	25.8	19.6	16.3	11.3	20.1
B地机库	白天	9.6	10.9	15.0	22.5	27.6	29.4	35.2	33.1	28.0	21.9	17.3	10.7	21.8
	晚上	7.4	7.8	11.6	18.1	23.4	26.0	31.4	30.1	25.4	19.2	14.6	8.0	18.6

表5-17　A地、B地机库每月白天和晚上月平均湿度数据（2017年）

地点	时段	月平均湿度/%												年平均湿度/%
		1	2	3	4	5	6	7	8	9	10	11	12	
A地机库	白天	64	64	64	57	50	61	58	64	66	73	63	57	62
	晚上	65	68	69	63	56	66	65	66	69	75	67	61	66
B地机库	白天	59	49	49	48	49	58	56	66	65	62	52	48	55
	晚上	65	60	59	62	61	69	69	64	74	71	61	57	64

由图5-33和表5-16、表5-17可得：A地、B地机库白天和晚上的月平均温度、月平均湿度随时间变化趋势基本一致，量值上同一某地的机库内白天月平均温度均高于晚上，而白天月平均湿度则低于晚上。具体而言，2017年实测数据显示，A地机库内白天年平均温度为20.9℃，比晚上高0.8℃，白天年平均相对湿度为62%，比晚上低4%；B地机库内白天年平均温度为21.8℃，比晚上高3.2℃，机库内年平均相对湿度为55%，比晚上低9%。即

A地机库：白天年平均温度=晚上年平均温度+0.8℃

白天年平均相对湿度=晚上年平均相对湿度-4%

B地机库：白天年平均温度=晚上年平均温度+3.2℃

白天年平均相对湿度=晚上年平均相对湿度-9%

综合以上分析可得，A地和B地机库环境具有温度高于外场、湿度低于外场，白天温度高湿度低、晚上温度低湿度高的特点。本书中指定白天对应时间为8:00~18:00，晚上对应时间为0:00~8:00和18:00~24:00。

3. 机库温湿度滞后效应分析

图5-34给出了A地、B地外场和机库2017年1月1日整点温湿度数据随时间变化趋势图。

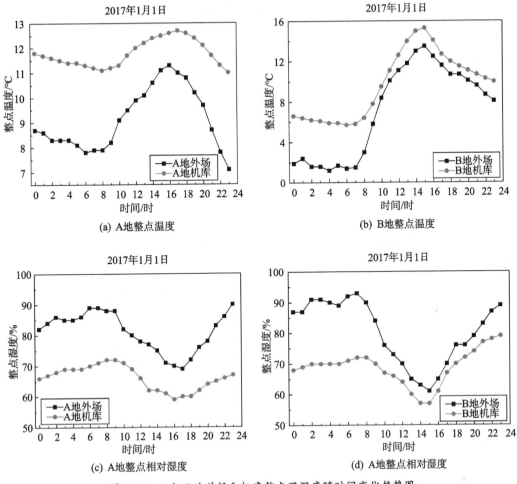

图 5-34 A地、B地外场和机库整点温湿度随时间变化趋势图

由图 5-34 可得：A 地、B 地同一环境条件下，机库内温湿度变化较外场温湿度存在一定程度的滞后效应，即外场达到最低、最高温湿度的时间比机库早 1~3/h，换言之，机库内温湿度变化较外场滞后约 1~3/h。这种现象与机库半敞开环境有关，机库内空气温度、水分与外界的传递和交换需要一定的时间稳定。

5.4.4 自然环境谱编制

5.4.4.1 A地直升机地面停放环境谱编制

以 A 地 2017 年的环境因素统计数据为基础，以月、年为单位，分析统计温度、相对湿度、太阳辐射等环境要素的强度、持续时间、发生频率以及时间比例，形成各单项环境要素月谱和年谱，如温度谱（表 5-18、图 5-35）、相对湿度谱（表 5-19、图 5-36）、温度-湿度组合谱（表 5-20）、日照辐射谱、降水谱（表 5-21）、大气污染物谱等，然后对单项环境要素谱进行归并处理，按雨、盐雾、工业废气、潮湿空气、日照的顺序逐一给出各种环境条件的时间比例、作用时间、作用次数、作用强度等，形成 A 地直升机地面停放自然环境谱（表 5-22）。

表5-18　A地外场温度谱

月份	1	2	3	4	5	6	7	8	9	10	11	12	年平均
平均温度/℃	8.5	9.5	12.5	18.8	23.0	24.7	28.3	27.3	23.8	17.5	13.9	8.6	18.0
极高温度/℃	36.6													
极低温度/℃	0.4													
温度/℃	0~5		5~10		10~15		15~20		20~25	25~30	30~35		35~40	
作用时间/月	0		3		2		2		3	2	0		0	

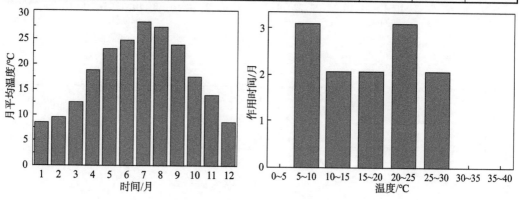

图5-35　A地外场平均温度月谱

表5-19　A地外场相对湿度谱

月份	1	2	3	4	5	6	7	8	9	10	11	12	年平均
平均相对度/%	79	76	76	70	64	74	76	79	78	85	76	71	75
极高相对度/%	100													
极低相对湿度/%	19													
相对湿度/%	10~20	20~30	30~40	40~50	50~60	60~70	70~80	80~90	90~100				
作用时间/月	0	0	0	0	0	2	9	1	0				

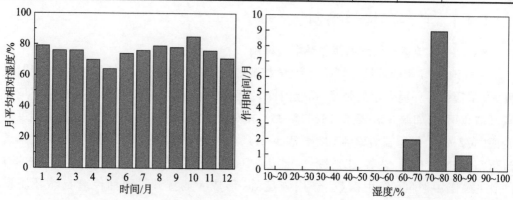

图5-36　A地外场平均湿度月谱

第五章 内陆湿热地区直升机地面停放环境谱编制

表 5-20 A地外场温度-湿度组合谱

温度/℃		0~5	6~10	11~15	16~20	21~25	26~30	31~35	36~40
持续时间/h	RH<60%	0	63	339	215	270	459	306	30
	60%≤RH<70%	0	185	314	207	211	251	127	0
	70%≤RH<80%	9	335	345	330	383	306	38	0
	80%≤RH<90%	73	531	310	383	493	268	1	0
	RH≥90%	125	386	399	343	565	160	0	0

表 5-21 A地外场降水谱

月份	1	2	3	4	5	6	7	8	9	10	11	12	合计
降雨量/mm	4.3	18.5	32.6	70.7	39.1	108.7	270.3	231.4	65.3	48.6	8.9	4.5	902.9
降雨时数/h	31.4	43.0	56.0	55.6	34.2	37.3	6.4	40.0	27.7	143.4	92.7	40.9	608.6
pH值	1~2		2~3		3~4		4~5		5~6		6~7		7~8
降水量/mm	0		0		0		0		18.5		805.9		0

注:1月、9月、11月未测得pH值数据。

表 5-22 A地直升机地面停放自然环境谱

环境	雨	潮湿空气	日照
时间比例/%	6.9	66.0	12.3
作用时间/h	608.6	5783	1075.1
作用次数	115	269	—
pH值	6.36	—	—
SO_2/(mg/(100cm²·d))	—	0.0321	—
NO_2/(mg/(100cm²·d))	—	0.1238	—
Cl^-/(mg/(100cm²·d))	—	0.0061	—
雨水 SO_4^{2-}/(mg/m³)	8056	—	—
雨水 Cl^-/(mg/m³)	1496	—	—
雨量/mm	902.9	—	—
总辐射/(MJ/m²)	—	—	3618.50
紫外辐射/(MJ/m²)	—	—	170.61
温度/℃	年平均温度:18.0	年极大值:36.6	年极小值:0.4
湿度/%	年平均湿度:75	年极大值:100	年极小值:19

注:大气温度0℃以上且大气相对湿度70%以上时,判定为潮湿空气(下同)。

5.4.4.2 B地直升机地面停放环境谱编制

以B地2017年的环境因素统计数据为基础,以月、年为单位,分析统计温度、相对湿度、太阳辐射等环境要素的强度、持续时间、发生频率以及时间比例,形成各单项环境要素月谱和年谱,如温度谱(表5-23、图5-37)、相对湿度谱(表5-24、图5-38)、温度-湿度组合谱(表5-25)、日照辐射谱、降水谱(表5-26)、大气污染物谱等,然后对单项环境要素谱进行归并处理,按雨、盐雾、工业废气、潮湿空气、日照的顺序逐一给出各种环境条件的时间比例、作用时间、作用次数、作用强度等,形成B地直升机地面停放自然环境谱(表5-27)。

表5-23 B地外场温度谱

月份	1	2	3	4	5	6	7	8	9	10	11	12	年平均
平均温度/℃	5.6	6.7	10.6	18.2	23.3	25.3	31.6	28.8	23.5	17.2	12.5	5.9	17.4
极高温度/℃	40.7												
极低温度/℃	-3.9												
温度/℃	≤0	1~5	5~10	10~15	15~20	20~25	25~30	30~35	35~40	40~45			
作用时间/月	0	2	1	2	2	2	2	1	0	0			

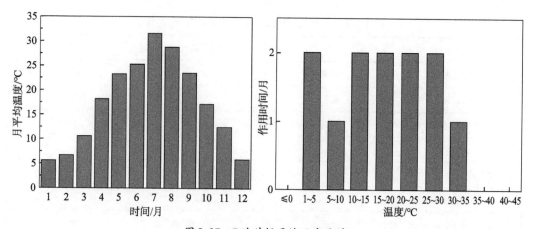

图5-37 B地外场平均温度月谱

表5-24 B地外场相对湿度谱

月份	1	2	3	4	5	6	7	8	9	10	11	12	年平均
平均相对湿度/%	69	62	62	61	62	71	68	77	81	78	67	63	69
极高相对湿度/%	98												
极低相对湿度/%	15												
相对湿度/%	10~20	20~30	30~40	40~50	50~60	60~70	70~80	80~90	90~100				

续表

月份	1	2	3	4	5	6	7	8	9	10	11	12	年平均
作用时间/月	0	0	0	0	0				8		3	1	0

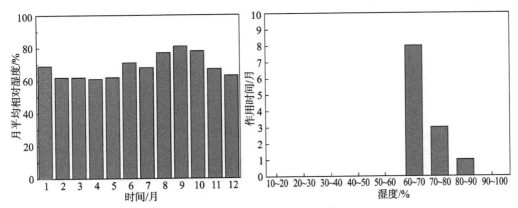

图 5-38 B 地外场平均湿度谱

表 5-25 B 地外场温度-湿度组合谱

	温度/℃	<0	0~5	6~10	11~15	16~20	21~25	26~30	31~35	36~40	>40
持续时间/h	RH<60%	38	223	555	414	379	375	407	260	171	8
	60%≤RH<70%	22	183	238	174	178	177	177	278	7	0
	70%≤RH<80%	54	156	195	185	256	294	275	167	0	0
	80%≤RH<90%	19	148	312	191	226	312	367	13	0	0
	RH≥90%	0	78	256	226	215	417	134	0	0	0

表 5-26 B 地外场降水谱

月份	1	2	3	4	5	6	7	8	9	10	11	12	合计
降雨量/mm	53.1	33.9	48.1	98.3	76.6	260.1	78.2	200.1	31.1	5.3	8.0	8.3	901.1
降雨时数/h	40.4	22.4	39.0	35.1	26.6	28.0	24.0	44.1	44.4	29.1	4.2	4.3	341.5
pH值	1~2		2~3		3~4		4~5		5~6		6~7		7~8
降水量/mm	0		0		0		0		40.4		248.2		44.4

注：11 月、12 月降雨未测得 pH 值数据。

表 5-27 B 地直升机地面停放自然环境谱

环境	雨	潮湿空气	日照
时间比例/%	3.9	50.5	23.7

续表

环境	雨	潮湿空气	日照
作用时间/h	342	4422	2078.9
作用次数	116	179	—
pH值	6.39	—	—
$SO_2/(mg/100cm^2 \cdot d)$	—	0.0464	—
$NO_2/(mg/100cm^2 \cdot d)$	—	0.1506	—
$Cl^-/(mg/100cm^2 \cdot d)$	—	0.0175	—
雨水$SO_4^{2-}/(mg/m^3)$	4469		
雨水$Cl^-/(mg/m^3)$	1515		
雨量/mm	901.1		
总辐射/(MJ/m^2)	—	—	4767.67
紫外辐射/(MJ/m^2)	—	—	216.05
温度/℃	年平均温度:17.4	年极大值:40.7	年极小值:-3.9
湿度/%	年平均湿度:69	年极大值:98	年极小值:15

5.4.4.3 内陆湿热地区直升机地面停放综合环境谱编制

根据编制的A地直升机地面停放自然环境谱和B地直升机地面停放自然环境谱,对两地各环境要素进行归并处理,以最大程度涵盖内陆湿热地区直升机可能面临的最极端环境为原则,取两地环境要素中较为严酷的极值数据,编制内陆湿热地区直升机地面停放综合自然环境谱(表5-28)。

表5-28 内陆湿热地区直升机地面停放综合自然环境谱

环境	雨	潮湿空气	日照
时间比例/%	6.9	66	23.7
作用时间/h	608.6	5783	2078.9
作用次数	116	269	—
pH值	6.36	—	—
$SO_2/(mg/100cm^2 \cdot d)$	—	0.0464	—
$NO_2/(mg/100cm^2 \cdot d)$	—	0.1506	—
$Cl^-/(mg/100cm^2 \cdot d)$	—	0.0175	—

续表

环境	雨	潮湿空气	日照
雨水 SO_4^{2-}/(mg/m³)	8056	—	—
雨水 Cl^-/(mg/m³)	1515	—	—
雨量/mm	902.9	—	—
总辐射/(MJ/m²)	—	—	4767.67
紫外辐射/(MJ/m²)	—	—	216.05
温度/℃	年平均温度:18.0	年极大值:40.7	年极小值:-3.9
湿度/%	年平均湿度:75	年极大值:100	年极小值:15

5.5 地面停放加速模拟试验环境谱编制

5.5.1 地面停放加速模拟试验环境谱编制对象

由前期调研结果可知,在内陆湿热地区服役时,直升机蒙皮铆接结构存在搭接区域涂层鼓泡破损脱落、基材铝合金腐蚀等现象。基于此,本书以某型直升机蒙皮结构外用涂层体系为编谱对象,开展地面停放加速模拟试验环境谱编制研究,为实验室条件下复现内陆湿热环境下直升机腐蚀/老化损伤情况提供方法和技术支撑。特别指出,针对机载部附件、动部件、橡胶等非金属件的环境谱编制与环境试验研究工作不在本书的研究范围内,但本书的研究成果可以推广应用于这些结构件、部组件、成附件,后续将逐步开展相关研究工作。

5.5.2 地面停放加速模拟试验环境谱设计

直升机蒙皮外用涂层体系所处环境主要为外界停放自然环境。根据前述内陆湿热地区环境特征分析,A地、B地外场环境主要特点为:年平均温度较高,温度变化范围大,年平均相对湿度较高,太阳辐射、降雨等环境因素与季节关联度较大,大气污染物中NO_2含量较高,其余大气中SO_2、Cl^-含量和雨水中Cl^-浓度极低,雨水pH值呈微弱酸性等。

在内陆湿热地区大气环境下,蒙皮外用涂层体系主要受太阳辐射、温度和湿度等环境因素的综合作用,导致涂层老化失效。因此,根据上述三种环境因素的交互作用情况,设计湿热试验、紫外/冷凝试验组成的加速试验谱。同时,考虑到A地、B地氮氧化物含量偏高的特殊情况,特别设计硝酸盐溶液喷雾-干燥试验补充加速试验谱,以考核氮氧化物等腐蚀介质对涂层的影响。其作用顺序反映了直升机停放时,早晚多受高湿、腐蚀介质作用,白天受紫外线辐射的实际情况。

1. 湿热试验

在太阳辐射作用下,湿热环境是促进涂层老化失效的主要因素之一。根据B地2017

年实测的最高温度(40.7℃)和A地2017年实测的最大相对湿度(100%),并综合考虑现有湿热试验箱参数控制精度因素,确定湿热试验的试验条件为:温度$T=(41±1)$℃,相对湿度$RH=(95±3)\%$,一个周期试验7天。

2. 紫外/冷凝试验

太阳辐射光谱对有机涂层的作用主要是紫外线引起的涂层光降解。参照ASTM D5894-05《涂漆金属盐雾/紫外线循环暴露标准规程》、GB/T 16422.3—2022《塑料实验室光源暴露试验方法》第3部分"荧光紫外灯"的有关试验条件,确定紫外/冷凝试验的试验条件为:辐照水平为340nm下$1.1W/(m^2·nm)$,每12h循环中包括$(60±1)$℃下8h的紫外试验及$(50±1)$℃下4h的冷凝试验。

此外,A地2017年实测的最高温度为40.7℃,当紫外试验箱中温度为60℃时,根据范特荷夫规则——通常温度每升高10℃,化学反应速率约增加2~4倍,可以认为光老化反应速率较自然环境暴露状态下约增加4倍以上。B地2017年实测的太阳总紫外辐射为$216MJ/m^2$,辐照水平为340nm下$1.1W/(m^2·nm)$紫外光照射等效的总紫外辐射为$60W/m^2$。因此,设计紫外/冷凝试验总时间为16d($216MJ/m^2÷60W/m^2÷3600s÷16h$(每24h内紫外照射16h)$÷4$(温度升高引起的光老化反应速率增加倍数)$≈16d$),以模拟涂层试样全年接收的总紫外辐射量。

3. 硝酸盐溶液喷雾-干燥试验

大气环境中的腐蚀介质(污染物)包括含硫氧化物气体、氮氧化物气体等,它们对直升机结构表面涂层老化、附着力降低也有一定的影响。一方面,污染气体可以溶入有机涂层表面上所形成的水膜中,从而形成导电的电解质溶液,然后进入涂层/金属界面发生腐蚀反应,腐蚀产物与分子链上基团反应;另一方面,污染气体扩散到涂层内部,气体中的活性基团与分子链上的某些基团反应,改变分子链结构从而导致有机涂层发生老化。

在潮湿空气环境中,涂层试样表面会因凝露而产生一层水膜,大气中的NO_2与水膜接触时会溶于水中,反应生成HNO_3($3NO_2+H_2O=2HNO_3+NO$,$4NO_2+2H_2O+O_2=4HNO_3$)。由A地、B地的雨水分析结果可知,A地、B地2017年降雨pH最低值为5.50、平均值为6.38。因此,参照ASTM D5894-05《涂漆金属盐雾/紫外线循环暴露标准规程》,确定硝酸盐溶液喷雾-干燥试验的试验条件为:采用0.05%的$NaNO_3$+0.025%的$(NH_4)_2SO_4$混合溶液,用稀硫酸或NaOH溶液调整pH值至5~6,来模拟大气环境中的腐蚀介质作用,盐溶液的沉降率控制为$1~3mL/(80cm^2·h)$。

其次,暴露于大气环境中的涂层会经历反复的湿润-干燥过程,使涂层表面的腐蚀介质浓度不断增加,加速腐蚀。根据B地2017年实测相对湿度统计结果,其全年润湿时间(按相对湿度≥80%记为润湿)与干燥时间的比值约为1:2,而A地2017年全年润湿时间与干燥时间的比值约为1:1,因此,采用较大值1:1作为喷雾/干燥的循环时间比例,即每24h循环中12h喷雾,12h通风干燥,以突出干湿交替对涂层的影响。喷雾温度按照B地2017年实测的最高温度取$T=(41±1)$℃;参照ASTM D5894-05《涂漆金属盐雾/紫外线循环暴露标准规程》和GJB 150.11A—2009《军用装备实验室环境试验方法 第11部分:盐雾试验》,确定干燥温度$T=(35±1)$℃,干燥湿度$RH=(50±3)\%$,一个周期试验时间7天。

通过上述分析,确定的直升机蒙皮涂层体系内陆湿热地区地面停放加速模拟试验环境谱如图5-39所示。初步分析,该试验谱循环一个周期,约相当于在内陆湿热地区直升机户外地面停放1年,实际具体当量加速关系通过采用该试验谱开展外用涂层体系实验室加速模拟试验验证。

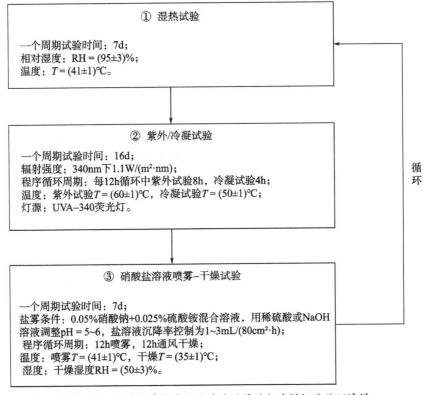

图5-39 直升机蒙皮涂层体系地面停放加速模拟试验环境谱

5.5.3 地面停放加速模拟试验环境谱剪裁

本书在分析内陆湿热地区环境特征的基础上,采用自然环境谱当量转换技术,初步设计了直升机蒙皮外用涂层体系内陆湿热地区地面停放加速模拟试验环境谱。该环境谱经验证后可以用于内陆湿热地区直升机蒙皮涂层体系的地面停放加速模拟试验。在实际应用时,推荐根据不同的需求与具体情况,对建立的加速模拟试验环境谱进行合理剪裁,以增强环境谱的针对性、实用性和有效性。剪裁的基本原则与方法为:依据待试验对象面临的实际环境条件,根据试验目的,在不引入实际环境中不存在的环境因素及其量值的基础上,按照自然环境谱当量转换技术,参照相关标准,合理剪裁设计各试验谱块试验参数。以下给出具体的剪裁案例示意,以供参考。

某型直升机仅在A地服役,针对该型直升机蒙皮结构件,拟依据图5-39所示的加速模拟试验环境谱开展试验,需对部分试验参数进行调整,具体如下:

（1）湿热试验。依据A地2017年实测的最高温度(36.6℃),调整温度$T=(37±1)℃$。

（2）紫外/冷凝试验。依据 A 地 2017 年实测的太阳紫外辐射为 171MJ/m²，调整一个周期试验时间 $t=12d$。

（3）硝酸盐溶液喷雾–干燥试验。依据 A 地 2017 年实测的最高温度（36.6℃），调整喷雾温度 $T=(37±1)℃$。

5.6　地面停放加速模拟试验环境谱验证

直升机地面停放加速模拟试验环境谱是在直升机地面停放环境谱的基础上，采用自然环境谱当量转换技术，通过当量转换建立的，其适用性和准确性需要通过开展试验来验证。本书针对典型结构模拟件对比开展实验室加速腐蚀试验和户外大气暴露试验，通过典型结构模拟件环境腐蚀/老化损伤数据的对比，从损伤模式、环境作用机理、腐蚀损伤机理等方面，分析两种试验环境的等效性，研究加速模拟试验相对于户外大气暴露试验的加速倍率，从模拟性和加速性两方面验证加速试验环境谱的有效性，并根据对比数据修正直升机地面停放加速模拟试验环境谱。

5.6.1　自然环境暴露试验验证

直升机蒙皮外用涂层体系所处环境为外界停放自然环境，其在实际地面停放环境条件下的真实腐蚀老化损伤形式和性能变化规律可以采用户外大气暴露试验模拟获取。需要指出的是，外场户外大气暴露试验严酷度可能高于直升机实际服役情况，因为实际情况下直升机一般不会长期暴露于户外条件下，而通常是户外–机库交替停放；但在环境–载荷耦合效应等方面户外大气暴露试验的环境条件又可能弱于直升机实际服役情况，因为直升机在飞行阶段其结构件还会承受交变疲劳载荷，而这种载荷与环境的耦合作用往往对结构件产生显著影响。因此，户外大气暴露试验取得的试验结果与直升机实际服役情况并不完全等效，但对于环境损伤评估与分析研究具有重要的参考价值。本书选择 A 地和 B 地外场开展户外大气暴露试验，为内陆湿热地区直升机地面停放加速模拟试验环境谱的验证与修正提供参考和基础支撑。

5.6.1.1　户外大气暴露试验过程
1）模拟试验件设计与制作

直升机机身蒙皮一般以搭接、铆接为主要连接方式，蒙皮铆接结构的承力特点属于典型的次承力结构。根据蒙皮铆接结构的特点、承力特点和该结构的腐蚀特征，设计了如图 5-40、图 5-41 所示的连接件模拟该结构开展大气腐蚀试验，考核环境腐蚀对铝合金涂层防护性能的影响。蒙皮模拟试件的加工、表面处理工艺与某型直升机蒙皮结构相近，该部位由铝合金铆钉连接两片铝合金板（2A12-T4）组成。

试验件名称：机身蒙皮结构模拟试验件；
蒙皮基材：铝合金（2A12-T4）；
表面处理工艺：表面硫酸阳极化；
防护涂层：锌黄环氧底漆 H06-2+丙烯酸聚氨酯漆 SB04-1；
装配工艺：铆钉连接。

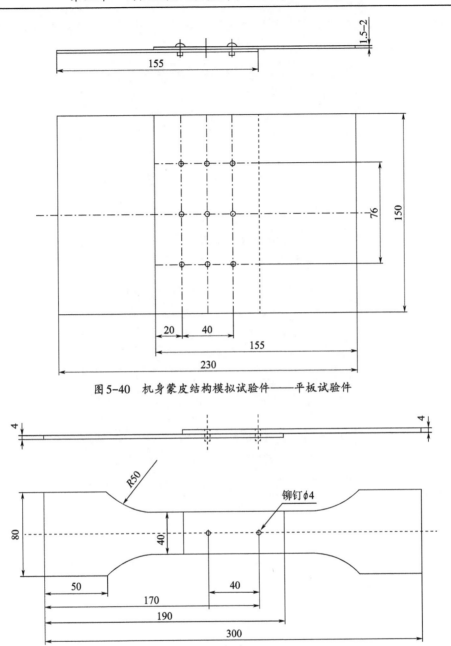

图 5-40 机身蒙皮结构模拟试验件——平板试验件

图 5-41 机身蒙皮结构模拟试验件——疲劳试验件

2) 试验方式

户外大气暴露试验参照 GJB 8893.1—2017《军用装备自然环境试验方法 通用要求》和 GJB 8893.2—2017《军用装备自然环境试验方法 户外大气自然环境试验》的相关规定执行。试验地点位于 A 地、B 地外场。所有试样均直接暴露于户外场地，主受试面朝南，与水平面成 45°安装于试样架上。试验持续时间 8 年。

3) 试验件投试

根据 5.4.1 节确定的投试地点先后完成了 A 地外场户外大气暴露试验件的投试工作

(图5-42)和B地外场户外大气暴露试验件的投试工作(图5-43)。A地投试试样包括蒙皮平板涂层试样和蒙皮疲劳性能试样两类。

图5-42 A地外场户外大气暴露试验

图5-43 B地外场户外大气暴露试验

4) 检测项目及检测周期

根据前期调研结果,蒙皮结构件在内陆湿热地区服役条件下,主要损伤形式为搭接区域涂层鼓泡破损脱落、基材铝合金腐蚀等。根据蒙皮铆接结构的腐蚀特征,针对户外大气暴露试验蒙皮结构模拟试验件,确定检测项目、评价指标/参数如表5-29所列。

表5-29 户外大气暴露试验检测项目与评价指标/参数

主要损伤形式	检测项目	评价指标/参数	核心特征参数
搭接区域涂层鼓泡破损脱落	宏观形貌	涂层光泽/失光率/失光等级	
		涂层色差/色差值/色差等级	
		涂层厚度/厚度损失值	
		涂层粉化/粉化等级	
		涂层起泡/起泡等级	√
		涂层脱落/脱落等级	√

续表

主要损伤形式	检测项目	评价指标/参数	核心特征参数
搭接区域涂层鼓泡破损脱落	宏观形貌	涂层生锈/生锈等级	√
		涂层开裂/开裂等级	
		涂层长霉/长霉等级	
	微观分析	傅里叶红外光谱	
	附着力	附着力等级	
	⋮	⋮	
基材铝合金腐蚀	宏观形貌	腐蚀形态	
		腐蚀面积	√
	微观分析	腐蚀深度	√
	其他	腐蚀产物	
		腐蚀速率	√
	⋮	⋮	
铆接失效(铆钉断裂等)	宏观形貌	—	
	微观分析	断口形貌	
		断裂形式(脆性断裂/塑性断裂/疲劳断裂/腐蚀断裂/腐蚀疲劳断裂/应力腐蚀断裂等)	√
	⋮	⋮	

考虑到非持续受载试验件的损伤通常呈现渐变发展规律,先期重点检测试验件的外观形貌和表面防护涂层附着力。

(1) 外观。采用光泽计、色差计和厚度仪检测试验件的光泽、色差和厚度,检查试验件表面涂层的粉化、起泡、脱落等情况,详细记录试验件的外观腐蚀形貌,如腐蚀形态、腐蚀面积、腐蚀产物等,重点检查试验件连接部位铆钉腐蚀变化,按照GB/T 1766—2008《色漆和清漆 涂层老化的评级方法》对试验件表面涂层的失光、变色、起泡、生锈等单项等级以及综合老化性能等级进行评定。试验件投试第1年,每3个月检测1次;1~2年,每6个月检测1次;两年以后每年检测1次,至第6年止;6年以后检测最后1次。

(2) 附着力。参照GB/T 9286—1998《色漆和清漆 漆膜的划格试验》的规定执行,每个暴露场地每次检测1件(每件试样取3个点测试)。

5.6.1.2 户外大气暴露试验结果

按照规定的检测周期检测蒙皮结构平板试验件的外观、光泽、色差、厚度和附着力。外观照片如图5-44所示。表5-30~表5-34列出了蒙皮平板涂层试样光泽、色差、附着力检测结果。典型蒙皮涂层结构模拟件在A地、B地外场户外大气暴露试验1年,宏观腐蚀形貌上主要表现为轻微变色,变色等级2级,其他无明显变化;但涂层附着力由初始的2级下降到3级。这表明,户外大气暴露初期,由锌黄环氧底漆H06-2+丙烯酸聚氨酯漆SB04-1组成的防护涂层体系耐候性良好。

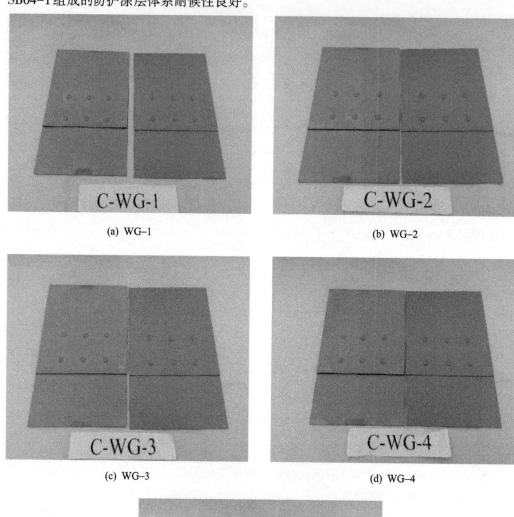

(a) WG-1   (b) WG-2

(c) WG-3   (d) WG-4

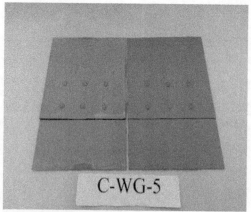

(e) WG-5

图5-44 蒙皮平板涂层试样户外大气暴露51个月外观照(A地)

第五章 内陆湿热地区直升机地面停放环境谱编制

表 5-30 蒙皮涂层试样 60°失光率数据

时间	光泽	试样编号									
		C-WG-1	C-WG-2	C-WG-3	C-WG-4	C-WG-5	N-WG-1	N-WG-2	N-WG-3	N-WG-4	N-WG-5
0个月	原始值	8.8	6.3	7.8	8.1	7.5	6.3	7.4	9.2	8	7.6
3个月	失光率/%	6	6	-9	2	9	-22	-12	-4	-15	-9
	平均值			3					-12		
	标准差			7.0					6.7		
6个月	失光率/%	1	6	1	-9	-11	-11	-5	4	-14	-7
	平均值			-2					-7		
	标准差			7.3					6.9		
9个月	失光率/%	-15	14	3	7	4	-6	-3	-1	-15	0
	平均值			3					-5		
	标准差			10.7					6.0		
12个月	失光率/%	-13	10	-8	10	-8	-17	-8	-8	-13	-13
	平均值			-2					-1.2		
	标准差			11.0					3.8		
18个月	失光率/%	7	17	21	19	17	13	15	20	-7	0
	平均值			16					8		
	标准差			5.4					11.3		
27个月	失光率/%	13	16	9	4	0	37	51	50	48	44
	平均值			8					46		
	标准差			6.5					5.7		
45个月	失光率/%	58	54	52	63	57	21	66	58	39	64
	平均值			57					49		
	标准差			4.2					19.2		
51个月	失光率/%	51	39	46	43	49	—	—	—	—	—
	平均值			45					—		
	标准差			4.8					—		

表5-31 蒙皮平板涂层试样失光程度等级

试样编号	失光等级							
	3个月	6个月	9个月	12个月	18个月	27个月	45个月	51个月
C-WG-1~5	0 无失光	0 无失光	0 无失光	0 无失光	2 轻微失光	1 很轻微失光	4 严重失光	3 明显失光
N-WG-1~5	0 无失光	0 无失光	0 无失光	0 无失光	1 很轻微失光	3 明显失光	4 严重失光	—

注：以5件试样的平均失光率数据为依据，按照GB/T 1766—2008评级。

表5-32 蒙皮平板涂层试样色差数据

时间	色差	试样编号									
		C-WG-1	C-WG-2	C-WG-3	C-WG-4	C-WG-5	N-WG-1	N-WG-2	N-WG-3	N-WG-4	N-WG-5
3个月	色差值ΔE^*	2.1	2.3	2.4	2.5	2.5	2.2	2.7	1.9	2	2.5
	平均值	2.4					2.3				
	标准差	0.17					0.34				
6个月	色差值ΔE^*	1.5	1.8	1.6	1.7	1.8	2.6	2.5	2.7	2.6	2.5
	平均值	1.7					2.6				
	标准差	0.13					0.08				
9个月	色差值ΔE^*	2.4	2.5	2.4	2.3	2.3	3	2.9	3.1	2.7	2.8
	平均值	2.4					2.9				
	标准差	0.08					0.16				
12个月	色差值ΔE^*	3.7	4	4	3.9	3.8	3.3	3.4	3.7	3.4	3.2
	平均值	3.9					3.4				
	标准差	0.13					0.19				

续表

时间	色差	试样编号								
		C-WG-1	C-WG-2	C-WG-3	C-WG-4	C-WG-5	N-WG-1	N-WG-2	N-WG-3	N-WG-4	N-WG-5
18个月	色差值 ΔE*	5.4	5.4	5.3	5.4	5.4	5.1	5.4	5.4	4.5	4.5
	平均值			5.4					5.0		
	标准差			0.04					0.45		
27个月	色差值 ΔE*	5.7	5.6	5.3	5.5	5.1	6.2	5	5.6	6	6
	平均值			5.4					5.6		
	标准差			0.24					0.59		
45个月	色差值 ΔE*	58	54	52	63	57	21	66	58	39	64
	平均值			57					49		
	标准差			4.2					19.2		
51个月	色差值 ΔE*	51	39	46	43	49	—	—	—	—	—
	平均值			45					—		
	标准差			4.8					—		

表5-33 蒙皮平板涂层试样变色程度和变色等级

试样编号	变色等级							
	3个月	6个月	9个月	12个月	18个月	27个月	45个月	51个月
C-WG-1~5	1 很轻微变色	1 很轻微变色	1 很轻微变色	2 轻微变色	2 轻微变色	2 轻微变色	3 明显变色	3 明显变色
N-WG-1~5	1 很轻微变色	1 很轻微变色	1 很轻微变色	2 轻微变色	2 轻微变色	2 轻微变色	4 较大变色	—

表5-34 蒙皮平板涂层试样附着力检测数据

试样编号	试验时间/月	附着力/级	破坏类型
原始	0	2	面漆与底漆间破坏
C-FZ-1	6	2	面漆与底漆间破坏
C-FZ-2	12	3	面漆与底漆间破坏
C-FZ-3	27	3	面漆与底漆间破坏
C-FZ-4	45	2	底漆内聚破坏
N-FZ-1	6	2	面漆与底漆间破坏
N-FZ-2	12	3	面漆与底漆间破坏
N-FZ-3	27	3	面漆内聚破坏和面漆与底漆间破坏
N-FZ-4	45	2	面漆与底漆间破坏

5.6.1.3 户外大气暴露试验结果与同类涂层体系江津站户外大气暴露试验结果对比

典型蒙皮涂层结构模拟件所用涂层体系为锌黄环氧底漆H06-2+丙烯酸聚氨酯漆SB04-1，表5-35列出了几种同类的丙烯酸聚氨酯漆涂层体系在江津站户外大气暴露试验1年后的结果。

表5-35 几种丙烯酸聚氨酯漆涂层体系江津站户外大气暴露试验1年结果

序号	涂层体系	主要宏观腐蚀形貌
1	6063铝合金+硫酸阳极化+TH06-27通用标准底漆+S04-60丙烯酸聚氨酯面漆	变色2级
2	2A12铝合金+硫酸阳极化+TH52-82环氧防腐底漆+TS04-97聚氨酯面漆	变色1级
3	7075铝合金+硫酸阳极化+H06-QC低表面能环氧磷酸锌底漆+H06-Q环氧厚浆中间漆+B04-A5高固体丙烯酸聚氨酯半光磁漆	变色1级

由表5-35可知，几种丙烯酸聚氨酯漆涂层体系在江津站户外大气暴露试验1年，涂层主要表现为变色1~2级。这与锌黄环氧底漆H06-2+丙烯酸聚氨酯漆SB04-1涂层体系试验件在A地、B地外场户外大气暴露试验1年取得的结果差别不大。从外界环境作用对涂层体系的影响角度出发，这表明在一定程度上，A地、B地外场户外大气环境与同处内陆地区的江津站户外大气环境具有相似性。

5.6.2 实验室加速模拟试验验证

5.6.2.1 地面停放加速模拟试验环境谱验证

针对典型蒙皮涂层结构模拟件，按照图5-39所示的内陆湿热地区直升机地面停放加速模拟试验环境谱开展实验室加速模拟试验，采用ESL-04AGP高低温交变试验箱开展湿热试验，采用QUV/spray加速老化试验机开展紫外/冷凝试验，采用FY-10E盐雾腐蚀试验箱开展硝酸盐溶液喷雾-干燥循环试验，见图5-45、表5-36。

(a) 湿热试验　　　　(b) 紫外/冷凝试验　　　　(c) 盐溶液喷雾-干燥循环试验

图 5-45　模拟加速试验情况

表 5-36　试验设备列表

序号	试验项目	试验设备	设备参数
1	湿热试验	ESL-04AGP高低温交变试验箱	温度:-70~+150℃,误差:±2℃,波动度:0.5℃; 相对湿度:25%~98%;误差:±3%,波动度:2%; 工作室尺寸:600mm×850mm×800mm
2	紫外/冷凝试验	QUV/spray加速老化试验机	光源:荧光紫外灯; 光谱范围:270nm~390nm; 温度范围:50~75℃(光照)、40~60℃(冷凝); 紫外辐照范围(W/m²):UVA-340,0~1.20; 外形尺寸:1370mm×530mm×1350mm
3	硝酸盐溶液喷雾-干燥循环试验	FY-10E盐雾腐蚀试验箱	温度:室温+5~70℃; 误差:±2℃; 相对湿度:25%~100%; 盐雾沉降量:(1~3)mL/80cm²·h; 工作室尺寸:1000mm×900mm×700mm

每个试验结束后进行涂层试样的外观、光泽、色差、厚度的跟踪检测和FT-IR跟踪检测;大循环加速试验结束后进行涂层试样的附着力测试。实验室加速模拟试验期间,项目按期检测了涂层试样的外观(图5-46)、光泽、色差、厚度和附着力。

 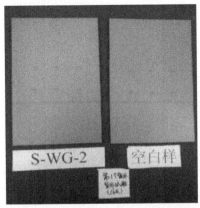

(a) WG-1　　　　　　　　　　(a) WG-2

(c) WG-3

(d) WG-4

(e) WG-5

图 5-46 蒙皮平板涂层试样第 1 个大循环 16d 紫外/冷凝试验后外观

5.6.2.2 实验室加速模拟试验结果

对典型蒙皮涂层结构模拟件在实验室加速模拟试验中取得的试验数据进行分析，表 5-37~表 5-41 列出了蒙皮涂层试样光泽、色差、附着力等检测结果。

表 5-37 蒙皮涂层试样 60°失光率数据

试样编号	原始光泽值	7d 湿热试验后			16d 紫外/冷凝试验后			7d 盐溶液喷雾-干燥试验后		
		失光率/%	平均值	标准差	失光率/%	平均值	标准差	失光率/%	平均值	标准差
S-WG-1	6.1	-2	0	1.8	1	4	4.7	1	2	5.1
S-WG-2	6.4	-1			9			—		
S-WG-3	6.3	1			5			-2		
S-WG-4	6.6	-2			-2			8		
S-WG-5	6.4	2			8			—		
S-PL-JZ-1	6.9	0	-5	2.6	-15	-10	7.1	-8	-12	6.3
S-PL-JZ-4	6.9	-7			2			-1		

续表

试样编号	原始光泽值	7d湿热试验后			16d紫外/冷凝试验后			7d盐溶液喷雾-干燥试验后		
		失光率/%	平均值	标准差	失光率/%	平均值	标准差	失光率/%	平均值	标准差
S-PL-JZ-5	6.6	−8			−20			−20		
S-PL-JZ-6	7.0	−4			−13			−9		
S-PL-WJZ-1	7.7	−6	−5	2.6	−11	−10	7.1	−16	−12	6.3
S-PL-WJZ-2	7.9	−4			−5			−11		
S-PL-WJZ-3	7.7	−6			−10			−16		

表 5-38 蒙皮涂层试样失光程度等级

试样编号	失光等级		
	7d湿热试验后	16d紫外/冷凝试验后	7d盐溶液喷雾-干燥试验后
S-WG-1~5	0(无失光)	1(很轻微失光)	0(无失光)
S-PL	0(无失光)	0(无失光)	0(无失光)

注：以平行试样的平均失光率数据为依据，按照GB/T 1766—2008评级。

表 5-39 蒙皮涂层试样色差数据

试样编号	7d湿热试验后			16d紫外/冷凝试验后			7d盐溶液喷雾-干燥试验后		
	色差值 ΔE^*	平均值	标准差	色差值 ΔE^*	平均值	标准差	色差值 ΔE^*	平均值	标准差
S-WG-1	0.2			1.4			2.1		
S-WG-2	0.3			1.5			2.5		
S-WG-3	0.2	0.3	0.10	1.5	1.4	0.05	2.9	2.5	0.33
S-WG-4	0.4			1.4			2.2		
S-WG-5	0.4			1.4			2.7		
S-PL-JZ-1	0.4			0.8			1.7		
S-PL-JZ-4	0.3			0.9			2.4		
S-PL-JZ-5	0.5			1.4			2.4		
S-PL-JZ-6	0.3	0.4	0.08	1.4	1.2	0.41	1.8	2.2	0.42
S-PL-WJZ-1	0.3			1.8			2.8		
S-PL-WJZ-2	0.4			1.6			2.4		
S-PL-WJZ-3	0.3			0.8			1.8		

表 5-40 蒙皮涂层试样变色等级

试样编号	变色等级		
	7d湿热试验后	16d紫外/冷凝试验后	7d盐溶液喷雾-干燥试验后
S-WG-1~5	0(无变色)	0(无变色)	1(很轻微变色)
S-PL	0(无变色)	0(无变色)	1(很轻微变色)

表 5-41 蒙皮涂层试样附着力检测数据

试样编号	试验时间	附着力/级	破坏类型
原始	0	2	面漆与底漆间破坏
S-WG-1	1个循环	3	面漆与底漆间破坏
S-WG-2		3	面漆与底漆间破坏

由表5-40和表5-41可得,典型蒙皮涂层结构模拟件在1个循环的实验室加速模拟试验后,宏观腐蚀形貌上主要表现为很轻微变色,变色等级1级,其他无明显变化;但涂层附着力由初始的2级下降到3级。

5.6.3 实验室加速模拟试验与户外大气暴露试验对比分析

5.6.3.1 典型蒙皮涂层结构模拟件环境作用机理分析

典型蒙皮涂层结构模拟件用锌黄环氧底漆H06-2+丙烯酸聚氨酯漆SB04-1涂层体系为直升机蒙皮外用涂层体系,所处环境主要为直升机停放外界自然环境。直升机在内陆湿热地区服役时,影响涂层老化的主要因素包括太阳辐射、温度、湿度和大气污染物等。太阳辐射中的紫外线会引起有机涂层的光化学反应,致其变色、粉化、龟裂,直至脱落丧失防护功能;温湿环境的交替作用易在涂层表面凝结形成较厚的液膜,溶解空气中的氧和大气污染物等腐蚀性物质,从而加速涂层老化。因此,加速模拟试验环境谱设计重点体现了对涂层老化起主导作用的太阳辐射、温度、湿度、大气污染物(以氮氧化物为主)四种环境因素的综合作用,以湿热试验、紫外/冷凝试验、硝酸盐溶液喷雾-干燥试验组成环境谱块,采用自然环境谱当量转化技术确定试验参数量值大小、作用时间和作用顺序,保证了对内陆湿热环境中的主要因素和作用顺序的模拟。通过1个循环的实验室加速模拟试验,再现了涂层在内陆湿热地区暴露初期观测到的两种主要老化模式——变色和附着力降低。因此,从环境作用机理来看,实验室加速模拟试验与内陆湿热地区直升机地面停放环境户外大气暴露试验基本一致。

5.6.3.2 典型蒙皮涂层结构模拟件腐蚀损伤机理分析

涂层老化失效的本质是一个从量变到质变的复杂化学反应过程,在紫外光作用下,会从分子链弱键开始光化学反应,引起成膜树脂老化降解,使涂层分子结构发生变化。本节采用傅里叶红外光谱进行涂层分子结构表征和官能团识别,对地面停放自然环境与加速模拟环境下的涂层腐蚀损伤机理一致性进行评价。

图 5-47 是采用智能反射法得到的锌黄环氧底漆 H06-2+丙烯酸聚氨酯漆 SB04-1 涂层体系在两种试验环境下暴露前后的红外光谱图。可以看出,两种试验环境下暴露后,聚氨酯的红外特征峰位置、强度、波形无显著变化,说明涂层表面成膜树脂未发生明显的老化降解,这与两种试验环境暴露后宏观形貌仅检测到"轻微变色"的结果一致。

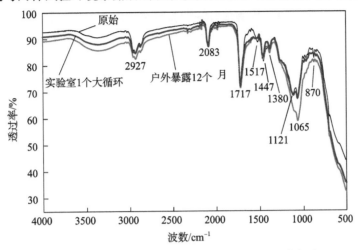

图 5-47 涂层两种试验环境下暴露前后的红外光谱

5.6.3.3 典型蒙皮涂层结构模拟件实验室加速模拟试验加速倍率分析

采用加速转换因子(ASF)法对典型蒙皮涂层结构模拟件在两种环境下的当量加速关系进行评价。ASF 表示试验件的某项性能参数,经某个实验室模拟加速试验的性能对应于某个自然环境试验的性能随时间变化的加速倍率,即

$$\text{ASF}_{户\_实} = t_b/t_a, y_实 = y_户 \tag{5-1}$$

式中:$y_实$ 为实验室加速模拟环境下涂层的性能指标值;$y_户$ 为户外大气暴露环境下涂层的性能指标值;t_a 为 $y_实$ 对应的实验室加速模拟试验时间;t_b 为 $y_户$ 对应的户外大气暴露试验时间;$\text{ASF}_{户\_实}$ 为基于涂层性能指标值建立的实验室加速模拟试验相比于户外大气自然暴露试验的加倍速率。

典型蒙皮涂层结构模拟件在内陆湿热地区户外大气暴露 6 个月,主要表现为很轻微变色(变色等级 1 级,平均色差值 2.1),涂层附着力等级不变;户外大气暴露 9 个月,主要表现为很轻微变色(变色等级 1 级,平均色差值 2.6)。典型蒙皮涂层结构模拟件在实验室环境下开展 1 个循环的直升机地面停放加速模拟试验,主要表现为很轻微变色(变色等级 1 级,平均色差值 2.3),涂层附着力由初始的 2 级下降为 3 级。两种环境下的试验结果对比见表 5-42。

表 5-42 蒙皮平板涂层试样两种环境下试验结果对比

户外大气暴露试验	实验室加速模拟试验
试验 6 个月:ΔE^*=2.1,变色 1 级,附着力 2 级	1 个循环(30 天): ΔE^*=2.3,变色 1 级,附着力 3 级
试验 9 个月:ΔE^*=2.6,变色 1 级	
试验 12 个月:ΔE^*=3.6,变色 2 级,附着力 3 级	

基于上述结果,对典型蒙皮涂层结构模拟件在两种环境下的色差值、色差等级和附着力等级进行定性分析,可以得出:针对典型蒙皮涂层结构模拟件开展1个循环的实验室加速模拟试验与1年期的户外大气暴露试验,选取涂层色差值作为性能指标值时,其ASF户外大气—实验室模拟≈6,即实验室加速模拟试验相较于户外大气暴露试验,其加速倍率为6倍,按照建立的直升机地面停放加速模拟试验环境谱开展1个循环(1个月)的实验室试验,大致等效于户外大气暴露试验6个月。

第六章 沿海湿热地区直升机地面停放环境谱编制

6.1 沿海湿热地区的定义

沿海湿热地区是指距离海岸线较近,具有高温、高湿、高盐雾等典型环境特征的地区。本章重点围绕沿海湿热地区C地、D地所处的典型环境介绍沿海湿热地区直升机地面停放环境谱编制相关研究工作。

6.2 沿海湿热环境对直升机的影响

沿海湿热地区环境特征较为严酷,对直升机结构腐蚀、机载设备故障等影响较大。高温可使材料结构强度减弱,电子设备电性能变化,甚至损坏;金属表面电阻增大,电子设备接触电阻增大;低熔点焊缝开裂、焊点脱开;不同材料膨胀系数不一致导致零部件相互咬死、电子线路稳定性下降;润滑剂黏度变低,润滑剂外流造成连接处润滑能力降低。高湿度会加速金属氧化/电化学腐蚀、有机和无机表面覆盖层的化学或电化学破坏;复合材料分层、塑性或弹性改变,吸湿材料性能降低,润滑剂性能降低;电气短路,电气绝缘和隔热特性改变,光学元件图像传输质量降低等。高盐雾会导致金属等材料的腐蚀,加速电化学反应导致的腐蚀和应力腐蚀;产生导电覆盖层,损坏电气设备;产生电解作用,导致涂层起泡等。强烈的太阳辐射会促使橡胶、塑料、树脂基复合材料加速老化,导致材料分解、裂折和变色,弹性和力学强度下降;绝缘材料介电性质改变,绝缘性能下降;金属结构易发生氧化、表面锈蚀,引起相关零部件卡死或松动;防护涂层加速老化、开裂等。

6.3 沿海湿热地区直升机典型腐蚀/老化案例

来自使用单位和直升机修理厂的大量反馈表明,沿海地区服役的直升机腐蚀现象特别普遍。沿海服役直升机常出现铝合金机体腐蚀,主桨毂、尾桨毂、变距拉杆、螺栓、定位销等部位钢件腐蚀;轮毂、空气冷却系统导向装置壳体、操纵系统的摇臂支架、液压助力器的安装支架等镁合金机件严重腐蚀;漆层脱落严重等。具体现象如图6-1~图6-4所示。

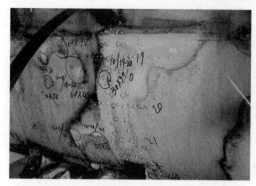

图6-1 机框间多处腐蚀及鼓包现象

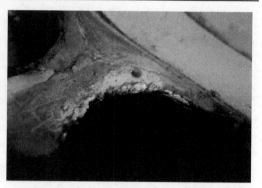

图6-2 顶部风扇舱镁合金围框腐蚀

图6-3 地板内部积水腐蚀

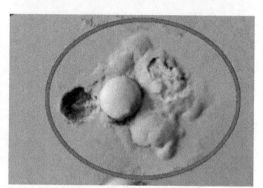

图6-4 机框铆钉附近腐蚀

在沿海机场服役的某型直升机送大修厂维修时发现,机身外挂油箱安装区域腐蚀情况特别严重,部分区域蒙皮腐蚀接近穿孔;3架直升机的3台尾减速器从动机匣均存在严重的腐蚀故障,超出修理标准,作报废处理。

某型直升机在沿海地区及船上使用一段时间以后,主起落架内筒表面产生腐蚀,部分腐蚀坑深度较深,无法修复,直接影响飞行安全及战备出勤率。对某型直升机起落架普查发现,70%的起落架刮油环(起落架外露橡胶密封装置)存在腐蚀老化问题。

6.4 地面停放自然环境谱编制

6.4.1 环境因素数据采集实施

根据4.3节实施方法,在沿海湿热地区C地和D地持续开展为期12个月的环境因素数据采集工作,获取温度、相对湿度、太阳辐射(总辐射、紫外辐射)、气压、日照时数、降水(降雨量、降雨时数)、风向风速等气象因素数据,大气中氮氧化物、大气中沙尘粒子、降雨pH值等大气污染物含量数据,并结合当地气象站收集了近年的温度、相对湿度等数据。

6.4.2 环境因素数据报表

表6-1~表6-6列出了C地和D地2016年、2017年及2019年主要气象因素年报数据,表6-7~表6-8列出了C地和D地外场2019年主要大气污染物年报数据。

表6-1　C地2016年气象环境因素年报表

2016年

气象环境因素		1月	2月	3月	4月	5月	6月	7月	8月	9月	10月	11月	12月	平均
温度/℃	月平均	12.5	12.0	14.2	20.2	24.8	28.4	29.5	28.8	26.8	25.1	19.7	16.4	21.5
	月最高	23.6	27.8	25.1	29.8	33.1	39	36.9	36.1	33.9	32	30.1	26.2	31.1
	月最低	-0.1	5.5	6.8	13.5	17	22.1	24.7	20.4	19.4	16.9	11.8	8.4	13.9
相对湿度/%	月平均	80	74	77	88	83	81	74	75	77	78	74	66	77
	月最大	100	100	100	100	100	100	100	100	100	100	100	100	100
	月最小	31	31	30	37	39	42	41	26	40	40	39	23	35

表6-2　C地2017年气象环境因素年报表

2017年

气象环境因素		1月	2月	3月	4月	5月	6月	7月	8月	9月	10月	11月	12月	平均
温度/℃	月平均	12.0	13.1	14.9	20.6	24.1	26.3	29.6	29.7	28.7	24.5	19.6	14.8	21.5
	月最高	27.8	27.8	24.2	30.5	32.3	33.6	38.1	35.8	36.8	35.7	28.8	24.8	31.4
	月最低	5.5	7.1	8.5	9	16.6	20.1	19.4	24.5	21.8	13.1	11.4	6.4	12.8
相对湿度/%	月平均	74	64	72	69	74	89	68	74	70	56	66	52	69
	月最大	100	100	100	100	100	100	100	100	100	100	100	100	100
	月最小	31	24	26	22	27	47	26	38	33	20	32	15	28

表6-3 C地2019年气象环境因素年报表

气象环境因素		2019年												合计	平均
		1月	2月	3月	4月	5月	6月	7月	8月	9月	10月	11月	12月		
温度/℃	月平均	14.4	14.3	16.3	21.1	22.8	26.7	29.2	29.7	27.9	24.4	20.3	15.8	—	21.9
	月最高	27.2	26.8	27.9	31.6	31.2	34.5	36.3	39.3	34.6	36.1	27.8	25.1	—	31.5
	月最低	7.0	8.4	8.6	12.5	13.7	19.0	25.1	24.7	21.4	18.4	13.6	8.1	—	15.0
相对湿度/%	月平均	73	81	80	81	78	86	80	75	67	67	65	72	—	75
	月最大	99	99	99	99	99	99	98	97	94	94	95	99	—	98
	月最小	38	51	36	38	30	51	55	33	30	32	38	26	—	38
平均风速/(m/s)		2.24	2.10	2.05	1.76	1.70	1.66	2.02	1.74	1.99	2.21	2.71	2.21	—	2.03
日照时数/h		128.4	65.0	122.5	146.2	111.4	125.0	192.3	232.8	237.1	203.3	186.0	151.3	1901.3	—
降雨量/mm		0.4	41.3	174.6	57.5	214.9	284.2	148.1	82.6	5.8	1.3	0.1	63.8	1074.6	—
降雨时数/h		0.5	13.7	70.5	16.1	51.9	51.5	15.7	12.9	1.9	0.5	0	34.4	269.6	—
太阳辐射/(MJ/m²)	紫外辐射	13.29	11.06	15.29	18.70	20.15	22.05	27.78	28.35	26.83	20.70	15.57	13.90	233.67	—
	总辐射	320.35	251.94	376.34	449.46	436.32	461.40	589.40	615.45	598.23	482.72	388.17	336.07	5305.85	—

表6-4 D地2016年气象环境因素年报表

2016年

气象环境因素		1月	2月	3月	4月	5月	6月	7月	8月	9月	10月	11月	12月	平均
温度/℃	月平均	13.3	13.3	17.4	24.5	27.1	29.3	30.6	29.7	28.5	26.4	19.8	17.3	23.1
	月最高	23.7	28.6	28.6	31.4	35.3	36.8	38.4	37.2	37.2	33.8	31.1	26.5	32.4
	月最低	1.8	5.6	7.7	17.7	19.7	23.7	25.4	24.4	18.7	18.1	9.1	6.9	14.9
相对湿度/%	月平均	79	70	80	83	77	79	70	75	70	70	74	64	74
	月最大	100	99	99	98	98	98	94	98	93	93	93	94	96
	月最小	24	12	21	48	38	44	34	37	34	39	36	24	33

表6-5 D地2017年气象环境因素年报表

2017年

气象环境因素		1月	2月	3月	4月	5月	6月	7月	8月	9月	10月	11月	12月	平均
温度/℃	月平均	16.1	16.1	18.2	23	26.6	29.3	29.2	30.6	30	26.4	19.8	15.5	23.4
	月最高	27.3	28.6	27.4	32.5	34.4	36.1	38	39.1	36.4	34	29.8	25	32.4
	月最低	8.9	6.7	11.5	12.6	21.7	24.6	24.8	24.3	24.8	18.2	10.2	5.3	16.1
相对湿度/%	月平均	74	67	78	72	72	75	75	68	69	71	71	55	71
	月最大	95	93	94	92	92	92	92	91	90	100	91	87	92
	月最小	28	23	17	25	32	43	37	32	35	39	22	15	29

表 6-6　D 地 2019 年气象环境因素年报表

气象环境因素		2019年												合计	平均
		1月	2月	3月	4月	5月	6月	7月	8月	9月	10月	11月	12月		
温度/℃	月平均	14.4	16.7	19.2	23.4	25.5	29.0	29.8	29.7	28.6	25.8	21.7	16.7	—	23.4
	月最高	25.5	29.2	30.5	32.9	35.8	36.5	37.3	37.4	35.5	35.1	31.0	26.8	—	32.8
	月最低	6.1	7.9	11.8	16.1	18.4	24.0	24.4	24.0	20.9	16.3	14.0	7.3	—	15.9
相对湿度/%	月平均	74	82	82	86	84	80	78	78	69	69	63	62	—	76
	月最大	98	99	98	99	99	99	98	97	97	98	97	97	—	98
	月最小	26	43	37	53	47	46	47	46	25	32	29	17	—	37
平均风速/(m/s)		1.51	1.43	1.02	0.88	0.84	0.90	1.04	0.99	1.00	0.98	0.99	1.12	—	1.06
日照时数/h		107.0	55.0	71.8	63.5	73.0	134.1	162.0	179.0	255.7	219.0	230.0	165.3	1715.4	—
降雨量/mm		2.7	84.5	194.5	404.7	212.2	376.2	132.3	190.8	120.4	79.4	0	1.2	1798.9	—
降雨时数/h		0.6	19.9	30.2	36.0	39.9	39.5	17.0	35.0	8.6	7.5	0	0.5	234.7	—
太阳辐射/(MJ/m²)	紫外辐射	11.96	9.34	11.21	11.49	16.21	22.43	24.82	24.51	25.09	19.76	16.02	14.30	207.14	—
	总辐射	299.29	214.74	278.34	272.38	352.39	478.54	534.11	548.86	592.48	482.67	420.96	372.90	4847.66	—

表6-7 C地2019年大气污染物含量年报表

月份	沉积率/(mg/(100cm²·d))			降水分析/mg/m³		
	氯离子	二氧化硫	氮氧化物	pH值	硫酸根离子	氯离子
1	0.0221	0.0144	0.0612	—	—	—
2	0.0157	0.0103	0.0268	6.31	13810	4100
3	0.0129	0.0085	0.0476	5.84	15260	2850
4	0.0140	0.0494	0.0375	5.87	4360	4925
5	0.0203	0.0505	0.0400	5.87	4973	3467
6	0.0229	0.0591	0.0479	5.46	3800	1875
7	0.0403	0.1294	0.0460	5.41	6753	3467
8	0.0473	0.1545	0.0265	6.35	4820	4800
9	0.0360	0.0402	0.0285	—	—	—
10	0.0494	0.0594	0.0473	—	—	—
11	—	—	0.0398	—	—	—
12	—	—	—	—	—	—
平均	0.0281	0.0576	0.0408	5.87	7682	3641
最高	0.0494	0.1545	0.0612	6.35	15260	4925
最低	0.0129	0.0085	0.0265	5.41	3800	1875

注：表中"—"表示"未检出"或"无数据"，下同。

表6-8 D地2019年大气污染物含量年报表

月份	沉积率/(mg/(100cm²·d))			降水分析/mg/m³		
	氯离子	二氧化硫	氮氧化物	pH值	硫酸根离子	氯离子
1	0.0249	0.0166	0.0917	6.28	28760	4730
2	0.0201	0.0115	0.0665	6.13	14980	4800
3	0.0319	0.0112	0.0773	5.78	21980	4400
4	0.0051	0.0576	0.0611	5.61	8300	4400
5	0.0131	0.0666	0.0368	4.59	6520	3500
6	0.0175	0.0370	0.0659	5.15	5200	1800
7	0.0172	0.1830	0.0624	5.62	9400	2733
8	0.0172	0.1930	0.0523	6.03	2620	2333
9	0.0155	0.0777	0.0495	6.33	560	2350
10	0.0151	0.1224	0.0546	5.33	5390	2750

续表

月份	沉积率/(mg/(100cm²·d))			降水分析/mg/m³		
	氯离子	二氧化硫	氮氧化物	pH值	硫酸根离子	氯离子
11	—	—	0.0435	—	—	—
12	—	—	—	—	—	—
平均	0.0178	0.0777	0.0601	5.69	10371	3380
最高	0.0319	0.1930	0.0917	6.33	28760	4800
最低	0.0051	0.0112	0.0368	4.59	560	1800

6.4.3 环境因素数据分析

6.4.3.1 外场环境因素数据分析

1. 气象因素时间变化历程对比分析

对沿海湿热地区温度、相对湿度、0°太阳总辐射、0°紫外辐射、日照时数、降雨总量、风速等主要气象因素时间变化历程进行对比分析,分析结果如下。

1) 温度

图6-5给出了C地和D地2016年、2017年和2019年月平均温度、月最高温度、月最低温度随时间变化的趋势。C地、D地气候四季分明,温度随时间成类弦函数规律变化,夏季最高,冬春较低,最高温度出现在6~8月,最低温度出现在1月或12月。具体而言,C地2016年年平均温度为21.5℃,年最高温度为39.0℃,年最低温度为-0.1℃,2017年年平均温度为21.5℃,年最高温度为38.1℃,年最低温度为5.5℃,2019年年平均温度为21.9℃,年最高温度为39.3℃,年最低温度为7.0℃;D地2016年年平均温度为23.1℃,年最高温度为38.4℃,年最低温度为1.8℃,2017年年平均温度为23.4℃,年最高温度为39.1℃,年最低温度为5.3℃,2019年年平均温度为23.4℃,年最高温度为37.4℃,年最低温度为6.1℃。

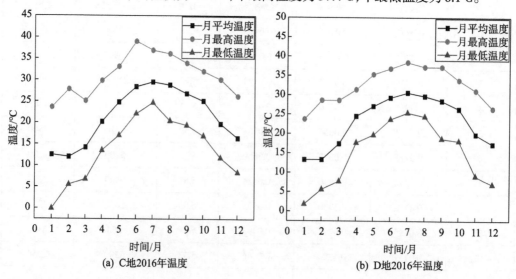

(a) C地2016年温度　　　　　(b) D地2016年温度

第六章 沿海湿热地区直升机地面停放环境谱编制

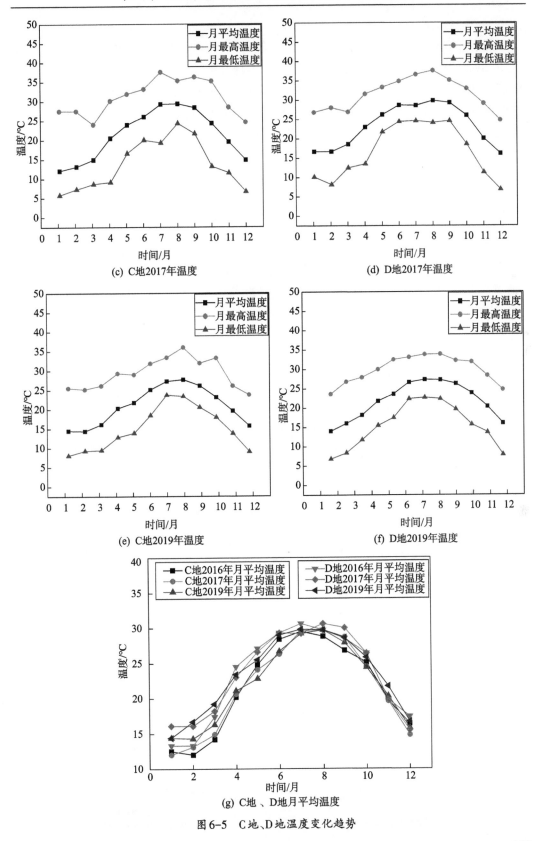

图 6-5　C 地、D 地温度变化趋势

2) 相对湿度

图6-6给出了C地和D地2016年、2017年和2019年月平均相对湿度、月最高相对湿度、月最低相对湿度随时间变化的趋势。C地、D地月平均相对湿度相近,全年月平均相对湿度变化幅度不大。具体而言,C地2016年年平均相对湿度为77%,年最高相对湿度为100%,年最低相对湿度为23%,2017年年平均相对湿度为69%,年最高相对湿度为100%,年最低相对湿度为15%,2019年年平均相对湿度为75%,年最高相对湿度为99%,年最低相对湿度为26%;D地2016年年平均相对湿度为74%,年最高相对湿度为100%,年最低相对湿度为12%,2017年年平均相对湿度为71%,年最高相对湿度为100%,年最低相对湿度为15%,2019年年平均相对湿度为76%,年最高相对湿度为99%,年最低相对湿度为17%。

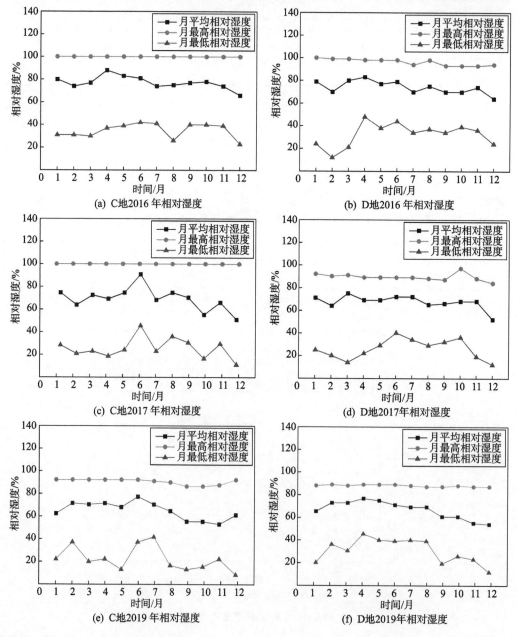

(a) C地2016年相对湿度
(b) D地2016年相对湿度
(c) C地2017年相对湿度
(d) D地2017年相对湿度
(e) C地2019年相对湿度
(f) D地2019年相对湿度

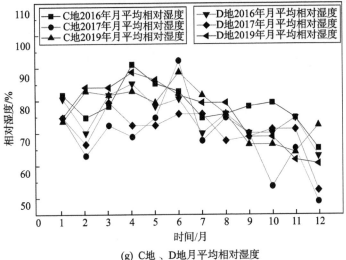

(g) C地、D地月平均相对湿度

图6-6 C地、D地相对湿度变化趋势

3）太阳辐射

图6-7给出了C地、D地2019年0°太阳总辐射和0°紫外总辐射随时间变化的趋势。统计数据显示，C地、D地太阳总辐射和紫外总辐射在2月较低，随后大致呈上升趋势，至9月后呈下降趋势，这与我国太阳辐射夏季最高、冬春较低的基本规律保持一致。具体而言，C地2019年太阳总辐射为5305.85MJ/m²，紫外总辐射为233.67MJ/m²；而D地2019太阳总辐射和紫外总辐射均低于C地，分别为4847.66MJ/m²和207.14MJ/m²。

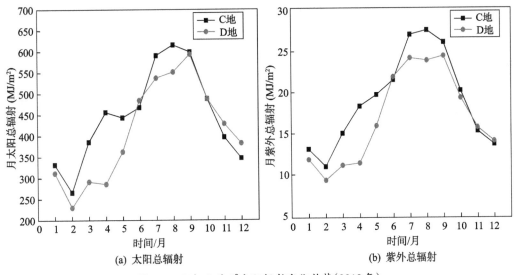

(a) 太阳总辐射　　　　　　　　(b) 紫外总辐射

图6-7 C地、D地0°太阳辐射变化趋势（2019年）

4）日照时数

图6-8给出了C地、D地2019年日照时数随时间变化的趋势。统计数据显示，日照时数整体变化趋势与0°太阳总辐射变化趋势相同。具体而言，C地2019年日照总时数为1901.3h，D地为1715.4h。

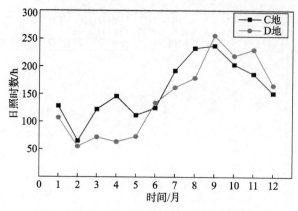

图6-8　C地、D地日照时数变化趋势(2019年)

5）降雨量

图6-9给出了C地、D地2019年月降雨总量随时间变化的趋势。统计数据显示,夏季降雨量较大,冬春季节降雨量较少。

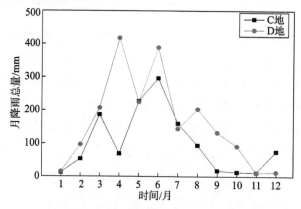

图6-9　C地、D地降雨量变化趋势(2019年)

6）风速

图6-10给出了C地、D地2019年月平均风速随时间变化的趋势。统计数据显示,两地月平均风速变化趋势一致,但C地月平均风速均高于D地。

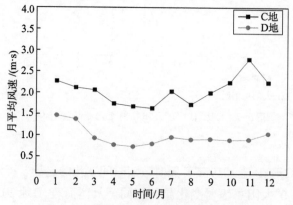

图6-10　C地、D地风速变化趋势(2019年)

2. 大气污染物时间变化历程对比分析

对C地、D地大气中NO_x、SO_2、Cl^-和雨水pH值、雨水中SO_4^{2-}、Cl^-等主要大气污染物进行对比分析,结果如下。

1)大气中NO_x沉积率

图6-11给出了C地、D地外场2019年大气中NO_x沉积率随时间变化的趋势。统计数据显示,C地、D地大气中NO_x沉积率变化趋势相似,但D地大气中NO_x沉积率略高于C地。具体而言,C地月平均NO_x沉积率为0.0408mg/(100cm²·d),最大值为0.0612mg/(100cm²·d);D地月平均NO_x沉积率为0.0601mg/(100cm²·d),最大值为0.0917mg/(100cm²·d)。

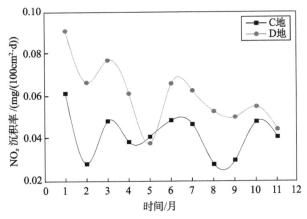

图6-11 C地、D地NO_x沉积率变化趋势(2019年)

2)大气中SO_2沉积率

图6-12给出了C地、D地2019年大气中SO_2沉积率随时间变化的趋势。统计数据显示,C地、D地1~6月大气中SO_2沉积率相近,7~10月D地较C地高;两地全年SO_2沉积率从1月开始呈逐渐升高趋势。具体而言,C地月平均SO_2沉积率为0.0576mg/(100cm²·d),最大值为0.1545mg/(100cm²·d);D地月平均SO_2沉积率为0.0777mg/(100cm²·d),最大值为0.1930mg/(100cm²·d)。

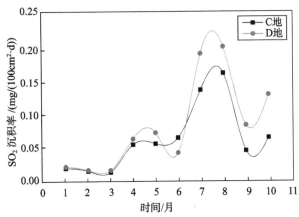

图6-12 C地、D地SO_2沉积率变化趋势(2019年)

3) 大气中 Cl^- 沉积率

图 6-13 给出了 C 地、D 地 2019 年大气中 Cl^- 沉积率随时间变化的趋势。统计数据显示，1~3 月 D 地大气中 Cl^- 沉积率高于 C 地，4~10 月 C 地大气中 Cl^- 沉积率高于 D 地，但两地 Cl^- 沉积率均不大。具体而言，C 地外场月平均 Cl^- 沉积率为 $0.02814mg/(100cm^2·d)$，最大值为 $0.0494mg/(100cm^2·d)$；D 地外场月平均 Cl^- 沉积率为 $0.0178mg/(100cm^2·d)$，最大值为 $0.0319mg/(100cm^2·d)$。

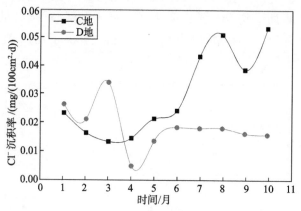

图 6-13　C 地、D 地 Cl^- 沉积率变化趋势（2019 年）

4) 雨水 pH 值

图 6-14 给出了 C 地、D 地 2019 年雨水 pH 值随时间变化的趋势。统计数据显示，5 月份 D 地雨水 pH 值明显低于 C 地，其余月份两地 pH 值相近且变化不大，均呈弱酸性。具体而言，C 地外场全年雨水平均 pH 值为 5.87，最小值为 5.41；D 地外场雨水平均 pH 值为 5.69，最小值为 4.59。

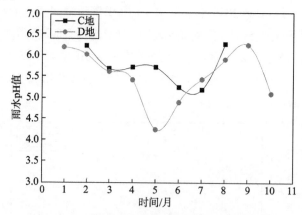

图 6-14　C 地、D 地雨水 pH 值变化趋势（2019 年）

5) 雨水中 SO_4^{2-} 浓度

图 6-15 给出了 C 地、D 地 2019 年雨水中 SO_4^{2-} 浓度随时间变化的趋势。统计数据显示，C 地、D 地雨水中 SO_4^{2-} 浓度变化趋势相近，但 D 地雨水中 SO_4^{2-} 浓度高于 C 地。具体而言，C 地外场雨水中 SO_4^{2-} 平均浓度为 $7682mg/m^3$，最大值为 $15260mg/m^3$；D 地外场雨水中 SO_4^{2-} 平均浓度为 $10371mg/m^3$，最大值为 $28760mg/m^3$。

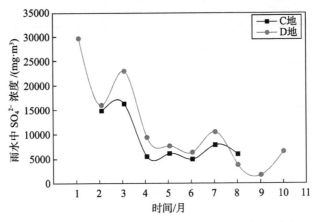

图 6-15　C 地、D 地雨水中 SO_4^{2-} 浓度变化趋势（2019 年）

6）雨水中 Cl^- 浓度

图 6-16 给出了 C 地、D 地 2019 年雨水中 Cl^- 浓度随时间变化的趋势。统计数据显示，C 地、D 地雨水中 Cl^- 浓度随时间变化较大。具体而言，C 地雨水中 Cl^- 平均浓度为 3641mg/m³，最大值为 4925mg/m³；D 地雨水中 Cl^- 平均浓度为 3380mg/m³，最大值为 4800mg/m³。

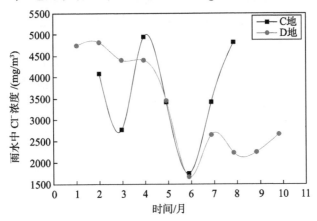

图 6-16　C 地、D 地雨水中 Cl^- 浓度变化趋势（2019 年）

C 地、D 地 2019 年大气污染物数据的对比表明：以年平均值为比较对象，大气雨水中 Cl^- 沉积率 C 地比 D 地高，而大气中 SO_2 沉积率、大气中 NO_x 沉积率和雨水中 Cl^- 浓度、SO_4^{2-} 浓度等数据 C 地比 D 地低。

基于上述环境因素时间变化历程对比分析，将 C 地、D 地主要环境因素对比结果汇总，如表 6-9 所列。

表 6-9　C 地、D 地主要环境因素对比

序号	环境因素对比项	量值比较
1	温度	C 地 < D 地
2	相对湿度	C 地 ≈ D 地，C 地略高
3	0° 太阳总辐射、0° 紫外辐射	C 地 > D 地

续表

序号	环境因素对比项	量值比较
4	日照时数	C地>D地
5	降雨总量	C地<D地
6	风速	C地>D地
7	大气中NO_x沉积率	C地<D地
8	大气中SO_2沉积率	C地<D地
9	大气中Cl^-沉积率	C地>D地
10	雨水pH值	C地≈D地,C地略高
11	雨水中SO_4^{2-}浓度	C地<D地
12	雨水中Cl^-浓度	C地>D地

3. 典型环境特征参数量值对比分析

针对采集到的沿海湿热地区环境因素数据,为便于理解主要环境因素量值水平的相对大小,选取同处沿海地区的万宁大气环境试验站与C地、D地进行典型环境特征参数量值对比,万宁站属湿热海洋大气环境,其环境类型典型,具有高温、高湿、高盐雾和强太阳辐射的特点,环境因素统计数据较为齐全。

表6-10~表6-11给出了C地、D地与万宁站户外在温度、湿度、大气中NO_x、雨水pH值等典型环境特征参数方面的统计对比数据。表中C地、D地温湿度数据为2016年、2017年和2019年的实测数据,大气污染物等数据为2019年1~12月实测数据,万宁站为2007—2019年10年间统计数据。

表6-10 C地、D地与万宁站户外温湿度数据

地点	温度/℃			湿度/%		
	年均值	年极大值	年极小值	年均值	年极大值	年极小值
C地	21.6	39	-0.1	74	100	15
D地	23.3	39.1	1.8	73	100	12
万宁站户外	25.0	37.5	8.5	84	100	25

表6-11 C地、D地与万宁站户外主要大气污染物数据

地点	大气污染物数据(年平均值)					
	大气中Cl^-	大气中SO_2	大气中NO_x	雨水		
				pH值	SO_4^{2-}	Cl^-
	单位:mg/(100cm²·d)			—	单位:mg/m³	
C地	0.0244	0.0595	0.0417	5.79	8159	3447
D地	0.0184	0.0721	0.0643	5.70	12140	3633
万宁站户外	0.6208	0.0659	0.0110	5.32	6579	9024

依据表中数据,对C地、D地温度、相对湿度等气象因素和大气中NO_x、大气中SO_2、大气中Cl^-、雨水pH值等主要大气污染物的量值水平相对大小进行对比分析,结果如下。

1)温度

图6-17给出了C地、D地与万宁站户外年平均温度、年最高温度、年最低温度对比。由表6-10和图6-17可得:C地、D地外场温度与万宁站户外相差不大,平均温度略低于万宁站户外。

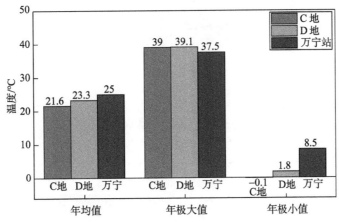

图6-17 C地、D地与万宁站户外温度

2)相对湿度

图6-18给出了C地、D地与万宁站户外年平均相对湿度、年最高相对湿度、年最低相对湿度对比。由表6-10和图6-18可得:C地、D地年平均相对湿度相近,较万宁站户外低10%左右。

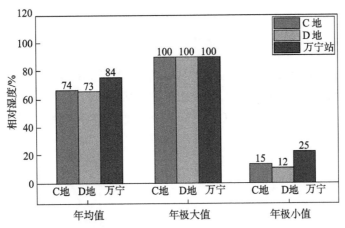

图6-18 C地、D地与万宁站户外相对湿度

3)大气中NO_x沉积率

图6-19给出了C地、D地与万宁站户外大气中NO_x沉积率对比。由表6-11和图6-19可得:C地、D地外场大气中NO_x沉积率均高于万宁站户外,其量值约为万宁站户外的4~6倍。

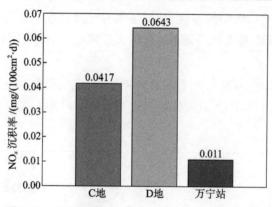

图 6-19　C 地、D 地与万宁站户外大气中 NO_x 沉积率

4）大气中 SO_2 沉积率

图 6-20 给出了 C 地、D 地与万宁站户外大气中 SO_2 沉积率对比。由表 6-11 和图 6-20 可得：C 地、D 地大气中 SO_2 沉积率与万宁站户外相当，量值均较低。

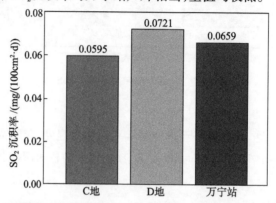

图 6-20　C 地、D 地与万宁站户外大气中 SO_2 沉积率

5）大气中 Cl^- 沉积率

图 6-21 给出了 C 地、D 地与万宁站户外大气中 Cl^- 沉积率对比。由表 6-11 和图 6-21 可得：C 地、D 地大气中 Cl^- 沉积率相近，远低于万宁站户外。万宁站离海 350m，户外 Cl^- 平均沉积率统计数据为 $0.6208mg/(100cm^2 \cdot d)$，约为 C 地的 25 倍、D 地的 33 倍。

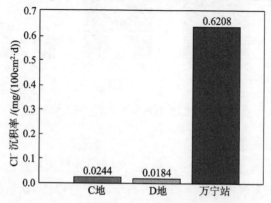

图 6-21　C 地、D 地与万宁站户外大气中 Cl^- 沉积率

6）雨水pH值

图6-22给出了C地、D地与万宁站户外雨水pH值对比。由表6-11和图6-22可得：C地、D地雨水pH值相近，略高于万宁站户外，均呈微弱酸性。

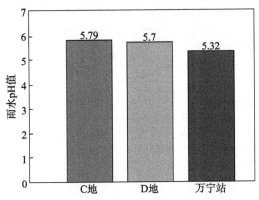

图6-22　C地、D地与万宁站户外大气中雨水pH值

C地、D地与万宁站户外典型环境特征参数量值的对比表明：C地、D地年平均温度、大气中SO_2含量、雨水pH值数据与万宁站户外接近，其中年平均温度略低于万宁站户外；而C地、D地大气中NO_x含量高于万宁站户外，年平均湿度和大气中Cl^-含量均低于万宁站户外。

基于上述环境因素量值水平对比分析，将C地、D地主要环境因素与万宁站户外对比结果汇总，如表6-12所列。

表6-12　C地、D地和万宁站主要环境因素量值比较

序号	环境因素对比项	量值比较
1	温度	三地相近，C地＜D地＜万宁站
2	相对湿度	C地≈D地＜万宁站
3	大气中NO_x沉积率	万宁站＜C地＜D地
4	大气中SO_2沉积率	三地相近，C地＜万宁站＜D地
5	大气中Cl^-沉积率	D地＜C地≪万宁站
6	雨水pH值	三地相近，万宁站＜D地＜C地

4．沿海湿热地区整体环境特征分析

1）基于温湿度数据的气候类型分析

GB/T 4797.1—2018《环境条件分类　自然环境条件　温度和湿度》中以温度和湿度的日平均值的年极值的平均值为依据对不同气候类型进行了划分。参照该标准，C地、D地温湿度数据表明：从年平均温度、湿热月时间、高低温范围、所处地域等方面定性判定，C地、D地所处区域气候环境具有沿海湿热环境特点。

2）C地、D地大气腐蚀性分类

GB/T 19292—2018《金属和合金的腐蚀　大气腐蚀性》中给出了依据大气潮湿时间

(τ)、空气中二氧化硫含量(P)和氯化物含量(S)三个因素确定大气腐蚀性等级(C)的方法。参照该标准，C地、D地2019年实测数据(表6-13)表明：C地、D地所处环境大气腐蚀性等级为$C3$级(腐蚀性中等)。

表6-13　C地、D地大气腐蚀性等级

地点	潮湿时间h/对应等级	二氧化硫的沉积率/对应等级	氯化物的沉积率/对应等级	大气腐蚀性等级
C地	4022/τ_4	5.95/P_1	2.44/S_0	$C3$
D地	4925/τ_4	7.21/P_1	1.84/S_0	$C3$

注：1.GB/T 19292—2018中将温度大于0℃且相对湿度大于80%的时间定义为潮湿时间(τ)。
2.GB/T 19292—2018中给出的τ_4等级对应的润湿时间——$2500h<\tau \leqslant 5500h$，$P_1$等级对应的二氧化硫沉积率——$4<P_d \leqslant 24mg/(m^2 \cdot d)$，$S_0$等级对应的氯化物沉积率——$S \leqslant 3mg/(m^2 \cdot d)$。
3.沉积率单位为$mg/(m^2 \cdot d)$。

6.4.3.2　机库环境因素数据分析

1. 机库环境状态分析

C地机库环境因素监测地点位于C地机库内、D地机库环境因素监测地点位于D地机库内，机库位置均紧邻外场。通常，机库大门白天开晚上闭，机库内空气与外场保持一定程度的自由流通。

2. 机库温湿度量值与时间变化历程对比分析

图6-23给出了C地、D地外场和机库2019年月平均温湿度数据变化趋势，表6-14列出了外场和机库温湿度均值和极值统计数据。

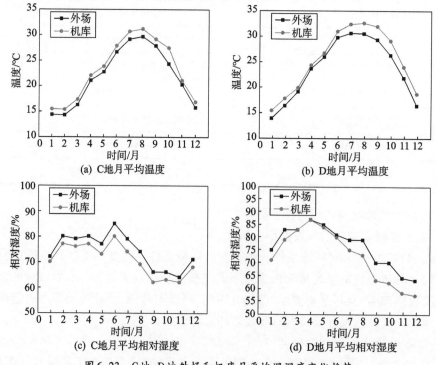

图6-23　C地、D地外场和机库月平均温湿度变化趋势

表 6-14　C 地、D 地温湿度数据统计(2019 年)

地点	温度/℃			湿度/%		
	均值	极大值	极小值	均值	极大值	极小值
C 地外场	21.9	39.3	7.0	75	99	26
C 地机库	23.2	38.5	10.4	72	96	32
D 地外场	23.4	37.4	6.1	76	99	17
D 地机库	24.9	38.3	8.5	72	98	22

由图 6-23 和表 6-14 可得:C 地、D 地机库和相应外场的月平均温度、月平均湿度随时间变化波动趋势基本一致,量值上同地区的机库内月平均温度均高于外场,而月平均湿度则低于外场。具体而言,2019 年实测数据显示,C 地机库内平均温度为 23.2℃,较外场高 1.3℃,机库内平均相对湿度为 72%,较外场低 3%;D 地机库内平均温度为 24.9℃,较外场高 1.5℃,机库内平均相对湿度为 72%,较外场低 4%。即

C 地:机库平均温度=外场平均温度+1.3℃

　　　机库平均相对湿度=外场平均相对湿度-3%

D 地:机库年平均温度=外场年平均温度+1.5℃

　　　机库年平均相对湿度=外场年平均相对湿度-4%

表 6-15~表 6-16 列出了 C 地、D 地机库 2019 年白天和晚上月平均温湿度数据。图 6-24 给出了机库白天和晚上月平均温湿度数据变化趋势。

表 6-15　C 地、D 地机库每月白天和晚上月平均温度数据(2019 年)

地点	时段	月平均温度/℃												年平均温度/℃
		1	2	3	4	5	6	7	8	9	10	11	12	
C 地机库	白天	16.2	15.9	18.1	23.0	24.6	28.6	31.6	32.2	30.3	26.7	22.1	17.9	23.9
	晚上	14.8	14.9	16.6	21.3	23.1	27.2	29.9	30.3	28.2	24.7	20.1	15.8	22.2
D 地机库	白天	16.2	18.2	20.2	24.3	26.6	30.8	32.3	32.5	32.0	29.2	24.7	19.8	25.6
	晚上	15.4	17.9	19.6	23.7	25.8	29.1	30.3	30.7	30.0	27.6	22.7	17.7	24.2

表 6-16　C 地、D 地机库每月白天和晚上月平均湿度数据(2019 年)

地点	时段	月平均湿度/%												年平均湿度/%
		1	2	3	4	5	6	7	8	9	10	11	12	
C 地机库	白天	69	76	75	76	73	79	73	67	59	60	60	67	70
	晚上	73	79	79	80	76	83	78	73	67	68	66	71	74
D 地机库	白天	69	78	80	85	81	76	71	70	57	57	53	54	69
	晚上	72	79	83	87	84	82	77	75	67	65	61	58	74

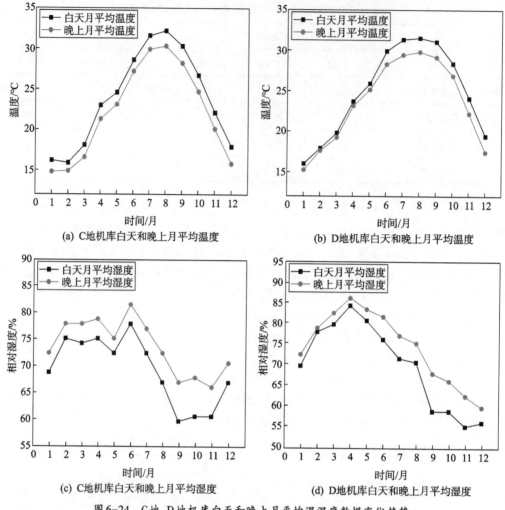

图 6-24 C地、D地机库白天和晚上月平均温湿度数据变化趋势

由图6-24和表6-15~表6-16可得：C地、D地机库白天和晚上的月平均温度、月平均湿度随时间变化波动趋势基本一致，量值上机库内白天月平均温度均高于晚上，而白天月平均湿度则低于晚上。具体而言，2019年实测数据显示，C地机库内白天平均温度23.9℃，较晚上高1.7℃，白天平均相对湿度为70%，较晚上低4%；D地机库内白天平均温度为25.6℃，较晚上高1.4℃，白天平均相对湿度为69%，较晚上低5%。即

C地机库：白天平均温度=晚上平均温度+1.7℃

白天平均相对湿度=晚上平均相对湿度-4%

D地机库：白天平均温度=晚上平均温度+1.4℃

白天平均相对湿度=晚上平均相对湿度-5%

综合上述分析可得，C地、D地机库环境具有温度高于外场、湿度低于外场，白天温度高、湿度低，晚上温度低、湿度高的特点，且两地机库湿度均高于70%。对于具有控温控湿要求（如某些设备要求贮存时控制温湿度在"三七线"以下）的直升机型号，应注意采取除湿措施，降低机库湿度，在高温季节应注意采取降温措施。

3. 机库温湿度滞后效应分析

图6-25给出了C地、D地外场和机库2019年1月1日整点温湿度数据变化趋势。

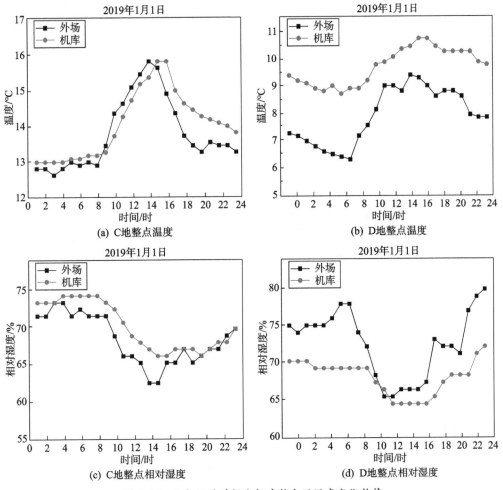

图6-25 C地、D地外场和机库整点温湿度变化趋势

由图6-25可得:C地、D地在同一环境条件下,机库内温湿度变化较外场温湿度存在一定程度的滞后效应,机库内温湿度变化较外场滞后约1~2h。这种现象与机库半敞开环境有关,机库内空气温度、水分与外界的传递和交换需要一定的时间稳定。

6.4.4 自然环境谱编制

6.4.4.1 C地直升机地面停放环境谱编制

以C地2016年、2017年和2019年的环境因素统计数据为基础,以月、年为单位,分析统计温度、相对湿度、太阳辐射等环境要素的强度、持续时间以及时间比例等,形成各单项环境要素月谱和年谱,如温度谱(表6-17、图6-26)、相对湿度谱(表6-18、图6-27)、温度-湿度组合谱(表6-19)、日照辐射谱(表6-20)、降水谱(表6-21)、大气污染物谱(表6-22)等,然后对单项环境要素谱进行归并处理,按雨、潮湿空气、日照的顺序逐一给出各种环境条件的时间比例、作用时间、作用强度等,形成C地直升机地面停放自然环境谱(表6-23)。

表6-17 C地外场温度谱

月份	1	2	3	4	5	6	7	8	9	10	11	12	年平均温度/℃
平均温度/℃	13.0	13.1	15.1	20.6	23.9	27.1	29.4	29.4	27.8	24.7	19.9	15.6	21.6
极高温度/℃	39.3													
极低温度/℃	−0.1													
温度/℃	0~5		5~10		10~15		15~20		20~25		25~30		30~35	35~40
作用时间/月	0		0		2		3		3		4		0	0

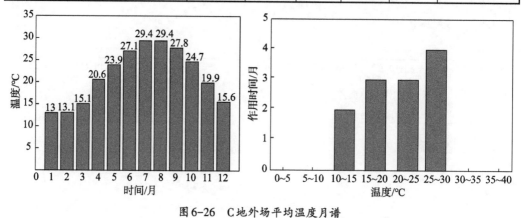

图6-26 C地外场平均温度月谱

表6-18 C地外场相对湿度谱

月份	1	2	3	4	5	6	7	8	9	10	11	12	年平均相对湿度/%
平均相对湿度/%	76	73	76	79	78	85	74	75	71	67	68	59	74
极高相对湿度/%	100													
极低相对湿度/%	15													
相对湿度/%	10~20	20~30	30~40	40~50	50~60	60~70	70~80	80~90	90~100				
作用时间/月	0	0	0	0	1	2	8	1	0				

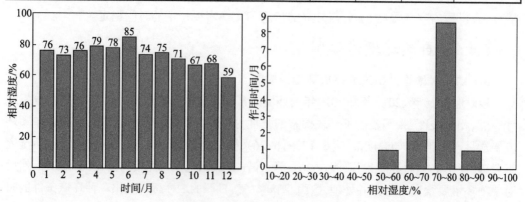

图6-27 C地外场平均湿度月谱

表6-19 C地外场温度-湿度组合谱

温度/℃		0~5	5~10	10~15	15~20	20~25	25~30	30~35	35~40
作用时间/h	RH<60%	68	123	605	687	555	548	704	36
	60%≤RH<70%	0	48	311	335	296	575	219	0
	70%≤RH<80%	0	72	233	186	187	429	22	0
	80%≤RH<90%	0	52	77	58	63	137	5	0
	RH≥90%	0	100	350	233	621	730	7	0

表6-20 C地外场日照辐射谱

月份	1	2	3	4	5	6	7	8	9	10	11	12	合计
总辐射/(MJ/m^2)	320.35	251.94	376.34	449.46	436.32	461.40	589.40	615.45	598.23	482.72	388.17	336.07	5305.85
紫外辐射/(MJ/m^2)	13.29	11.06	15.29	18.70	20.15	22.05	27.78	28.35	26.83	20.70	15.57	13.90	233.67
日照时数/h	128.4	65.0	122.5	146.2	111.4	125.0	192.3	232.8	237.1	203.3	186.0	151.3	1901.3

表6-21 C地外场降水谱

月份	1	2	3	4	5	6	7	8	9	10	11	12	合计
降雨量/mm	0.4	41.3	174.6	57.5	214.9	284.2	148.1	82.6	5.8	1.3	0.1	63.8	1074.6
降雨时数/h	0.5	13.7	70.5	16.1	51.9	51.5	15.7	12.9	1.9	0.5	0	34.4	269.6

pH值	1~2	2~3	3~4	4~5	5~6	6~7	7~8
降水量/mm	0	0	0	0	389.5	98.8	0

注：个别月份未测得pH值数据。

表6-22 C地外场大气污染物谱

月份	1	2	3	4	5	6	7	8	9	10	11	12	平均
Cl$^-$/(mg/(100cm^2·d))	0.0221	0.0157	0.0129	0.014	0.0203	0.0229	0.0403	0.0473	0.0360	0.0494	—	—	0.0281
SO$_2$/(mg/(100cm^2·d))	0.0144	0.0103	0.0085	0.0494	0.0505	0.0591	0.1294	0.1545	0.0402	0.0285	—	—	0.0545
NO$_2$/(mg/(100cm^2·d))	0.0612	0.0268	0.0476	0.0375	0.04	0.0479	0.046	0.0265	0.0285	0.0473	0.0398	—	0.0408
雨水Cl$^-$/(mg/m^3)	—	4100	2850	4925	3467	1875	3467	4800	—	—			3641

续表

月份	1	2	3	4	5	6	7	8	9	10	11	12	平均
雨水SO_4^{2-}/(mg/m^3)	—	13810	15260	4360	4973	3800	6753	4820	—	—	—	—	7682
雨水pH值	—	6.31	5.84	5.87	5.87	5.46	5.41	6.35	—	—	—	—	5.87

表6-23 C地直升机地面停放自然环境谱

环境	雨	潮湿空气	日照
时间比例/%	3.1	45.8	21.7
作用时间/h	269.6	4022	1901.3
pH	5.41	—	—
SO_2/($mg/100cm^2 \cdot d$)	—	0.0548	—
NO_x/($mg/100cm^2 \cdot d$)	—	0.0408	—
Cl^-/($mg/100cm^2 \cdot d$)	—	0.0281	—
雨水SO_4^{2-}/(mg/m^3)	7682	—	—
雨水Cl^-/(mg/m^3)	3641	—	—
雨量/mm	89.55	—	—
总辐射/(MJ/m^2)	—	—	5305.85
紫外辐射/(MJ/m^2)	—	—	233.67
温度/℃	年平均温度:21.6	年极大值:39.3	年极小值:-0.1
湿度/%	年平均湿度:74	年极大值:100	年极小值:15

6.4.4.2 D地直升机地面停放环境谱编制

以D地2016年、2017年和2019年的环境因素统计数据为基础,以月、年为单位,分析统计温度、相对湿度、太阳辐射等环境要素的强度、持续时间以及时间比例等,形成各单项环境要素月谱和年谱,如温度谱(表6-24、图6-28)、相对湿度谱(表6-25、图6-29)、温度-湿度组合谱(表6-26)、日照辐射谱(表6-27)、降水谱(表6-28)、大气污染物谱(表6-29)等,然后对单项环境要素谱进行归并处理,按雨、潮湿空气、日照的顺序逐一给出各种环境条件的时间比例、作用时间、作用强度等,形成D地直升机地面停放自然环境谱(表6-30)。

表6-24 D地外场温度谱

月份	1	2	3	4	5	6	7	8	9	10	11	12	年平均
平均温度/℃	14.6	15.4	18.3	23.6	26.4	29.2	29.9	30.0	29.0	26.2	20.4	16.4	23.3
极高温度/℃							39.1						
极低温度/℃							1.8						

第六章 沿海湿热地区直升机地面停放环境谱编制

续表

月份	1	2	3	4	5	6	7	8	9	10	11	12	年平均
温度/℃	0~5		5~10		10~15		15~20		20~25	25~30	30~35	35~40	40~45
作用时间/月	0		0		1		3		2	5	1	0	0

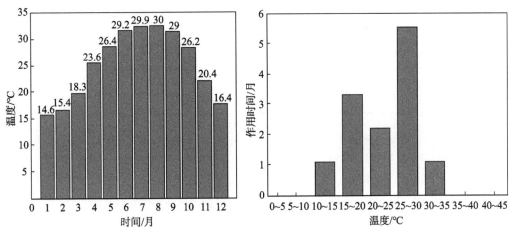

图 6-28　D 地外场平均温度月谱

表 6-25　D 地外场相对湿度谱

月份	1	2	3	4	5	6	7	8	9	10	11	12	年平均
平均相对湿度/%	76	73	80	80	78	78	74	74	69	70	69	60	73
极高相对湿度/%	100												
极低相对湿度/%	12												

相对湿度/%	10~20	20~30	30~40	40~50	50~60	60~70	70~80	80~90	90~100
作用时间/月	0	0	0	0	0	3	7	2	0

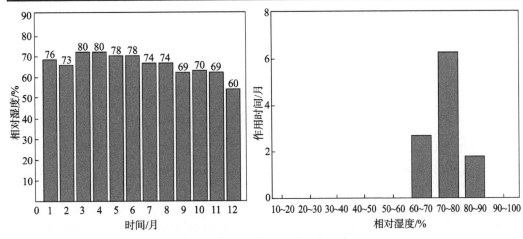

图 6-29　D 地外场平均湿度月谱

表6-26　D地外场温度-湿度组合谱

温度/℃		< 0	0~5	5~10	10~15	15~20	20~25	25~30	30~35	35~40	> 40
作用时间/h	RH < 60%	58	66	178	404	293	279	603	177	64	66
	60%≤RH < 70%	0	24	142	294	247	364	466	0	0	24
	70%≤RH < 80%	0	31	298	343	372	915	191	0	0	31
	80%≤RH < 90%	0	42	257	334	494	1074	3	0	0	42
	RH≥90%	0	12	135	265	211	168	0	0	0	12

表6-27　D地外场日照辐射谱

月份	1	2	3	4	5	6	7	8	9	10	11	12	合计
总辐射/(MJ/m^2)	299.29	214.74	278.34	272.38	352.39	478.54	534.11	548.86	592.48	482.67	420.96	372.90	4847.66
紫外辐射/(MJ/m^2)	11.96	9.34	11.21	11.49	16.21	22.43	24.82	24.51	25.09	19.76	16.02	14.30	207.14
日照时数/h	107.0	55.0	71.8	63.5	73.0	134.1	162.0	179.0	255.7	219.0	230.0	165.3	1715.4

表6-28　D地外场降水谱

月份	1	2	3	4	5	6	7	8	9	10	11	12	合计
降雨量/mm	2.7	84.5	194.5	404.7	212.2	376.2	132.3	190.8	120.4	79.4	0	1.2	1798.9
降雨时数/h	0.6	19.9	30.2	36.0	39.9	39.5	17.0	35.0	8.6	7.5	0	0.5	234.7

pH值	1~2	2~3	3~4	4~5	5~6	6~7	7~8
降水量/mm	0	0	0	212.2	599.2	87.2	0

表6-29　D地外场大气污染物谱

月份	1	2	3	4	5	6	7	8	9	10	11	12	平均
Cl^-/(mg/(100cm^2·d))	0.0249	0.0201	0.0319	0.0051	0.0131	0.0175	0.0172	0.0172	0.0155	0.0151	—	0.0155	0.0184
SO_2/(mg/(100cm^2·d))	0.0166	0.0115	0.0112	0.0576	0.0666	0.037	0.1830	0.1930	0.0777	0.1224	—	0.0777	0.0721
NO_x/(mg/(100cm^2·d))	0.0917	0.0665	0.0773	0.0611	0.0368	0.0659	0.0624	0.0523	0.0495	0.0546	0.0435	0.0495	0.0643

第六章 沿海湿热地区直升机地面停放环境谱编制

续表

月份	1	2	3	4	5	6	7	8	9	10	11	12	平均
雨水 Cl^-/(mg/m^3)	4730	4800	4400	4400	3500	1800	2733	2700	2350	2750	—	2350	3633
雨水 SO_4^{2-}/(mg/m^3)	28760	14980	21980	8300	6520	5200	9400	1980	560	5390	—	560	12140
雨水 pH 值	6.28	6.13	5.78	5.61	4.59	5.15	5.62	6.47	6.33	5.33	—	6.33	5.70

表6-30 D地直升机地面停放自然环境谱

环境	雨	潮湿空气	日照
时间比例/%	2.7	56.2	19.6
作用时间/h	234.7	4925	1715.4
pH 值	4.59	—	—
SO_2/($mg/100cm^2·d$)	—	0.0777	—
NO_x/($mg/100cm^2·d$)	—	0.0601	—
Cl^-/($mg/100cm^2·d$)	—	0.0178	—
雨水 SO_4^{2-}/(mg/m^3)	12371	—	—
雨水 Cl^-/(mg/m^3)	3380	—	—
雨量/mm	149.9	—	—
总辐射/(MJ/m^2)	—	—	4847.66
紫外辐射/(MJ/m^2)	—	—	207.14
温度/℃	年平均温度:23.3	年极大值:39.1	年极小值:1.8
湿度/%	年平均湿度:73	年极大值:100	年极小值:12

6.4.4.3 沿海湿热地区直升机地面停放综合环境谱编制

根据编制的C地直升机地面停放自然环境谱和D地地面停放自然环境谱,对两地各环境要素进行归并处理,按照最大程度涵盖沿海湿热地区直升机可能面临的最极端环境的原则,取两地环境要素中的极值数据,编制沿海湿热地区直升机地面停放综合自然环境谱(表6-31)。

表6-31 沿海湿热地区直升机地面停放综合自然环境谱

环境	雨	潮湿空气	日照
时间比例/%	3.1	56.2	21.7
作用时间/h	269.6	4925	1901.3

续表

环境	雨	潮湿空气	日照
pH值	4.59	—	—
$SO_2/(mg/100cm^2·d)$	—	0.0777	—
$NO_x/(mg/100cm^2·d)$	—	0.0601	—
$Cl^-/(mg/100cm^2·d)$	—	0.0281	—
雨水 $SO_4^{2-}/(mg/m^3)$	12371	—	—
雨水 $Cl^-/(mg/m^3)$	3641	—	—
雨量/mm	149.9	—	—
总辐射/(MJ/m^2)	—	—	5305.85
紫外辐射/(MJ/m^2)	—	—	233.67
温度/℃	年平均温度:23.3	年极大值:39.3	年极小值:-0.1
湿度/%	年平均湿度:74	年极大值:100	年极小值:12

6.5 地面停放加速模拟试验环境谱编制

6.5.1 地面停放加速模拟试验环境谱编制对象

根据前期调研结果,直升机在沿海湿热地区服役时,直升机蒙皮铆接结构存在搭接区域涂层鼓泡破损脱落、基材铝合金腐蚀等现象。基于此,以某型直升机蒙皮结构外用涂层体系为编谱对象,开展地面停放加速模拟试验环境谱编制研究,为实验室条件下复现沿海湿热环境直升机腐蚀/老化损伤提供方法和技术支撑。

6.5.2 地面停放加速模拟试验环境谱设计

直升机蒙皮外用涂层体系所处环境主要为外界停放自然环境。根据前述沿海湿热地区环境特征分析,C地、D地外场环境主要特点为:年平均温度较高,温度变化范围大,年平均相对湿度较高,太阳辐射、降雨等环境因素与季节关联度较大,大气污染物中NO_x、SO_2、Cl^-含量和雨水中Cl^-浓度较低,雨水pH值呈微弱酸性等。

在沿海湿热地区大气环境下,蒙皮外用涂层体系主要受太阳辐射、温度、湿度、盐雾等环境因素的综合作用,导致涂层老化失效。因此,根据上述环境因素的交互作用情况,设计湿热试验、紫外/冷凝试验、盐雾试验组成的加速试验谱。同时,考虑到机身蒙皮结构在地面停放阶段和飞行阶段时经受动静态载荷环境因素的作用,参考美军CASS谱设计疲劳试验谱,以体现交变载荷对蒙皮结构和表面防护涂层的影响。其作用顺序反映了直升机停放时,早晚多受高湿、腐蚀介质作用,白天受紫外线辐射的实际情况。

1. 疲劳试验

直升机从静止状态起飞时,旋翼由缓慢转动到稳定输出用时约1.5min(静止—慢车(功率的72%~76%,耗时约1min)—快车(耗时约30s)—离地(数秒内完成))。空中飞行时,旋翼轴(从上向下看)右旋,转速为192r/min。直升机桨叶数量为5片,因此交变剪切载荷频率取16Hz(每片桨叶每秒钟旋转16个1/5圈)。以某型直升机机身蒙皮受力为参照,其右侧承受最大剪应力73.8MPa,左侧承受最大剪应力74.5MPa。直升机从静止到稳定飞行用时1.5min,此时机身蒙皮受载从停放状态的0MPa锯齿式正弦变化逐渐上升到74.5MPa的应力峰值,降落时机身蒙皮受载从74.5MPa的应力峰值锯齿式正弦变化逐渐下降到停放状态的0MPa。因此,可以将直升机飞行时机身蒙皮结构承受的载荷简化为应力峰值74.5MPa(5.614kN)、频率为16Hz的恒幅正弦变化拉-拉载荷。此外,考虑到直升机飞行高度较低,通常飞行高度仅2000m左右,飞行阶段温度与地面温度差别约12℃左右,参考两地的平均温度(21~23℃),该温度降幅不会对涂层产生较大影响,因此疲劳试验在常温下开展。

2. 湿热试验

在太阳辐射作用下,湿热环境是促进涂层老化失效的主要因素之一。根据C地、D地实测的最高温度(39.3℃)和最大相对湿度(100%),综合考虑现有湿热试验箱参数控制精度因素,确定湿热试验的试验条件为:温度T=(40±1)℃,相对湿度RH=(95±3)%,一个周期试验7d。

3. 紫外/冷凝试验

太阳辐射光谱对有机涂层的作用主要是紫外线引起的涂层光降解。参照ASTM D5894-05《涂漆金属盐雾/紫外线循环暴露标准规程》、GB/T 16422.3—1997《塑料实验室光源暴露试验方法》第3部分"荧光紫外灯"的有关试验条件,确定紫外/冷凝试验的试验条件为:辐射水平为340nm下1.1W/(m²·nm)(等效总紫外辐射为60W/m²),每12h循环中包括(60±1)℃下8h的紫外试验及(50±1)℃下4h的冷凝试验。

此外,C地、D地实测的最高温度为39.3℃,当紫外试验箱中温度为60℃时,根据范特荷夫规则——通常温度每升高10℃,化学反应速率约增加2~4倍,可以认为光老化反应速率较自然环境暴露状态下约增加4倍以上。C地、D地2019年实测的太阳总紫外辐射较大值为233.67MJ/m²,因此,设计紫外/冷凝试验总时间为16(d)(233.67MJ/m²÷60W/m²÷3600s÷16h(每24h内紫外照射16h)÷4(温度升高引起的光老化反应速率增加倍数)≈16d),以模拟涂层试样全年接收的总紫外辐射。

4. 盐雾试验

大气环境中的腐蚀介质(污染物)包括Cl⁻、硫氧化物气体等,它们对直升机结构表面涂层老化、附着力降低也有一定的影响。一方面,污染气体可以溶入有机涂层表面上所形成的水膜中,从而形成导电的电解质溶液,然后进入涂层/金属界面发生腐蚀反应,腐蚀产物与分子链上基团反应;另一方面,污染气体扩散到涂层内部,气体中的活性基团与分子链上的某些基团反应,改变分子链结构从而导致有机涂层发生老化。

在潮湿空气环境中,涂层试样表面会因凝露而产生一层水膜,大气中的 Cl^- 与水膜接触时会溶于水中,由C地、D地的雨水分析结果可知,C地、D地2019年降雨pH最低值为4.59、平均值为5.69。因此,参照ASTM D5894-05《涂漆金属盐雾/紫外线循环暴露标准规程》,确定盐雾试验的条件为:采用0.05%的NaCl溶液,用稀硫酸或NaOH溶液将pH值调整至4~5(按照极值原则确定),来模拟大气环境中的腐蚀介质作用,盐溶液的沉降率控制为$1\sim3\mathrm{mL}/(80\mathrm{cm}^2\cdot\mathrm{h})$。

其次,暴露于大气环境中的涂层会经历反复的湿润-干燥过程,使涂层表面的腐蚀介质浓度不断增加,加速腐蚀。根据C地、D地实测相对湿度统计结果,其全年润湿时间(按相对湿度≥80%记为润湿)与干燥时间的比值约为1:1~2.5,因此,采用较大值1:1作为喷雾/干燥的循环时间比例,即每24h循环中,12h喷雾,12h通风干燥,以突出干湿交替对涂层的影响。喷雾温度按照C地、D地实测的最高温度取 $T=(40\pm1)$℃,干燥温度参照GJB 150.11A—2009,取 $T=(35\pm1)$℃,干燥湿度 $RH=(50\pm3)$%,一个周期试验时间7d。

通过上述分析,确定的直升机蒙皮涂层体系沿海湿热地区地面停放加速模拟试验环境谱如图6-30所示。

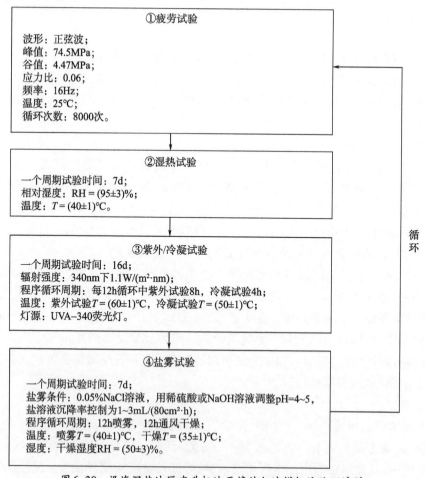

图6-30 沿海湿热地区直升机地面停放加速模拟试验环境谱

6.6 地面停放加速模拟试验环境谱验证

6.6.1 自然环境暴露试验验证

直升机蒙皮结构所处环境为外界停放自然环境,其在实际地面停放环境条件下的真实腐蚀老化损伤形式和性能变化规律,可以采用户外大气暴露试验模拟获取。需要指出的是,外场户外大气暴露试验严酷度可能高于直升机实际服役情况,因为实际情况下直升机一般不会长期暴露于户外条件下持续经受户外大气环境,而通常是户外—机库交替停放;但在环境-载荷耦合效应等方面户外大气暴露试验的环境条件又可能弱于直升机实际服役情况,因为直升机在飞行阶段其结构件还会承受交变疲劳载荷,而这种载荷与环境的耦合作用往往对结构件产生影响。因此,户外大气暴露试验取得的试验结果与直升机实际服役情况并不完全等效,但对于环境损伤评估与分析研究具有重要的参考价值。选择C地外场开展户外大气暴露试验,为沿海湿热地区直升机地面停放加速模拟试验环境谱的验证与修正提供参考和基础支撑。

6.6.1.1 户外大气暴露试验过程

1. 模拟试验件设计与制作

根据蒙皮铆接结构的特点、承力特点和该结构的腐蚀特征,设计了如图6-31、图6-32所示的搭接铆接连接件开展大气腐蚀试验,考核环境腐蚀对铝合金涂层防护性能的影响。蒙皮模拟试件的加工、表面处理工艺与某型直升机蒙皮结构相近。

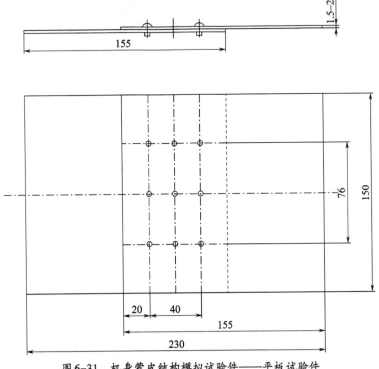

图6-31 机身蒙皮结构模拟试验件——平板试验件

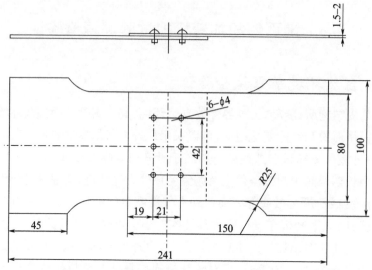

图6-32 机身蒙皮结构模拟试验件——疲劳试验件

2. 试验方式

户外大气暴露试验参照 GJB 8893.1—2017《军用装备自然环境试验方法》第1部分"通用要求"和 GJB 8893.2—2017《军用装备自然环境试验方法》第2部分"户外大气自然环境试验"的相关规定执行。试验地点位于C地外场。所有试样均直接暴露于户外场地,主受试面朝南,与水平面成45°安装于试样架上,如图6-33所示。

图6-33 C地外场户外大气暴露试验

3. 试验件投试

全部蒙皮结构疲劳试验件在投试前均进行预加载,预加载条件为:采用MTS材料试验机对试样施加当量1年飞行强度的拉-拉正弦疲劳载荷,波形:正弦波;峰值:5.614kN;谷值:0.377kN;应力比:0.06;频率:16Hz;循环次数:8000次。

4. 检测项目及检测周期

根据前期调研结果,蒙皮结构模拟试验件在沿海湿热地区服役条件下,主要损伤形式为搭接区域涂层鼓泡破损脱落、基材铝合金腐蚀等。根据蒙皮铆接结构的腐蚀特征,针对户外大气暴露试验蒙皮结构模拟试验件,确定检测项目及周期如表6-32所列。

表6-32 户外大气暴露试验检测项目及周期

试验件名称	试验地点	检测项目	检测周期/月
蒙皮结构平板试验件	C地外场	外观	0、3、6、9、12、18、27
		附着力	0、6、12
蒙皮结构疲劳试验件		疲劳性能	0、12

（1）外观。采用光泽计、色差计和厚度仪检测试验件的光泽、色差和厚度，检查试验件表面涂层的粉化、起泡、脱落等情况，详细记录试验件的外观腐蚀形貌，如腐蚀形态、腐蚀面积、腐蚀产物等，重点检查试验件连接部位铆钉腐蚀变化，按照GB/T 1766—2008《色漆和清漆 涂层老化的评级方法》对试验件表面涂层的失光、变色、起泡、生锈等单项等级以及综合老化性能等级进行评定。

（2）附着力。参照GB/T 9286—1998《色漆和清漆 漆膜的划格试验》、GB/T 5210—2006《色漆和清漆 拉开法附着力试验》的规定执行。

（3）疲劳性能。检测条件：波形为正弦波，峰值为5.614kN，谷值为0.377kN，应力比为0.06，频率为16Hz，加载次数为240000次。若试样在加载过程中断裂，记录断裂时的加载次数；若试样未断裂，继续对试样开展静拉伸性能检测，获取最大拉力、应力-位移曲线等性能数据。

6.6.1.2 户外大气暴露试验结果

按照规定的检测周期检测了蒙皮结构平板试验件的外观和附着力，外观评级结果如表6-33所列，外观照片如图6-34所示。表6-34~表6-37列出了蒙皮结构平板试验件光泽、色差、附着力检测结果。

表6-33 蒙皮结构平板试验件外观评级结果

试样编号	试验时间/月	单项评级								综合评级	外观形貌
		失光	变色	粉化	开裂	起泡	长霉	脱落	生锈		
Q-WG-1	3	0	0	0	0	0	0	0	0	0	无变化
Q-WG-2		0	0	0	0	0	0	0	0	0	无变化
Q-WG-3		0	0	0	0	0	0	0	0	0	无变化
Q-WG-1	6	0	0	0	0	0	0	0	0	0	无变化
Q-WG-2		0	0	0	0	0	0	0	0	0	第一排中间螺钉涂层有一个脱落点
Q-WG-3		0	0	0	0	0	0	0	0	0	无变化
Q-WG-1	9	0	1	0	0	0	0	0	0	0	无变化
Q-WG-2		1	0	0	0	0	0	0	0	0	第一排中间螺钉涂层有一个脱落点
Q-WG-3		0	1	0	0	0	0	0	0	0	无变化

续表

试样编号	试验时间/月	单项评级								综合评级	外观形貌
		失光	变色	粉化	开裂	起泡	长霉	脱落	生锈		
Q-WG-1	12	1	1	0	0	0	0	0	0	0	无变化
Q-WG-2		1	0	0	0	0	0	0	0	0	第一排中间螺钉涂层有一个脱落点
Q-WG-3		1	0	0	0	0	0	0	0	0	无变化
Q-WG-1	18	0	0	0	0	0	0	0	0	0	无变化
Q-WG-2		1	0	0	0	0	0	0	0	0	第一排中间螺钉涂层有一个脱落点
Q-WG-3		0	1	0	0	0	0	0	0	0	无变化
Q-WG-1	27	1	1	0	2(S2)	0	0	0	0	2	涂层表面出现明显裂纹，裂纹未开裂至基材
Q-WG-2		2	1	0	2(S2)	0	0	0	0	2	涂层表面出现明显裂纹，裂纹未开裂至基材
Q-WG-3		1	1	0	2(S2)	0	0	0	0	2	涂层表面出现明显裂纹，裂纹未开裂至基材

(a) Q-WG-1

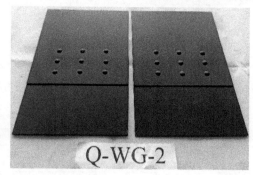

(b) Q-WG-2

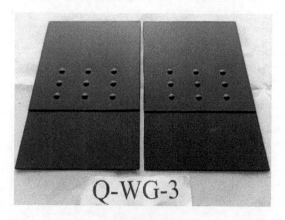

(c) Q-WG-3

图6-34 蒙皮结构平板试验件户外大气暴露27个月外观照

表6-34 蒙皮结构平板试验件60°失光率数据

试验时间/月	试样编号	原始光泽值	失光率/%	平均值/%	标准差
3	Q-WG-1	8.1	-2	-2	1.5
	Q-WG-2	7.4	0		
	Q-WG-3	8.0	-3		
6	Q-WG-1	8.1	-6	-5	1.2
	Q-WG-2	7.4	-4		
	Q-WG-3	8.0	-4		
9	Q-WG-1	8.1	0	2	2.1
	Q-WG-2	7.4	4		
	Q-WG-3	8.0	3		
12	Q-WG-1	8.1	11	9	2.9
	Q-WG-2	7.4	11		
	Q-WG-3	8.0	6		
18	Q-WG-1	8.1	-1	2	3.1
	Q-WG-2	7.4	5		
	Q-WG-3	8.0	3		
27	Q-WG-1	8.1	8	11	4.6
	Q-WG-2	7.4	16		
	Q-WG-3	8.0	8		

表6-35 蒙皮结构平板试验件色差数据

试验时间/月	试样编号	色差值ΔE^*	平均值ΔE^*	标准差
3	Q-WG-1	1.11	0.97	0.12
	Q-WG-2	0.88		
	Q-WG-3	0.93		
6	Q-WG-1	0.97	0.89	0.11
	Q-WG-2	0.77		
	Q-WG-3	0.92		
9	Q-WG-1	1.52	1.47	0.15
	Q-WG-2	1.30		
	Q-WG-3	1.58		

续表

试验时间/月	试样编号	色差值 ΔE^*	平均值 ΔE^*	标准差
12	Q-WG-1	1.84	1.59	0.22
	Q-WG-2	1.47		
	Q-WG-3	1.46		
18	Q-WG-1	1.46	1.4	0.14
	Q-WG-2	1.24		
	Q-WG-3	1.51		
27	Q-WG-1	1.84	1.82	0.03
	Q-WG-2	1.79		
	Q-WG-3	1.84		

表6-36 蒙皮结构平板试验件厚度损失数据

试验时间/月	试样编号	原始厚度/μm	厚度损失/μm	平均值/μm	标准差
3	Q-WG-1	119	−3	−4	0.6
	Q-WG-2	101	−4		
	Q-WG-3	105	−4		
6	Q-WG-1	119	−2	−4	3.2
	Q-WG-2	101	−8		
	Q-WG-3	105	−3		
9	Q-WG-1	119	−2	−3	0.6
	Q-WG-2	101	−3		
	Q-WG-3	105	−3		
12	Q-WG-1	119	−9	−7	2.0
	Q-WG-2	101	−5		
	Q-WG-3	105	−7		
18	Q-WG-1	119	−4	−5	1.0
	Q-WG-2	101	−5		
	Q-WG-3	105	−6		
27	Q-WG-1	119	−4	−5	1.2
	Q-WG-2	101	−4		
	Q-WG-3	105	−6		

注：每件试样取上下部6个厚度值的平均值作为最终厚度值。

表6-37 蒙皮结构平板试验件附着力检测数据

试样编号	试验时间/年	附着力(GB/T 9286—1998)/级	附着力(GB/T 5210—2006)	
			平均值/MPa	破坏形式
原始	0	0	18	胶黏剂内聚破坏100%
Q-FZ-1	0.5	1	14.1	底漆内聚破坏100%
Q-FZ-2	1	1	13.5	底漆内聚破坏100%

由表6-33~表6-37可得,典型蒙皮结构平板试验件在C地外场户外大气暴露试验18个月,宏观形貌上基本无变化,但失光率和色差值随着暴露时间的延长逐渐增加,至27个月时,涂层发生轻微失光和变色,均达到1级,并出现少量未开裂至基材的裂纹;试验6个月后涂层附着力由初始的0级下降到1级。

6.6.2 实验室加速模拟试验验证

6.6.2.1 地面停放加速模拟试验环境谱验证

针对蒙皮结构疲劳试验件,按照图6-30所示的沿海湿热地区直升机地面停放加速模拟试验环境谱开展实验室加速模拟试验,采用MTS322材料试验机开展疲劳试验,采用EX14023-HE高低温交变试验箱开展湿热试验,采用QUV/spray加速老化试验机开展紫外/冷凝试验,采用FY-06E盐雾腐蚀试验箱开展盐雾试验,见图6-35、表6-38。

(a) 疲劳试验　　(b) 湿热试验　　(c) 紫外冷凝试验　　(d) 盐雾试验

图6-35 模拟加速试验情况

表6-38 试验设备列表

序号	试验类型	设备名称	设备参数
1	疲劳试验	MTS322材料试验机	最大载荷:250kN; 频率:0~50Hz; 活塞行程:±75mm; 可实现位移、载荷、应变三种控制方式
2	湿热试验	EX14023-HE高低温交变试验箱	温度:-70~+150℃; 误差:±2℃; 波动度:0.5℃; 相对湿度:25%~98%; 误差:±3%,波动度:2%; 工作室尺寸:600mm×850mm×800mm

续表

序号	试验类型	设备名称	设备参数
3	紫外/冷凝试验	QUV/spray加速老化试验机	光源:荧光紫外灯; 光谱范围:270~390nm; 温度范围:50~75℃(光照)、40℃~60℃(冷凝); 紫外辐照范围(W/m²):UVA-340,0~1.20; 外形尺寸:1370mm×530mm×1350mm
4	盐雾试验	FY-10E盐雾腐蚀试验箱	温度:室温+5~70℃; 误差:±2℃; 相对湿度:25%~100%; 盐雾沉降量:(1-3)mL/80cm²·h; 工作室尺寸:1000mm×900mm×700mm

实验室加速模拟试验期间,按期检测试样的外观、光泽、色差、厚度和附着力,试验前外观照如图6-36所示。

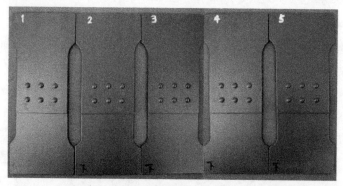

图6-36 蒙皮结构疲劳试验件试验前外观照

6.6.2.2 实验室加速模拟试验结果

对蒙皮结构疲劳试验件在实验室加速模拟试验中获得的试验数据进行分析,图6-37为蒙皮结构疲劳试验件1个循环试验后外观照,表6-39~表6-41列出了蒙皮结构疲劳试验件光泽、色差、厚度检测结果,表6-42~表6-44分别列出了蒙皮结构疲劳试验件湿热试验、紫外/冷凝试验和盐雾试验后的外观综合评级。

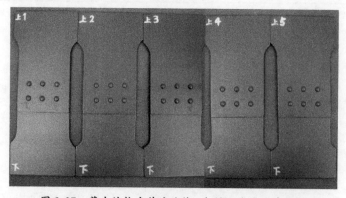

图6-37 蒙皮结构疲劳试验件1个循环试验后外观照

表6-39 蒙皮结构疲劳试验件60°失光率数据

试样编号	原始光泽值	7d湿热试验后			16d紫外/冷凝试验后			7d盐溶液喷雾-干燥试验后		
		失光率/%	平均值/%	标准差	失光率/%	平均值/%	标准差	失光率/%	平均值/%	标准差
S-WG-1	9.5	0.0	0.1	0.02	20.0	16.6	0.05	12.6	17.1%	0.07
S-WG-2	9.3	2.2			10.8			10.8		
S-WG-3	10.2	2.0			24.5			17.6		
S-WG-4	9.4	0.0			10.6			13.8		
S-WG-5	8.8	-3.4			17.0			30.7		

表6-40 蒙皮结构疲劳试验件色差数据

试样编号	7d湿热试验后			16d紫外/冷凝试验后			7d盐溶液喷雾-干燥试验后		
	色差值 ΔE^*	平均值 ΔE^*	标准差	色差值 ΔE^*	平均值 ΔE^*	标准差	色差值 ΔE^*	平均值 ΔE^*	标准差
S-WG-1	0.2	0.2	0.05	2.2	2.0	0.28	2.5	2.4	0.18
S-WG-2	0.2			1.7			2.1		
S-WG-3	0.2			2.3			2.4		
S-WG-4	0.2			1.7			2.3		
S-WG-5	0.1			2.2			2.7		

表6-41 蒙皮结构疲劳试验件厚度数据

试样编号	原始			7d湿热试验后			16d紫外/冷凝试验后			7d盐溶液喷雾-干燥试验后		
	厚度/μm	平均值/μm	标准差	厚度/μm	平均值/μm	标准差	厚度/μm	平均值/μm	标准差	厚度/μm	平均值/μm	标准差
S-WG-1	118	117	3.19	116	115	3.20	114	114	2.87	114	114	3.20
S-WG-2	111			111			109			109		
S-WG-3	118			114			113			111		
S-WG-4	120			120			118			117		
S-WG-5	119			112			114			117		

表6-42 蒙皮结构疲劳试验件湿热试验后外观评级

试样编号	试验类型	单项评级								综合评级
		失光	变色	粉化	开裂	起泡	长霉	脱落	生锈	
S-WG-1	湿热试验7d	0	0	0	0	0	0	0	0	0
S-WG-2		0	0	0	0	0	0	0	0	0
S-WG-3		0	0	0	0	0	0	0	0	0

续表

试样编号	试验类型	单项评级								综合评级
		失光	变色	粉化	开裂	起泡	长霉	脱落	生锈	
S-WG-4	湿热试验7d	0	0	0	0	0	0	0	0	0
S-WG-5		0	0	0	0	0	0	0	0	0

表6-43 蒙皮结构疲劳试验件紫外/冷凝试验后外观评级

试样编号	试验类型	单项评级								综合评级
		失光	变色	粉化	开裂	起泡	长霉	脱落	生锈	
S-WG-1	紫外/冷凝试验16d	2	1	2	0	0	0	0	0	2
S-WG-2		1	1	2	0	0	0	0	0	2
S-WG-3		2	1	2	0	0	0	0	0	2
S-WG-4		1	1	2	0	0	0	0	0	2
S-WG-5		2	1	2	0	0	0	0	0	2

表6-44 蒙皮结构疲劳试验件盐雾试验后外观评级

试样编号	试验类型	单项评级								综合评级
		失光	变色	粉化	开裂	起泡	长霉	脱落	生锈	
S-WG-1	盐雾试验7d	2	1	1	0	0	0	0	0	1
S-WG-2		1	0	1	0	0	0	0	0	1
S-WG-3		2	1	1	0	0	0	0	0	1
S-WG-4		2	1	1	0	0	0	0	0	1
S-WG-5		2	2	1	0	0	0	0	0	1

图6-38是采用智能反射法得到的锌黄环氧底漆H06-2+丙烯酸聚氨酯漆SB04-1涂层体系在实验室试验前后的红外光谱图。可以看出,实验室试验后,特征峰1746、1371呈减弱趋势,说明涂层表面成膜树脂发生老化降解,这与外观形貌出现粉化的结果一致。

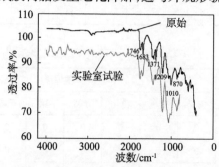

图6-38 蒙皮结构疲劳试验件实验室试验前后的红外光谱

由表6-39~表6-44可得，蒙皮结构疲劳试验件的涂层对紫外辐射较为敏感，紫外/冷凝试验后出现1级变色、2级粉化，外观综合评级2级；在1个循环的实验室加速模拟试验后，宏观腐蚀形貌上主要表现为轻微失光、变色和粉化，失光等级2级，变色等级1级，粉化1级，外观综合评级1级。

6.6.3 实验室加速模拟试验与户外大气暴露试验对比分析

6.6.3.1 蒙皮结构模拟试验件环境作用机理分析

蒙皮结构模拟试验件用锌黄环氧底漆H06-2+丙烯酸聚氨酯漆SB04-1涂层体系为直升机蒙皮外用涂层体系，所处环境主要为直升机停放外界自然环境。直升机在沿海湿热地区服役时，影响涂层老化的主要因素包括太阳辐射、温度、湿度和大气污染物等。太阳辐射中的紫外线会引起有机涂层的光化学反应，致其变色、粉化、龟裂，直至脱落丧失防护功能；温湿环境的交替作用易在涂层表面凝结形成较厚的液膜，溶解空气中的氧和大气污染物等腐蚀性物质，从而加速涂层老化；机身蒙皮结构件在地面停放阶段和飞行阶段经受的动静态交变载荷环境因素对表面防护涂层和铆接部位也有影响。因此，加速模拟试验环境谱设计重点体现了对涂层老化起主导作用的太阳辐射、温度、湿度、大气污染物(以Cl^-为主)等环境因素的综合作用，以疲劳试验、湿热试验、紫外/冷凝试验、盐雾试验组成环境谱块，采用自然环境谱当量转化技术确定试验参数量值大小、作用时间和作用顺序，保证了对沿海湿热环境中的主要因素和作用顺序的模拟。蒙皮结构平板试验件在C地外场户外大气暴露试验27个月，宏观形貌上基本无变化，但失光率和色差值随着暴露时间的延长逐渐增加，而通过1个循环的实验室加速模拟试验，涂层出现了轻微失光、变色。因此，从环境作用机理来看，实验室加速模拟试验与沿海湿热地区直升机地面停放环境户外大气暴露试验基本一致。

6.6.3.2 蒙皮结构模拟试验件腐蚀损伤机理分析

涂层老化失效的本质是一个从量变到质变的复杂化学反应过程，在紫外光作用下，会从分子链弱键开始光化学反应，引起成膜树脂老化降解，使涂层分子结构发生变化。采用傅里叶红外光谱进行涂层分子结构表征和官能团识别，特征峰1746、1371均呈减弱趋势，说明涂层表面成膜树脂发生老化降解，这与外观形貌出现粉化的结果一致。

第七章　高寒高沙地区直升机地面停放环境谱编制

7.1　高寒高沙地区的定义

高寒地区:指最冷月平均气温低于-15℃的地区,包含终年高寒地区和季节性高寒地区,在地理上主要包括新疆方向、西藏方向、东北方向的相关地区及其纵深区域。

高沙地区:指扬沙、浮尘以及沙尘暴等天气频发地区。我国北方很多地区由于气候干燥、降水稀少、蒸发量大、植被贫乏、地面裸露与土壤沙化严重,在秋冬季节,易出现沙尘天气。特别是地处(或靠近)荒漠、沙漠、戈壁地区时,大风作用下沙尘尤为严重,如南疆和田地区,年均沙尘天数在10天以上。

参照上述划分依据,我国北方新疆、甘肃、内蒙、青海、宁夏、辽宁、吉林、黑龙江等地部分区域可以归属或大致归属高寒(和/或)高沙气候类型。本章节内容重点围绕E地(靠近塔敏查干沙漠东缘地区)、F地(新疆某地区)、S地(新疆某地区)开展相关研究。

7.2　高寒高沙环境对直升机的影响

高寒高沙环境是一种恶劣的自然环境,直升机在该地区服役时,将暴露于低温、高紫外、强沙尘的严酷环境中,长期服役过程中同时受到作业环境和机身荷载的交互作用,会发生结构损坏、材料腐蚀等现象,引发一系列机械设备故障,严重影响直升机的使用成本和飞行安全。例如:强烈的太阳辐射、极低的温度环境和沙尘环境会促使典型结构件橡胶、密封剂等非金属材料发生硬化、发黏、变脆、变色、失去强度等现象;绝缘材料介电性质改变,绝缘性能下降;引起相关零部件卡死或松动等系列效应,对直升机其他部件如座舱风挡玻璃、雷达罩、起落架、机身外表面等造成不同程度的影响。

当直升机处在起飞或降落状态时,温度气压以及地面沙尘的卷扬,将形成一个高寒低气压和沙尘的综合诱发环境,沙尘通过冲蚀、磨蚀以及水雾冷凝的渗透等现象,严重影响直升机发动机及机体内部导致一系列机械或电器故障;沙尘进入发动机后,易堵塞涡轮定子和转子上的散热孔,造成发动机涡轮超温损坏以及沙尘静电引起的电子设备故障等。有棱角的颗粒会穿透缝隙、裂纹、轴承、密封处和各种电器连接处,造成设备损坏。

直升机在高寒高沙环境服役存在的典型问题为:发动机和航电系统受地形、低气压、沙尘影响会导致发动机失效概率增加,供电系统失效;在气候特别寒冷时,防除冰系统和加温装置长时间工作,导致用电负载显著增大、通信质量变差、供电系统失效概率增大。

7.3　高寒高沙地区直升机典型腐蚀/老化案例

来自使用单位和直升机修理厂的大量反馈表明,高寒高沙地区服役直升机存在的腐蚀问题主要集中发生在发动机舱和起落架结构等部位,如直升机中间减速器输出传动轴腐蚀、直升机发动机燃烧室外壳锈蚀、起落架舱及起落架支柱腐蚀、桨叶连接处的螺栓及螺栓孔处的锈蚀、旋翼前缘包铁的锈蚀及开裂、机头雷达罩老化龟裂、旋翼轴、主桨叶迎风面和空速管等处发生腐蚀等,如图7-1~图7-4所示。

图7-1 直升机中间减速器输出传动轴腐蚀

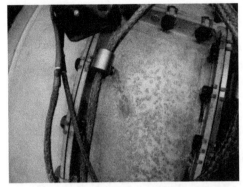

图7-2 直升机发动机燃烧室外壳锈蚀

图7-3 螺旋桨桨叶下表面漆层大面积脱落

图7-4 发动机机匣腐蚀

7.4 地面停放自然环境谱编制

7.4.1 环境因素数据采集实施

根据4.3节的实施方法,本节介绍在高寒高沙地区E地和F地持续开展为期15个月的环境因素数据采集工作,获取温度、相对湿度、太阳辐射(总辐射、紫外光、红外光)、日照时数、降水(降雨量、降雨时数)、风向风速等气象因素数据,大气中氮氧化物、大气中沙尘粒子、降雨pH值等大气污染物含量数据,并结合当地近年数据,补充了S地的气象数据。

7.4.2 环境因素数据报表

表7-1~表7-7列出了E地2017年和2018年、F地2016年和2017年、S地外场2018年温湿度年报数据,2019年主要气象因素年报数据;表7-8~表7-15列出了2019年主要大气污染物年报数据;表7-16~表7-17列出了机库内2019年温湿度年报数据。

表 7-1 E地2017年温湿度数据年报表

气象环境因素		2017年												平均	年最高	年最低
		1月	2月	3月	4月	5月	6月	7月	8月	9月	10月	11月	12月			
温度/℃	月平均	-8.4	-3.3	3.6	13.9	19.3	23.5	26.4	23.8	19.0	10.2	1.3	-6.6	10.2		
	月最高	7.4	11.2	16.8	29.2	34.0	36.9	39.0	33.0	28.6	23.0	17.4	6.3	23.6	39.0	
	月最低	-20.7	-14.0	-10.6	-2.0	6.9	10.7	17.9	9.5	6.1	-4.7	-13.9	-18.2	-2.8		-20.7
相对湿度/%	月平均	58	51	40	34	45	50	68	76	66	58	44	44	53		
	月最大	92	88	85	82	88	90	99	92	93	93	97	84	90	99	
	月最小	21	19	12	7	8	10	24	25	21	14	11	16	16		7

表 7-2 E地2018年温湿度数据年报表

气象环境因素		2018年												平均	年最高	年最低
		1月	2月	3月	4月	5月	6月	7月	8月	9月	10月	11月	12月			
温度/℃	月平均	-10.5	-7.0	3.4	12.4	19.0	23.4	26.7	24.7	17.9	10.4	2.7	-6.5	9.7		
	月最高	5.3	7.8	22.0	29.8	31.3	33.6	36.1	35.9	28.1	24.3	18.6	8.6	23.5	36.1	
	月最低	-24.3	-20.8	-14.3	-1.8	8.0	15.5	19.4	16.6	6.1	-1.3	-9.4	-20.1	-2.2		-24.3
相对湿度/%	月平均	45	36	47	41	46	60	73	77	66	55	54	48	54		
	月最大	90	90	92	93	91	92	93	95	96	95	94	94	93	96	
	月最小	15	13	12	8	9	20	40	34	24	16	10	16	18		8

表7-3 E地2019年主要气象因素年报表

气象环境因素		2019年												合计	平均	年最高	年最低
		1月	2月	3月	4月	5月	6月	7月	8月	9月	10月	11月	12月				
温度/℃	月平均	-9.5	-5.2	3.5	13.2	19.2	21.9	26.6	24.3	18.5	10.3	2.0	-6.6	—	9.9	—	—
	月最高	6.4	9.5	19.4	29.5	32.7	33.0	37.6	34.5	28.4	23.7	18.0	7.5	—	23.4	37.6	-22.5
	月最低	-22.5	-17.4	-12.5	-1.9	7.5	14.2	18.7	13.1	6.1	-3.0	-11.7	-19.2	—	-2.4		
相对湿度/%	月平均	52	44	44	38	46	71	71	77	66	57	49	46	—	55		
	月最大	91	89	89	88	90	100	96	94	95	94	96	89	—	93	100	8
	月最小	18	16	12	8	9	21	32	30	23	15	11	16	—	18		
平均风速/(m/s)		1.4	1.4	1.5	1.5	1.5	0.9	0.6	0.5	0.8	1.3	1.3	1.1	—	1.2	—	—
日照时数/h		134.9	148.5	170.4	210.2	238.8	252.4	260.0	220.3	136.2	130.9	151.6	154.7	2208.9	—	—	—
降雨量/mm		53.1	33.9	48.1	98.3	76.6	38.6	50.1	200.1	31.1	5.3	8.0	8.3	651.5	—	—	—
降雨时数/h		40.4	22.4	39.0	35.1	26.6	28.0	24.0	44.1	44.4	29.1	4.2	4.3	341.6	—	—	—
太阳辐射/(MJ/m²)	紫外辐射	9.62	12.06	16.42	22.07	25.67	34.25	28.20	25.33	16.93	15.31	11.56	9.29	226.71	—	—	—
	总辐射	244.62	307.54	398.25	510.38	566.43	637.12	620.04	540.50	331.09	323.79	284.93	261.01	5025.70	—	—	—

表 7-4 F地2016年温湿度数据年报表

2016年

气象环境因素		1月	2月	3月	4月	5月	6月	7月	8月	9月	10月	11月	12月	平均	年最高	年最低
温度/℃	月平均	-15.0	-14.4	2.0	15.2	17.3	25.5	25.7	24.7	21.0	6.3	-3.9	-7.3	8.1		
	月最高	-6.2	0.7	20.9	28.0	32.6	39.4	38.2	36.0	33.7	23.3	17.1	2.7	22.2	39.4	
	月最低	-28.4	-26.6	-14.4	3.0	4.2	14.4	16.8	12.6	6.7	-6.7	-17.2	-20.9	-4.7		-28.4
相对湿度/%	月平均	84	83	80	50	53	53	59	53	47	70	79	83	66		
	月最大	91	99	100	97	95	93	95	94	92	100	100	91	96	100	
	月最小	44	53	23	5	6	14	18	11	12	29	27	59	25		5

表 7-5 F地2017年温湿度数据年报表

2017年

气象环境因素		1月	2月	3月	4月	5月	6月	7月	8月	9月	10月	11月	12月	平均	年最高	年最低
温度/℃	月平均	-16.5	-12.0	-2.7	12.9	20.3	25.1	27.8	23.6	17.5	7.1	1.0	-7.8	8.0		
	月最高	-4.0	-0.6	19.5	27.0	37.6	38.2	42.6	38.6	34.7	23.7	17.8	1.5	23.1	42.6	
	月最低	-26.8	-23.7	-16.2	-2.1	4.6	8.7	14.0	10.0	0.0	-5.0	-9.9	-19.3	-5.5		-26.8
相对湿度/%	月平均	85	85	78	57	44	49	47	52	50	63	77	79	64		
	月最大	92	98	98	98	94	96	95	95	98	98	98	92	96	98	
	月最小	66	55	35	9	9	13	14	13	14	12	32	47	27		9

表 7-6 S 地 2018 年温湿度数据年报表

气象环境因素		2018年													
		1月	2月	3月	4月	5月	6月	7月	8月	9月	10月	11月	12月	平均	年最高	年最低
温度/℃	月平均	-6.7	-1.4	11.8	16.9	19.7	23.7	25.8	24.3	18.7	11.1	3.4	-5.7	11.8		
	月最高	5.0	17.2	24.8	30.2	32.8	33.8	36.5	34.9	35.2	26.5	19.2	15.4	26.0	36.5	
	月最低	-16.5	-15.0	-0.2	5.4	8.8	13.6	13.8	12.5	5.7	-1.8	-5.7	-14.1	0.5		-16.5
相对湿度/%	月平均	70	64	39	33	41	39	47	53	57	48	67	70	52		
	月最大	98	98	91	96	100	70	100	97	100	97	100	99	96	100	
	月最小	22	12	7	5	4	14	14	13	6	7	12	5	10		4

表 7-7 F 地 2019 年主要气象因素年报表

气象环境因素		2019年													
		1月	2月	3月	4月	5月	6月	7月	8月	9月	10月	11月	12月	合计	平均	年最高	年最低
温度/℃	月平均	-15.3	-10.5	-4.5	15.8	16.3	24.7	26.4	24.2	19.1	8.2	0.2	-6.9	—	8.1		
	月最高	-4.5	-6.1	22.5	29.1	34.3	33.0	39.1	36.5	34.5	24.5	18.0	6.5	—	22.3	39.1	
	月最低	-31.2	-16.0	-18.7	-0.9	0.5	17.6	14.9	11.7	4.1	-4.5	-10.9	-18.1	—	-4.3		-31.2
相对湿度/%	月平均	80	79	84	48	52	74	51	53	51	60	74	77	—	65		
	月最大	91	87	97	98	99	98	97	95	97	98	99	94	—	96	99	
	月最小	53	65	8	9	4	38	15	12	11	16	24	37	—	24		4

续表

气象环境因素		2019年												合计	平均	年最高	年最低
		1月	2月	3月	4月	5月	6月	7月	8月	9月	10月	11月	12月				
平均风速/(m/s)		0.8	1.0	2.7	1.3	0.9	0.9	0.8	1.3	1.0	1.0	0.8	0.7	—	1.1	—	—
日照时数/h		80.5	108.8	174.9	258.4	254.3	290.4	277.7	227.3	214	186.3	162.2	153.1	2387.9	—	—	—
降雨量/mm		0.6	18.5	12.6	10.9	39.1	48.7	40.3	31.4	25.3	18.6	8.9	4.5	259.4	—	—	—
降雨时数/h		1.9	13.0	16.0	17.3	24.2	27.3	16.4	10.0	27.7	23.4	8.7	2.9	188.8	—	—	—
太阳辐射/(MJ/m^2)	紫外辐射	7.91	4.90	15.32	24.53	30.42	34.14	31.77	29.14	27.41	20.08	14.85	8.18	248.65	—	—	—
	总辐射	185.84	218.92	371.23	556.90	656.01	696.60	678.49	655.36	550.75	420.76	297.96	198.64	5487.46	—	—	—

表7-8　E地2019年大气污染物含量年报表

月份	沉积率/(mg/(100cm²·d))			降水分析		
				pH值	硫酸根离子	氯离子
	氯离子	二氧化硫	氮氧化物		单位:mg/m³	
1	0.0279	0.0145	0.0883	—	—	—
2	0.0546	0.0231	0.0413	—	—	—
3	0.0562	0.0195	0.0178	6.68	65800	15000
4	0.0087	0.0350	0.0259	—	—	—
5	0.0286	0.0274	0.0665	—	—	—
6	0.0244	0.0231	0.0678	6.38	6760	4000
7	0.0334	0.1503	0.0325	—	—	—
8	0.0066	0.1508	0.0265	—	—	—
9	0.0101	0.1275	0.0325	—	—	—
10	0.0069	0.0826	0.0672	—	—	—
11	—	—	0.0454	—	—	—
12	—	—	—	—	—	—
平均	0.0257	0.0654	0.0465	6.53	36280	9500
最高	0.0562	0.1508	0.0883	6.68	65800	15000
最低	0.0066	0.0145	0.0178	6.38	6760	4000

注：1.表中"—"表示"未检出"或"无数据"，下同。

2.受限于采集条件与协调实施，E地采集的雨水次数偏少，雨水pH值、雨水中硫酸根离子和氯离子含量数据可能不具代表性，仅供参考。

3.E地采集的雨水中含有较多泥沙等沉积物，可能导致降水分析数据失真，下同。

表7-9　F地2019年大气污染物含量年报表

月份	沉积率/(mg/(100cm²·d))			降水分析			
				pH值	硫酸根离子	氯离子	硝酸根离子
	氯离子	二氧化硫	氮氧化物		单位:mg/m³		
1	0.0173	0.0210	0.0425	7.66	107000	15300	—
2	0.0133	0.0255	0.0088	7.77	81500	20050	—
3	0.0118	0.0212	0.0135	—	—	—	—
4	0.0023	0.0318	0.0227	6.52	19600	2640	—

续表

月份	沉积率/(mg/(100cm²·d))			降水分析			
				pH值	硫酸根离子	氯离子	硝酸根离子
	氯离子	二氧化硫	氮氧化物		单位:mg/m³		
5	0.0140	0.0354	0.0258	6.54	11340	4900	—
6	0.0098	0.0006	0.0227	6.75	21860	22300	—
7	0.0105	0.0459	0.0342	7.24	35820	12100	—
8	0.0136	0.0414	0.0261	7.46	93960	19500	—
9	0.0072	0.0565	0.0350	—	—	—	—
10	0.0065	0.0433	0.0404	6.40	73140	3520	740
11	—	—	0.0408	—	—	—	—
12	—	—	—	—	—	—	50
平均	0.0106	0.0323	0.0284	7.04	55530	12540	400
最高	0.0173	0.0565	0.0425	7.77	107000	22300	740
最低	0.0023	0.0006	0.0088	6.40	11340	2640	50

表7-10　F地2019年降尘量年报表

月份	降尘量/(g/(m²·30d))	
	水溶性	非水溶性(降尘+沙尘)
1	—	—
2	8.7387	17.1554
3	12.1475	66.6014
4	—	—
5	—	—
6	18.3146	83.6504
7	6.7993	12.1259
8	7.3157	12.7899
9	4.8615	7.2942
10	3.6461	5.8268
11	2.8872	5.5980
12	1.2863	3.0585

续表

月份	降尘量/(g/(m²·30d))	
	水溶性	非水溶性(降尘+沙尘)
平均	7.3330	23.7889
最高	18.3146	83.6504
最低	1.2863	3.0585

注：F地采集的非水溶性降尘量数据既包括非水溶性的降尘也包括非水溶性的沙尘，仅供参考，下同。

表7-11　S地2019年降尘量年报表

月份	降尘量/(g/(m²·30d))	
	水溶性	非水溶性(降尘+沙尘)
1	—	—
2	11.4677	23.2639
3	46.5566	367.7978
4	27.4134	255.6269
5	19.8945	142.4536
6	22.1562	156.5462
7	—	—
8	—	—
9	—	—
10	—	—
11	—	—
12	—	—
平均	25.4977	189.1377
最高	46.5566	367.7978
最低	11.4677	23.2639

表7-12　F地2019年沙尘可溶性盐成分含量年报表

月份	沙尘样品质量/g	可溶性盐成分检测项	
		氯离子含量1/(mg/kg)	氯离子含量2/(mg/m³)
1	—	—	—
2	1.1318	663	5000

续表

月份	沙尘样品质量/g	可溶性盐成分检测项	
		氯离子含量1/(mg/kg)	氯离子含量2/(mg/m³)
3	4.8647	256	8300
4	—	—	—
5	—	—	—
6	5.9129	687	27100
7	0.8857	2269	13400
8	0.9342	2681	16700
9	0.5156	4713	16200
10	0.4256	3031	8600
11	0.3957	4018	10600
12	0.2234	10206	15200
平均	1.6988	3169	13500
最高	5.9129	10206	27100
最低	0.2234	256	5000

注:1.表中"氯离子含量2(单位:mg/m³)"数据为用蒸馏水过滤沙尘样品3次后(每次50mL,总共150mL)滤出的溶液中氯离子的含量,该数据为采用离子色谱法分析后得出的一次数据,下同。

2.表中"氯离子含量1(单位:mg/kg)"数据为根据"氯离子含量2"数据,结合溶液体积、沙尘样品质量等数据换算得出的二次数据,该数据直观反映了沙尘中可溶性的氯离子的质量占沙尘总质量的比例。

表7-13 S地外场2019年沙尘可溶性盐成分含量年报表

月份	沙尘样品质量/g	可溶性盐成分检测项	
		氯离子含量1/(mg/kg)	氯离子含量2/(mg/m³)
1	—	—	—
2	1.5348	7887	80700
3	3.9752	2796	74100
3	22.8895	764	116600
4	2.3568	6371	100100
4	15.7124	279	29200
5	1.8797	6009	75300
5	8.5254	938	53300

续表

月份	沙尘样品质量/g	可溶性盐成分检测项	
		氯离子含量1/(mg/kg)	氯离子含量2/(mg/m³)
6	1.4265	6099	58000
	9.6391	1377	88500
7	—	—	—
8	—	—	—
9	—	—	—
10	—	—	—
11	—	—	—
12	—	—	—
平均	13.5879	3613	75100
最高	26.8647	7887	116600
最低	1.5348	279	29200

注：表中3~6月各采样两次，第一次为常规采样，第二次为强沙尘天气下采样。

表7-14 F地2019年沙尘粒度年报表

月份	沙尘样品质量/g	沙尘粒度检测项			
		中位径/μm	体积平均径/μm	粒径区间/μm	百分占比/%
1	—	—	—	—	—
2	1.1318	—	—	—	—
3	4.8647	第1次测量 47.63	58.01	0.440~4.972	5.23
				4.972~44.04	41.40
				44.04~116.1	42.01
				116.1~306.2	11.36
		第2次测量 56.19	62.94	0.440~4.972	5.14
				4.972~44.04	33.12
				44.04~116.1	49.64
				116.1~306.2	12.10
		第3次测量 45.68	56.28	0.440~4.972	6.37
				4.972~44.04	42.07

续表

月份	沙尘样品质量/g	沙尘粒度检测项			
		中位径/μm	体积平均径/μm	粒径区间/μm	百分占比/%
3	4.8647	第3次测量 45.68	56.28	44.04~116.1	40.85
				116.1~306.2	10.71
		平均 49.83	59.08	0.440~4.972	5.58
				4.972~44.04	38.86
				44.04~116.1	44.17
				116.1~306.2	11.39
4	—	—	—	—	—
5	—	—	—	—	—
6	5.9129	第1次测量 43.75	52.26	0.440~4.972	6.58
				4.972~44.04	43.70
				44.04~116.1	41.58
				116.1~306.2	8.14
		第2次测量 55.41	63.33	0.440~4.972	5.06
				4.972~44.04	34.14
				44.04~116.1	47.91
				116.1~306.2	12.89
		第3次测量 47.99	58.41	0.440~4.972	5.52
				4.972~44.04	40.56
				44.04~116.1	42.60
				116.1~306.2	11.32
		平均 49.05	58.00	0.440~4.972	5.72
				4.972~44.04	39.47
				44.04~116.1	44.03
				116.1~306.2	10.78
7	0.8857	—	—	—	—
8	0.9342	—	—	—	—
9	0.5156	—	—	—	—
10	0.4256	—	—	—	—

续表

月份	沙尘样品质量/g	沙尘粒度检测项			
		中位径/μm	体积平均径/μm	粒径区间/μm	百分占比/%
11	0.3957	—	—	—	—
12	0.2234	—	—	—	—
平均	1.6988	—	49.44	58.54	—
最高	5.9129	—	56.19	63.33	—
最低	0.2234	—	43.75	52.26	—

注：部分月份采集的沙尘样品过少，无法满足用激光粒度仪进行粒度分析的最小质量要求，下同。

表7-15 S地2019年沙尘粒度年报表

月份	沙尘样品质量/g	沙尘粒度检测项			
		中位径/μm	体积平均径/μm	粒径区间/μm	百分占比/%
1	—	—	—	—	—
2	1.5348	—	—	—	—
3	3.9752	第1次测量	32.91	44.35	0.440~4.972	9.80
					4.972~44.04	51.87
					44.04~116.1	31.66
					116.1~306.2	6.67
		第2次测量	30.66	43.00	0.440~4.972	9.77
					4.972~44.04	53.72
					44.04~116.1	30.08
					116.1~306.2	6.43
		第3次测量	35.63	46.57	0.440~4.972	7.97
					4.972~44.04	51.20
					44.04~116.1	33.95
					116.1~306.2	6.88
		平均	33.07	44.64	0.440~4.972	9.18
					4.972~44.04	52.26
					44.04~116.1	31.90
					116.1~306.2	6.66
	22.8895	第1次测量	33.97	44.80	0.440~4.972	8.83
					4.972~44.04	52.18

续表

月份	沙尘样品质量/g		沙尘粒度检测项			
			中位径/μm	体积平均径/μm	粒径区间/μm	百分占比/%
3	22.8895	第1次测量	33.97	44.80	44.04~116.1	32.68
					116.1~306.2	6.31
		第2次测量	35.29	46.70	0.440~4.972	9.19
					4.972~44.04	49.70
					44.04~116.1	33.72
					116.1~306.2	7.39
		第3次测量	29.70	42.61	0.440~4.972	11.05
					4.972~44.04	53.03
					44.04~116.1	29.27
					116.1~306.2	6.65
		平均	32.99	44.70	0.440~4.972	9.69
					4.972~44.04	51.64
					44.04~116.1	31.89
					116.1~306.2	6.78
4	2.3568	第1次测量	29.43	40.79	0.440~4.972	11.23
					4.972~44.04	54.15
					44.04~116.1	29.09
					116.1~306.2	5.53
		第2次测量	26.56	38.09	0.440~4.972	11.03
					4.972~44.04	57.85
					44.04~116.1	26.30
					116.1~306.2	4.82
		第3次测量	31.29	44.06	0.440~4.972	9.42
					4.972~44.04	53.17
					44.04~116.1	30.48
					116.1~306.2	6.93
		平均	29.09	40.98	0.440~4.972	10.56
					4.972~44.04	55.06
					44.04~116.1	28.62
					116.1~306.2	5.76

续表

月份	沙尘样品质量/g	沙尘粒度检测项				
			中位径/μm	体积平均径/μm	粒径区间/μm	百分占比/%
4	15.7124	第1次测量	36.87	48.92	0.440~4.972	7.82
					4.972~44.04	49.61
					44.04~116.1	34.44
					116.1~390.2	8.13
		第2次测量	34.40	45.10	0.440~4.972	8.30
					4.972~44.04	52.36
					44.04~116.1	33.05
					116.1~306.2	6.29
		第3次测量	30.50	42.33	0.440~4.972	10.16
					4.972~44.04	54.18
					44.04~116.1	29.51
					116.1~306.2	6.15
		平均	33.92	45.45	0.440~4.972	8.76
					4.972~44.04	52.05
					44.04~116.1	32.33
					116.1~390.2	6.86
5	1.8797		—	—	—	—
	8.5254	第1次测量	29.27	40.09	0.440~4.972	10.76
					4.972~44.04	55.68
					44.04~116.1	28.40
					116.1~306.2	5.16
		第2次测量	29.99	41.08	0.440~4.972	9.90
					4.972~44.04	55.26
					44.04~116.1	29.50
					116.1~306.2	5.34
		第3次测量	36.49	44.77	0.440~4.972	8.88
					4.972~44.04	49.99
					44.04~116.1	35.87
					116.1~306.2	5.26
		平均	31.92	41.98	0.440~4.972	9.85

续表

月份	沙尘样品质量/g		沙尘粒度检测项			
			中位径/μm	体积平均径/μm	粒径区间/μm	百分占比/%
5	8.5254	平均	31.92	41.98	4.972~44.04	53.64
					44.04~116.1	31.26
					116.1~306.2	5.25
6	1.4265	—	—	—	—	—
	9.6391	第1次测量	29.99	41.27	0.440~4.972	10.34
					4.972~44.04	54.63
					44.04~116.1	29.44
					116.1~306.2	5.59
		第2次测量	36.64	43.84	0.440~4.972	8.77
					4.972~44.04	50.16
					44.04~116.1	36.83
					116.1~240.3	4.24
		第3次测量	37.92	44.89	0.440~4.972	8.76
					4.972~44.04	48.48
					44.04~116.1	38.32
					116.1~240.3	4.44
		平均	34.85	43.33	0.440~4.972	9.29
					4.972~44.04	51.09
					44.04~116.1	34.86
					116.1~306.2	4.76
7	—	—	—	—	—	—
8	—	—	—	—	—	—
9	—	—	—	—	—	—
10	—	—	—	—	—	—
11	—	—	—	—	—	—
12	—	—	—	—	—	—
平均	13.5879	—	32.64	43.51	—	—
最高	26.8647	—	37.92	48.92	—	—
最低	1.5348	—	26.56	38.09	—	—

第七章 高寒高沙地区直升机地面停放环境谱编制

表7-16 E地机库（非保温机库）内温湿度数据年报表（2019年）

气象环境因素		2019年												平均	年最高	年最低
		1月	2月	3月	4月	5月	6月	7月	8月	9月	10月	11月	12月			
温度/℃	月平均	-6.7	-2.9	6.2	12.3	20.5	23.5	27.5	25.7	20.2	11.1	3.4	-3.9	11.4		
	月最高	3.6	7.5	16.8	23.5	31.3	29.6	33.2	33.5	25.8	19.4	11.8	3.5	20.0	33.5	
	月最低	-14.4	-11.3	0.7	3.2	12.5	19.4	22.1	20.4	11.3	2.8	-6.9	-13.7	3.8		-14.4
相对湿度/%	月平均	47	42	45	44	44	64	70	76	68	56	42	45	54		
	月最大	88	82	77	78	83	84	82	94	93	92	95	83	86	95	
	月最小	18	20	19	19	22	32	46	46	33	20	17	18	26		17

表7-17 F地机库（保温机库）内温湿度数据年报表（2019年）

气象环境因素		2019年												平均	年最高	年最低
		1月	2月	3月	4月	5月	6月	7月	8月	9月	10月	11月	12月			
温度/℃	月平均	3.5	7.4	10.6	16.4	18.6	26.4	26.7	25.8	22.2	12.6	10.8	6.6	15.6		
	月最高	10.4	15.1	25.1	25.3	31.2	38.3	37.2	34.9	32.5	22.1	16.7	15.8	25.4	38.3	
	月最低	-8.9	-5.6	2.6	9.7	12.6	20.4	21.5	18.8	12.3	1.3	-0.5	-3.2	6.8		-8.9
相对湿度/%	月平均	21	23	41	44	43	45	46	45	43	40	28	25	37		
	月最大	45	52	69	80	75	85	88	90	92	75	66	53	73	92	
	月最小	11	13	14	16	16	18	20	15	16	14	14	15	15		11

7.4.3 环境因素数据分析

7.4.3.1 外场环境因素数据分析

1. 气象因素时间变化历程对比分析

对E地、F地温度、相对湿度、0°太阳总辐射、0°紫外辐射、日照时数、降雨总量、风速等主要气象因素进行测量、统计,对比分析结果如下。

1) 温度

图7-5给出了E地、F地2016—2019年月平均温度、月最高温度、月最低温度随时间变化的趋势图。2016—2019年的统计数据显示,E地、F地气候四季分明,温度随时间成类弦函数规律变化,夏季最高,冬春较低,最高温度出现在6~8月份,最低温度出现在1月份。具体而言,E地全年平均温度为9.9℃、年最高为39.0℃、年最低为-24.3℃,F地全年平均温度为8.1℃、年最高为42.6℃、年最低为-31.2℃,两地月平均温度相近。

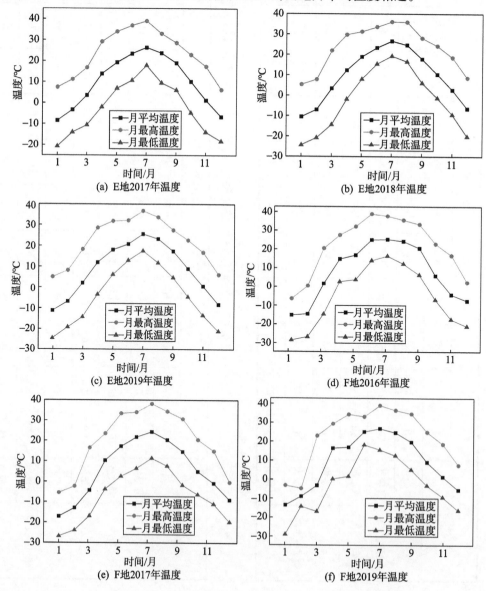

(a) E地2017年温度　　(b) E地2018年温度
(c) E地2019年温度　　(d) F地2016年温度
(e) F地2017年温度　　(f) F地2019年温度

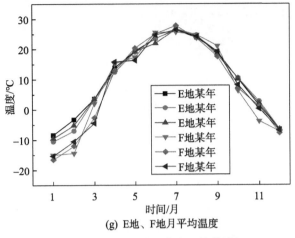

(g) E地、F地月平均温度

图7-5　E地、F地温度变化趋势图

2）相对湿度

图7-6给出了E地、F地2016—2019年月平均相对湿度、月最高相对湿度、月最低相对湿度随时间变化的趋势图。2016—2019年的统计数据显示，E地、F地全年月平均相对湿度呈现不同的变化规律，后者略高。

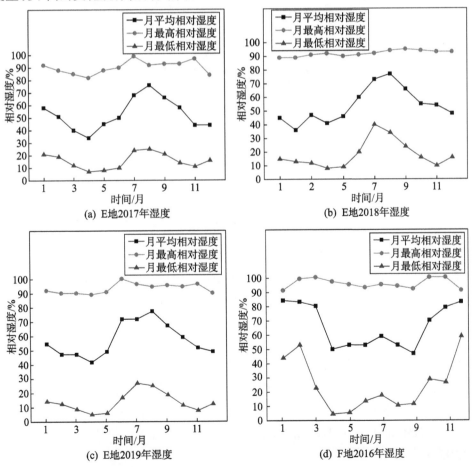

(a) E地2017年湿度　　(b) E地2018年湿度

(c) E地2019年湿度　　(d) F地2016年湿度

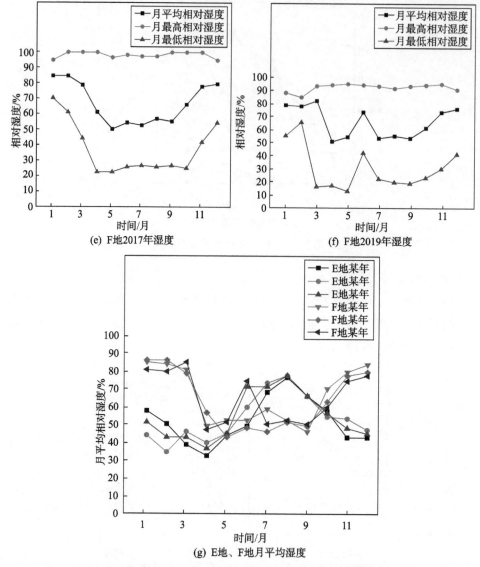

图 7-6　E 地、F 地直升机驻地外场相对湿度变化趋势图

具体而言,E 地全年平均相对湿度为 54%、年最高为 100%、年最低为 7%,全年最大相对湿度在夏季的 8 月份,最小相对湿度在冬末春初时节(2~4 月份);F 地全年平均相对湿度为 65%、年最高为 100%、年最低为 4%,全年最大相对湿度在冬季的 12~1 月份,最小相对湿度在 4~5 月份或 9 月份。

3) 太阳总辐射和紫外辐射

图 7-7~图 7-8 给出了 E 地、F 地外场 2019 年月 0°太阳总辐射和月 0°紫外辐射随时间变化的趋势图。2019 年的统计数据显示,E 地、F 地太阳总辐射和紫外辐射随时间均大致成类弦曲线规律,夏季最高,冬春较低。具体而言,E 地全年太阳总辐射为 5025.70MJ/m^2,紫外辐射为 226.71MJ/m^2;F 地全年太阳总辐射和紫外辐射均高于 E 地,分别为 5487.46MJ/m^2 和 248.65MJ/m^2。

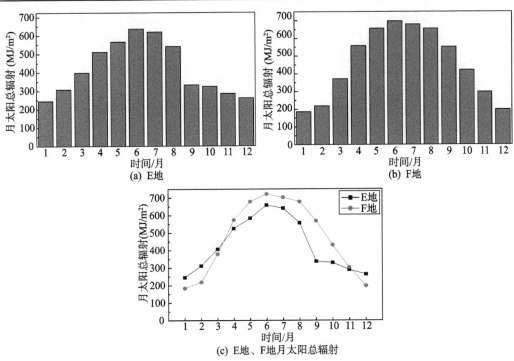

图7-7 E地、F地月0°太阳总辐射变化趋势图(2019年)

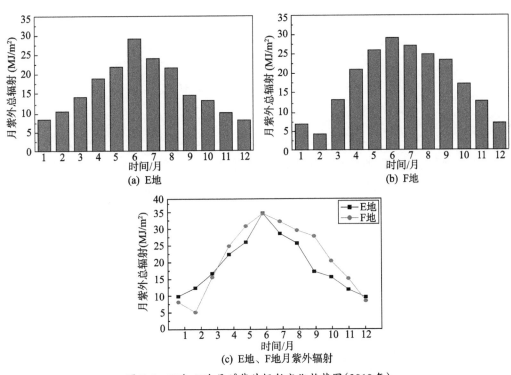

图7-8 E地、F地月0°紫外辐射变化趋势图(2019年)

4）日照时数

图7-9给出了E地、F地2019年月日照时数随时间变化的趋势图。2019年的统计数

据显示,E地、F地月日照时数随时间大致成类弦函数规律。夏季最高,冬春较低,最大值出现在6~7月份,最小值出现在1月份或10月份;具体而言,E地全年日照总时数为2208.9h,F地为2387.9h,两者基本相当、后者略高。

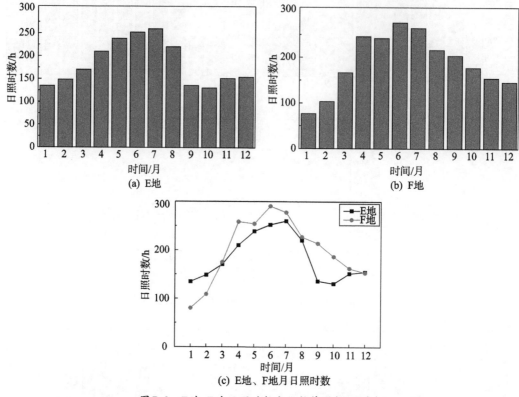

图7-9　E地、F地日照时数变化趋势图(2019年)

5) 降雨量

图7-10给出了E地、F地2019年月降雨总量随时间变化的趋势图。2019年的统计数据显示,E地驻地全年降水量分布不均,主要集中在春夏两季,8月份降水量最大,冬季降水较少,降水量仅在几毫米至几十毫米范围内;F地降水整体较少,主要集中在夏季,5~8月份降水量最大。具体而言,E地全年降雨总量为651.5mm,F地为259.4mm,前者降雨量约为后者的2.5倍。

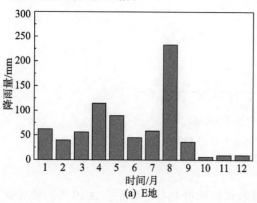
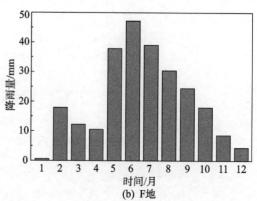

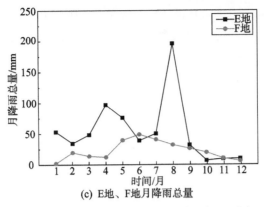

(c) E地、F地月降雨总量

图 7-10　E地、F地降雨量变化趋势图（2019年）

6）风速

图 7-11 给出了E地、F地 2019 年月平均风速随时间变化的趋势图。2019 年的统计数据显示，E地、F地月平均风速相近，前者略高，两地全年月平均风速整体变化不大。具体而言，E地全年平均风速为 1.2m/s，F地为 1.1m/s。

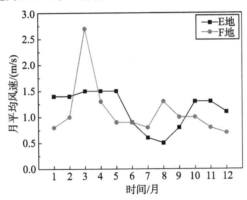

图 7-11　E地、F地风速变化趋势图（2019年）

E地、F地外场 2016—2019 年气象因素数据的对比表明：以月平均值/累积值数据为比较对象，月平均相对湿度、月太阳总辐射、月紫外总辐射、月日照时数数据F地高于E地，其余月平均温度、月降雨总量数据E地高于F地，月平均风速数据两地相当，且两地温度、太阳辐射、日照、降雨等环境因素与季节关联度较大，量值水平上通常呈现夏秋季较高、春冬季较低。

2. 大气污染物时间变化历程对比分析

对E地、F地大气中 NO_2、大气中 SO_2、大气中 Cl^- 和雨水 pH 值、雨水中 SO_4^{2-}、雨水中 Cl^-，以及降尘和沙尘等主要大气污染物进行对比分析，结果如下。

1）大气中 NO_2 沉积率

图 7-12 给出了E地、F地 2019 年大气中 NO_2 沉积率随时间变化的趋势图。2019 年的统计数据显示，E地、F地大气中 NO_2 沉积率全年整体变化不大；E地最大值出现在 1 月份，最小值出现在 3 月份；F地从 2 月份开始 NO_2 沉积率呈缓慢上升趋势。具体而言，E地全年

平均 NO_2 沉积率为 $0.0465mg/(100cm^2·d)$，最大值为 $0.0883mg/(100cm^2·d)$；F 地全年平均 NO_2 沉积率为 $0.0284mg/(100cm^2·d)$，最大值为 $0.0425mg/(100cm^2·d)$，E 地约为 F 地的 1.6 倍。

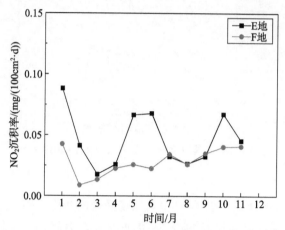

图 7-12　E 地、F 地外场 NO_2 沉积率变化趋势图（2019 年）
（注：图中折线中断处表示"未检出"或"无数据"，下同）

2）大气中 SO_2 沉积率

图 7-13 给出了 E 地、F 地 2019 年大气中 SO_2 沉积率随时间变化的趋势图。2019 年的统计数据显示，E 地大气中 SO_2 沉积率约为 F 地的 2 倍，6 月份均为全年的低谷点，E 地在 7 月份时 SO_2 沉积率有较大突变，F 地最大值出现在 9 月份。具体而言，E 地全年平均 SO_2 沉积率为 $0.0654mg/(100cm^2·d)$，最大值为 $0.1508mg/(100cm^2·d)$；F 地全年平均 SO_2 沉积率为 $0.0323mg/(100cm^2·d)$，最大值为 $0.0565mg/(100cm^2·d)$，E 地约为 F 地的 2 倍。

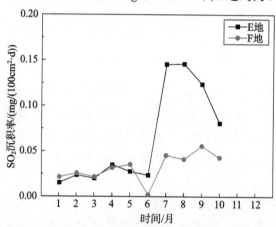

图 7-13　E 地、F 地 SO_2 沉积率变化趋势图（2019 年）

3）大气中 Cl^- 沉积率

图 7-14 给出了 E 地、F 地 2019 年大气中 Cl^- 沉积率随时间变化的趋势图。2019 年的统计数据显示，E 地、F 地两地全年 Cl^- 沉积率变化不大，均在 $0.06mg/(100cm^2·d)$ 之内。具体而言，E 地全年平均 Cl^- 沉积率为 $0.0257mg/(100cm^2·d)$，最大值为 $0.0562mg/(100cm^2·d)$；F 地

全年平均Cl^-沉积率为0.0106mg/(100cm²·d)，最大值为0.0173mg/(100cm²·d)，E地约为F地的2.4倍。但E地、F地大气中Cl^-沉积率数据与沿海地区对比，量值极小，如湿热海洋大气环境的万宁站离海100m户外Cl^-多年平均沉积率统计数据为0.6208mg/(100cm²·d)，约为E地的24倍、F地的58倍。

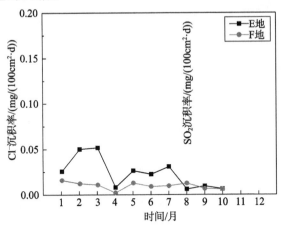

图7-14　E地、F地Cl^-沉积率变化趋势图(2019年)

4) 雨水pH值

图7-15给出了E地、F地2019年雨水pH值随时间变化的趋势图。2019年的统计数据显示，E地、F地雨水pH值在6.38~7.77间浮动，绝大多数月份雨水呈中性偏极微弱酸性。具体而言，E地全年雨水pH平均值为6.53，最小值6.38；F地全年雨水pH平均值为7.04，最小值6.40(特别指出，由于从E地、F地采集的雨水中含有较多泥沙等沉积物，可能导致降水分析数据失真，此处结论仅供参考)。

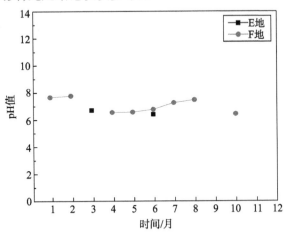

图7-15　E地、F地雨水pH值变化趋势图(2019年)

5) 雨水中SO_4^{2-}浓度

图7-16给出了E地、F地2019年雨水中SO_4^{2-}浓度随时间变化的趋势图。2019年的统计数据显示，E地、F地全年雨水中SO_4^{2-}浓度波动较大，由于E地数据缺失严重，从目前已获得的数据来看F地高于E地。具体而言，E地全年雨水中SO_4^{2-}平均浓度为36280mg/m³，

最大值为65800mg/m³;F地全年雨水中SO_4^{2-}平均浓度为55530mg/m³,最大值为107000mg/m³。

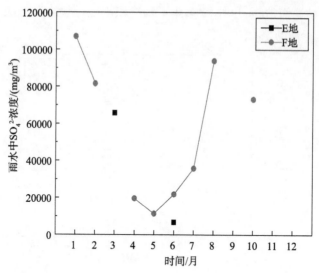

图7-16　E地、F地雨水中SO_4^{2-}浓度变化趋势图(2019年)

6)雨水中Cl^-浓度

图7-17给出了E地、F地2019年雨水中Cl^-浓度随时间变化的趋势图。2019年的统计数据显示,E地、F地全年雨水中Cl^-浓度波动较大。具体而言,E地全年雨水中Cl^-平均浓度为9500mg/m³,最大值为15000mg/m³;F地全年雨水中Cl^-平均浓度为12540mg/m³,最大值为22300mg/m³。

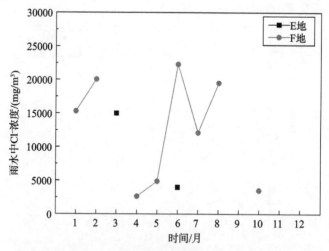

图7-17　E地、F地雨水中Cl^-浓度变化趋势图(2019年)

7)降尘量(水溶性降尘量和非水溶性降尘量)

图7-18~图7-19给出了F地和S地2019年大气中月平均水溶性降尘量和月平均非水溶性降尘量随时间变化的趋势图。2019年的统计数据显示,F地全年平均水溶性降尘量为7.3330g/(m²·30d),年最高为18.3146g/(m²·30d);S地全年平均水溶性降尘量为

25.4977g/(m²·30d)，约为F地的3.5倍，年最高为46.5566g/(m²·30d)。F地全年平均非水溶性降尘量为23.7889g/(m²·30d)，年最高为83.6504g/(m²·30d)；S地全年平均非水溶性降尘量为189.1377g/(m²·30d)，约为F地的8倍，年最高为367.7978g/(m²·30d)。

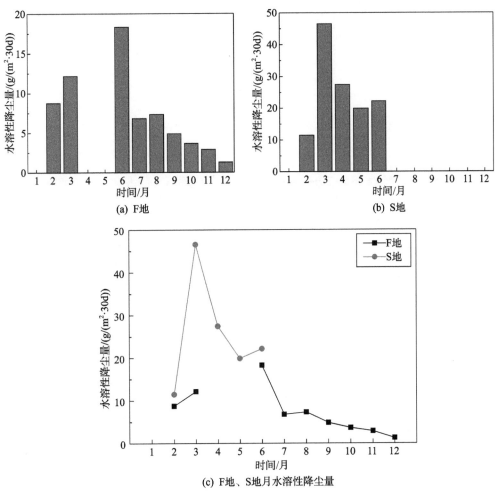

图7-18　F地、S地水溶性降尘量变化趋势图（2019年）

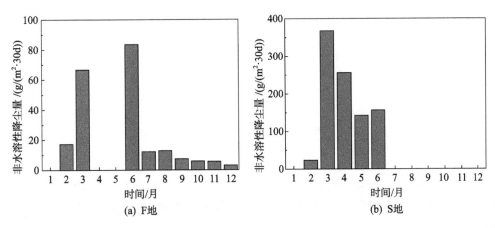

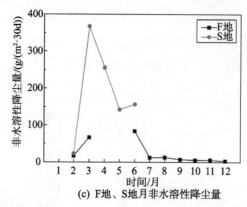

图7-19　F地、S地非水溶性降尘量变化趋势图(2019年)

8)沙尘总量

图7-20给出了F地和S地2019年大气中月沙尘总量随时间变化的趋势图。2019年的统计数据显示,F地全年平均沙尘总量为1.6988g,年最高为5.9129g;S地全年平均沙尘总量为13.5879g,约为F地的8倍,年最高为26.8647g。

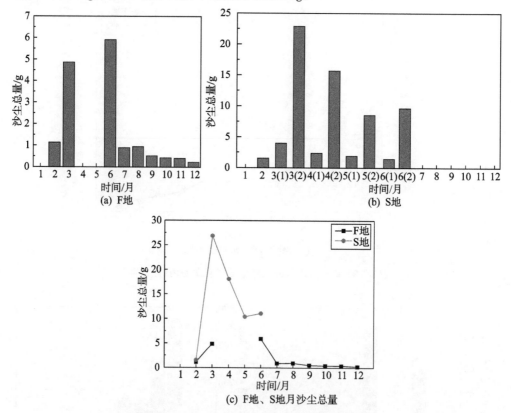

图7-20　F地、S地沙尘总量变化趋势图(2019年)

9)沙尘可溶性盐成分(Cl^-含量)

图7-21给出了F地和S地2019年大气中月可溶性盐成分(Cl^-含量)随时间变化的趋势图。2019年的统计数据显示,F地全年平均可溶性盐成分(Cl^-含量)为3169mg/kg,年最

高10206mg/kg;S地全年平均可溶性盐成分(Cl⁻含量)为3613mg/kg,S地略高,约为本部(F地)的1.1倍,年最高为7887mg/kg。

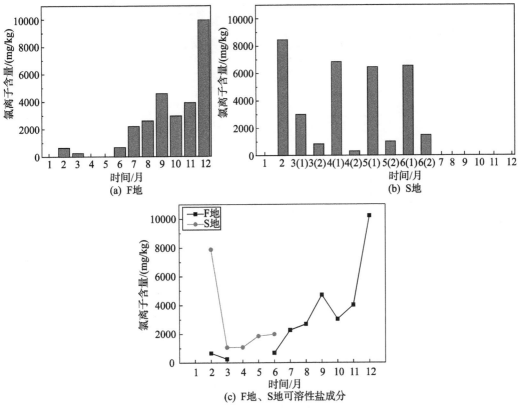

图7-21　F地、S地可溶性盐成分(Cl⁻含量)变化趋势图(2019年)

10) 沙尘粒度

图7-22以F地沙尘粒度3月第一次检测结果为例给出了典型沙尘粒度分布图。图7-23给出了F地和S地外场2019年大气中月沙尘粒度(中位径)随时间变化的趋势图。2019年的统计数据显示,F地全年平均沙尘粒度(中位径)为49.44μm,约为S地的1.5倍,年最高为59.19μm;S地全年平均沙尘粒度(中位径)为32.64μm,年最高为37.92μm。

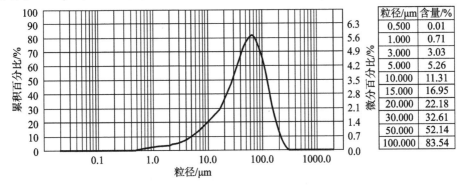

图7-22　典型沙尘粒度分布图
(注:F地外场沙尘粒度检测(3月第一次))

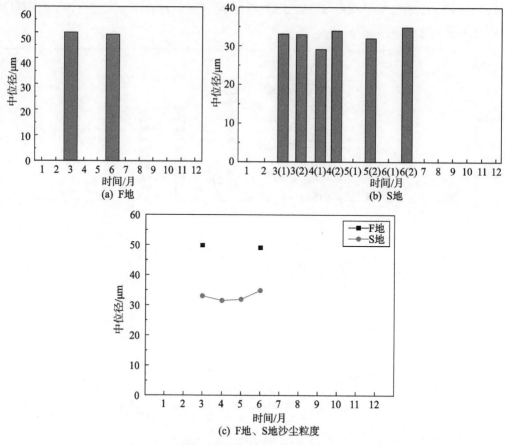

图7-23 F地、S地沙尘粒度（中位径）变化趋势图（2019年）

E地、F地、S地2019年大气污染物环境因素数据的对比表明：以年平均值为比较对象，大气中NO_2沉积率、SO_2沉积率、Cl^-沉积率E地均高于F地，而大气中水溶性降尘量、非水溶性降尘量、沙尘可溶性盐成分（氯离子含量）等数据S地高于F地，沙尘粒度（中位径）数据F地则高于S地。

基于上述环境因素时间变化历程对比分析，将E地、F地、S地外场主要环境因素对比结果汇总，如表7-18所列。

表7-18 E地、F地、S地主要环境因素对比结果汇总

序号	环境因素对比项	量值比较
1	温度	E地≈F地，F地略高
2	相对湿度	E地＜F地
3	0°太阳总辐射、0°紫外总辐射	E地＜F地
4	日照时数	E地≈F地，F地略高
5	降雨总量	E地＞F地，E地约为F地的2.5倍

续表

序号	环境因素对比项	量值比较
6	风速	E地≈F地,E地略高
7	大气中NO_2沉积率	E地>F地,E地约为F地的1.6倍
8	大气中SO_2沉积率	E地>F地,E地约为F地的2倍
9	大气中Cl^-沉积率	E地>F地,E地约为F地的2.4倍
10	水溶性降尘量	F地<S地,S地约为F地的3.5倍
11	非水溶性降尘量	F地<S地,S地约为F地的8倍
12	沙尘总量	F地<S地,S地约为F地的8倍
13	沙尘可溶性盐成分（氯离子含量）	F地<S地,S地约为F地的1.1倍
14	沙尘粒度（中位径）	F地>S地,F地约为S地的1.5倍

7.4.3.2 机库环境因素数据分析

1. 机库环境状态分析

选取E地、F地3个不同的直升机机库开展温湿度环境因素监测。其中，所选E地机库均为非保温机库，机库大门朝向东西方向；F地机库为保温机库（保温机库内在除大门外的其余三面墙壁下方设置有暖气片）；机库大门朝向南北方向。机库位置上均紧邻外场，机库与外场环境因素监测地点直线距离小于400m。通常，机库大门白天开晚上闭，机库内空气与外场保持自由流通。

2. 机库温湿度量值与时间变化历程对比分析

图7-24给出了E地、F地外场和机库2019年月平均温湿度数据随时间变化趋势图，表7-19列出了外场及机库温湿度均值和极值统计数据。

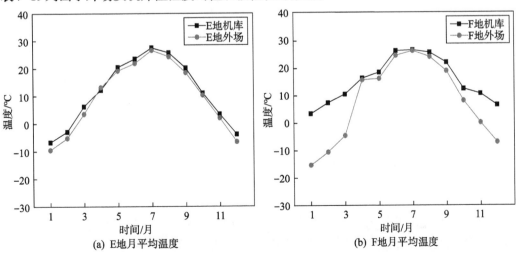

(a) E地月平均温度　　　　　　　　　(b) F地月平均温度

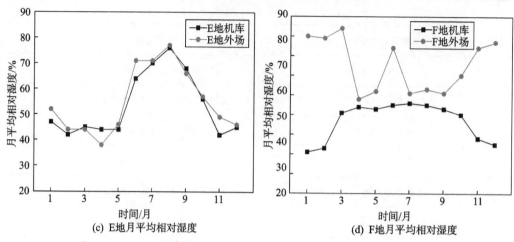

(c) E地月平均相对湿度　　　　　(d) F地月平均相对湿度

图 7-24　E 地、F 地外场和机库月平均温湿度随时间变化趋势图（2019 年）

表 7-19　E 地、F 地温湿度数据统计（2019 年）

地点	温度/℃			湿度/%		
	年均值	年极大值	年极小值	年均值	年极大值	年极小值
E 地外场	9.9	37.6	−22.5	55	100	8
E 地机库	11.4	33.5	−14.4	54	95	17
F 地外场	8.1	39.1	−31.2	65	99	4
F 地机库	15.6	38.3	−8.9	37	92	11

由图 7-24 和表 7-19 可得：E 地机库和相应外场的月平均温度、月平均湿度随时间变化波动趋势基本一致，量值上机库内每月月平均温度均高于外场，大部分月份月平均湿度低于外场。具体而言，2019 年实测数据显示，E 地机库内年平均温度为 11.4℃，比外场高 1.5℃，机库内年平均相对湿度为 54%，比外场略低 1%。

E 地：机库年平均温度=外场年平均温度+1.5℃；

机库年平均相对湿度=外场年平均相对湿度−1%。

而 F 地机库和外场温湿度数据的对比显示，冬季（10 月~3 月）保温机库内暖气片的加热效应，导致机库内温湿度量值表现出与自然条件下的外场不同甚至截然相反的现象。当不考虑保温机库内暖气片季节性开关导致的机库温湿度变化时，仅从量值上看，F 地机库内每月月平均温度均高于外场、每月月平均湿度均低于外场。具体而言，2019 年实测数据显示，F 地机库内年平均温度为 15.6℃，比外场高 7.5℃，机库内年平均相对湿度为 37%，比外场低 28%。即

F 地：机库年平均温度=外场年平均温度+7.5℃；

机库年平均相对湿度=外场年平均相对湿度−28%。

上述分析表明，E 地、F 地机库环境具有温度高于外场、湿度低于外场的特点，尤其是保温机库的保温除湿作用十分明显。在北方严寒地区，推广部署保温机库对于直升机的使用与维护保养具有重要意义。同时，尽管 E 地、F 地年平均温度和相对湿度均不高，但对

于具有控温控湿要求(如某些装备要求贮存时控制温湿度在"三七线"以下)的直升机型号,夏季的6~8月在机库内停放时,应注意采取降温措施;部分月份应注意采取除湿措施。

3. 机库温湿度滞后效应分析

图7-25给出了E地、F地外场和机库2019年5月31日整点温湿度数据随时间变化趋势图。

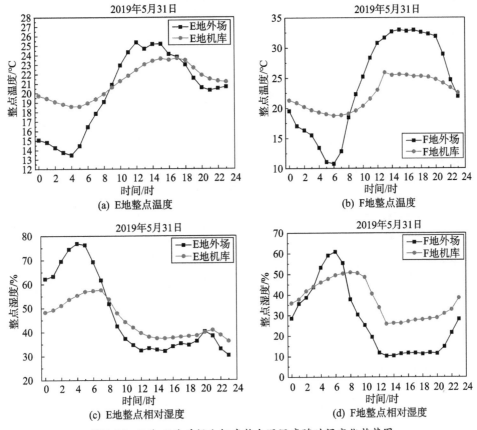

图7-25 E地、F地外场和机库整点温湿度随时间变化趋势图

由图7-25可得:E地、F地驻地同一环境条件下,机库内温湿度变化较外场温湿度存在一定程度的滞后效应,即外场达到最低、最高温湿度的时间比机库早1~3h,换言之,机库内温湿度变化较外场滞后约1~3h。这种现象与机库半敞开环境有关,机库内空气温度、水分与外界的传递和交换需要一定的时间稳定。

7.4.4 高寒高沙地区直升机地面停放自然环境谱编制

7.4.4.1 E地直升机地面停放环境谱编制

以E地2019年的环境因素统计数据为基础,以2017年、2018年温湿度极值数据为补充,以月、年为单位,分析统计温度、相对湿度、太阳辐射等环境要素的强度、持续时间、发生频率以及时间比例,形成各单项环境要素月谱和年谱,如温度谱(表7-20、图7-26)、相对湿度谱(表7-21、图7-27)、温度-湿度组合谱(表7-22)、日照辐射谱、降水谱(表7-23)、大气污染物谱等,然后对单项环境要素谱进行归并处理,按雨、盐雾、工业废气、潮湿空气、日照的顺序逐一给出各种环境条件的时间比例、作用时间、作用次数、作用强度等,形成 E 地直升机地面停放自然环境谱(表7-24)。

表7-20　E地外场温度谱

月份	1	2	3	4	5	6	7	8	9	10	11	12	年平均
平均温度/℃	-9.5	-5.2	3.5	13.2	19.2	21.9	26.6	24.3	18.5	10.3	2.0	-6.6	9.9
极高温度/℃	39.0											
极低温度/℃	-24.3											
温度/℃	-10~-5	-5~0	0~5	5~10	10~15	15~20	20~25	25~30	30~35	35~40		
作用时间/月	3	0	2	0	2	2	2	1	0	0		

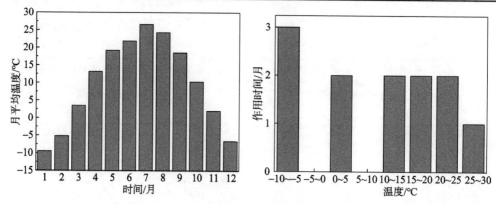

图7-26　E地驻地外场平均温度月谱

表7-21　E地外场相对湿度谱

月份	1	2	3	4	5	6	7	8	9	10	11	12	年平均
平均相对湿度/%	52	44	44	38	46	71	71	77	66	57	49	46	55
极高相对湿度/%	100											
极低相对湿度/%	7											
相对湿度/%	10~20	20~30	30~40	40~50	50~60	60~70	70~80	80~90	90~100			
作用时间/月	0	0	1	5	2	1	3	0	0			

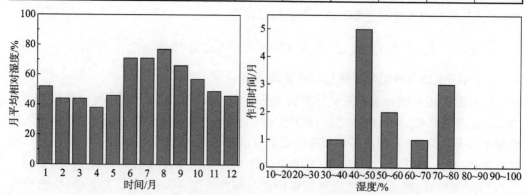

图7-27　E地驻地外场平均湿度月谱

第七章 高寒高沙地区直升机地面停放环境谱编制

表7-22 E地外场温度-湿度组合谱

温度/℃	<-25	-24~-20	-19~-15	-14~-10	-9~-5	-4~0	1~5	6~10	11~15	16~20	21~25	26~30	31~35	36~40	>40
RH<50%	0	0	44	246	470	489	440	412	508	429	482	289	125	8	0
50%≤RH<60%	0	0	67	133	161	153	126	131	111	150	145	162	53	0	0
60%≤RH<70%	0	7	54	65	131	180	100	100	129	116	177	216	26	1	0
70%≤RH<80%	0	6	25	26	55	55	60	70	139	136	216	161	2	0	0
80%≤RH<90%	0	0	4	21	29	45	58	60	118	172	324	64	0	0	0
RH≥90%	0	0	0	0	12	16	10	19	18	73	129	1	0	0	0
总持续时间/h	0	13	194	491	858	938	794	792	1023	1076	1473	893	206	9	0

表7-23 E地外场降水谱

月份	1	2	3	4	5	6	7	8	9	10	11	12	合计
降雨量/mm	53.1	33.9	48.1	98.3	76.6	38.6	50.1	200.1	31.1	5.3	8.0	8.3	651.5
降雨时数	40.4	22.4	39.0	35.1	26.6	28.0	24.0	44.1	44.4	29.1	4.2	4.3	341.6
pH值	0	0	2~3	0	3~4	0	4~5	0	5~6	0	6~7	7~8	
降水量/mm	0	0	0	0	0	0	0	0	0	0	86.7	0	

注：仅3月、6月降雨测得pH值数据。

表 7-24 E地直升机地面停放自然环境谱

环境	雨	潮湿空气	日照
时间比例/%	3.9	20.2	25.2
作用时间/h	341.6	1768	2208.9
作用次数	—	60	—
pH值	6.53(6.38,6.68)	—	—
SO_2/(mg/100cm²·d)	—	0.0654(0.0145~0.1508)	—
NO_2/(mg/100cm²·d)	—	0.0465(0.0178~0.0883)	—
Cl^-/(mg/100cm²·d)	—	0.0257(0.0066~0.0562)	—
雨水SO_4^{2-}/(mg/m³)	36280(6760,65800)	—	—
雨水Cl^-/(mg/m³)	9500(4000,15000)	—	—
雨量/mm	651.5	—	—
总辐射/(MJ/m²)	—	—	5025.70
紫外辐射/(MJ/m²)	—	—	226.71
温度/℃	年平均温度:9.9　年极大值:39.0　年极小值:-24.3　年最大昼夜温差:27.8			
湿度/%	年平均湿度:55　年极大值:100　年极小值:7			
停放时间比例(户外/库内)	1/27(户外停放时间约300h/年,库内停放时间约8160h/年)			

注:大气温度0℃以上且大气相对湿度70%以上时,判定为潮湿空气(下同)。

7.4.4.2 F地直升机地面停放环境谱编制

以F地2019年的环境因素统计数据为基础,以2016年、2017年温湿度极值数据为补充,以月、年为单位,分析统计温度、相对湿度、太阳辐射等环境要素的强度、持续时间、发生频率以及时间比例,形成各单项环境要素月谱和年谱,如温度谱(表7-25、图7-28)、相对湿度谱(表7-26、图7-29)、温度-湿度组合谱(表7-27)、日照辐射谱、降水谱(表7-28)、大气污染物谱等,然后对单项环境要素谱进行归并处理,按雨、盐雾、工业废气、潮湿空气、日照的顺序逐一给出各种环境条件的时间比例、作用时间、作用次数、作用强度等,形成F地直升机地面停放自然环境谱(表7-29)。

表 7-25 F地外场温度谱

月份	1	2	3	4	5	6	7	8	9	10	11	12	年平均
平均温度/℃	-15.3	-10.5	-4.5	15.8	16.3	24.7	26.4	24.2	19.1	8.2	0.2	-6.9	8.1
极高温度/℃	42.6												
极低温度/℃	-31.2												
温度/℃	-20~-15	-15~-10	-10~-5	-5~0	0~5	5~10	10~15	15~20	20~25	25~30	30~35	35~40	
作用时间/月	1	1	1	1	1	1	0	3	2	1	0	0	

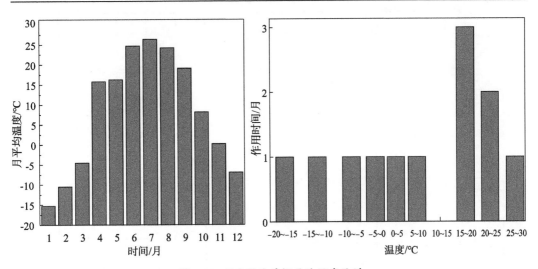

图 7-28　F 地驻地外场平均温度月谱

表 7-26　F 地外场相对湿度谱

月份	1	2	3	4	5	6	7	8	9	10	11	12	年平均
平均相对湿度/%	80	79	84	48	52	74	51	53	51	60	74	77	65
极高相对湿度/%	100											
极低相对湿度/%	4											
相对湿度/%	10~20	20~30	30~40	40~50	50~60	60~70	70~80	80~90	90~100			
作用时间/月	0	0	0	1	4	1	4	2	0			

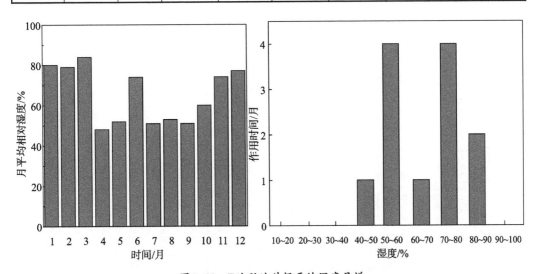

图 7-29　F 地驻地外场平均湿度月谱

表 7-27 F 地外场温度-湿度组合谱

温度/°C		-34~-30	-29~-25	-24~-20	-19~-15	-14~-10	-9~-5	-4~0	1~5	6~10	11~15	16~20	21~25	26~30	31~35	36~40	>40
持续时间/h	RH<50%	0	0	0	0	0	0	2	24	84	255	365	496	720	500	125	0
	50%≤RH<60%	0	0	0	0	0	0	41	74	87	163	151	222	81	0	0	0
	60%≤RH<70%	0	0	0	0	1	45	136	75	152	185	175	163	8	0	0	0
	70%≤RH<80%	0	0	1	37	77	251	247	126	180	118	167	64	0	0	0	0
	80%≤RH<90%	2	17	248	446	443	582	209	192	136	105	85	12	0	0	0	0
	RH≥90%	0	0	0	30	103	130	196	127	49	16	33	0	0	0	0	0
总持续时间/h		2	17	249	513	624	1008	831	618	688	842	976	958	809	500	125	0

表 7-28 F 地外场降水谱

月份	1	2	3	4	5	6	7	8	9	10	11	12	合计
降雨量/mm	0.6	18.5	12.6	10.9	39.1	48.7	40.3	31.4	25.3	18.6	8.9	4.5	259.4
降雨时数/h	1.9	13.0	16.0	17.3	24.2	27.3	16.4	10.0	27.7	23.4	8.7	2.9	188.8

pH值	1~2	2~3	3~4	4~5	5~6	6~7	7~8
降水量/mm	0	0	0	0	0	117.3	90.8

注：9 月、11 月、12 月降雨未测得 pH 值数据。

表 7-29 F 地直升机地面停放自然环境谱

环境	雨	潮湿空气	日照	沙尘
时间比例/%	2.2	15.7	27.3	—
作用时间/h	188.8	1376	2387.9	—
作用次数	—	33	—	8
pH 值	7.04(6.40~7.77)	—	—	—
SO_2/(mg/100cm²·d)	—	0.0323(0.0006~0.0565)	—	—
NO_2/(mg/100cm²·d)	—	0.0284(0.0088~0.0425)	—	—
Cl^-/(mg/100cm²·d)	—	0.0106(0.0023~0.0173)	—	—
雨水 SO_4^{2-}/(mg/m³)	55530(11340~107000)	—	—	—
雨水 Cl^-/(mg/m³)	12540(2640~22300)	—	—	—
雨量/mm	259.4	—	—	—
总辐射/(MJ/m²)	—	—	5487.46	—
紫外辐射/(MJ/m²)	—	—	248.65	—
沙尘中位径/(μm)	49.44(26.56~56.19)			
沙尘中 Cl^- 含量/(mg/kg)	3613(256~10206)			
温度/℃	年平均温度:8.1　年极大值:42.6　年极小值:-31.2　年最大昼夜温差:24.6			
湿度/%	年平均湿度:65　年极大值:100　年极小值:4			
停放时间比例（户外/库内）	1/27（户外停放时间约300h/年，库内停放时间约8160h/年）			

7.4.5 高寒高沙地区直升机地面停放综合环境谱编制

根据编制的 E 地直升机地面停放自然环境谱和 F 地直升机地面停放自然环境谱，对两地各环境要素进行归并处理，按照最大程度涵盖高寒高沙地区直升机可能面临的最极端环境为原则，取两地环境要素中较为严酷的极值数据，编制高寒高沙地区直升机地面停放综合自然环境谱（表 7-30）。

表 7-30 高寒高沙地区直升机地面停放综合自然环境谱

环境	雨	潮湿空气	日照	沙尘
时间比例/%	3.9	20.2	27.3	—
作用时间/h	341.6	1768	2387.9	—
作用次数	—	60	—	8
pH 值	6.53(6.38~7.77)	—	—	—

续表

环境	雨	潮湿空气	日照	沙尘
$SO_2/(mg/100cm^2 \cdot d)$	—	0.0654(0.0006~0.1508)	—	—
$NO_2/(mg/100cm^2 \cdot d)$	—	0.0465(0.0088~0.0883)	—	—
$Cl^-/(mg/100cm^2 \cdot d)$	—	0.0257(0.0023~0.0562)	—	—
雨水 $SO_4^{2-}/(mg/m^3)$	55530(6760~107000)	—	—	—
雨水 $Cl^-/(mg/m^3)$	12540(2640~22300)	—	—	—
雨量/mm	651.5	—	—	—
总辐射/(MJ/m^2)	—	—	5487.46	—
紫外辐射/(MJ/m^2)	—	—	248.65	—
沙尘中位径/μm	49.44(26.56~56.19)			
沙尘中Cl^-含量/(mg/kg)	3613(256~10206)			
温度/℃	年平均温度:9.9　年极大值:42.6　年极小值:-31.2　年最大昼夜温差:27.8			
湿度/%	年平均湿度:65　年极大值:100　年极小值:4			
停放时间比例(户外/库内)	1/27(户外停放时间约300h/年,库内停放时间约8160h/年)			

7.5　地面停放加速模拟试验环境谱编制

7.5.1　地面停放加速模拟试验环境谱编制对象

根据前期调研结果,直升机在高寒高沙地区服役时,直升机蒙皮铆接结构存在搭接区域涂层破损脱落、基材铝合金腐蚀等现象。基于此,本书以某型直升机蒙皮结构外用涂层体系为编谱对象,开展地面停放加速模拟试验环境谱编制研究,为实验室条件下复现高寒高沙环境下直升机腐蚀/老化损伤情况提供方法和技术支撑。特别指出,针对机载部附件、动部件等的环境谱编制与环境试验研究工作不在本书的研究范围内,但本书的研究成果可以推广应用于这些部附件、动部件,后续将逐步开展相关研究工作。

7.5.2　地面停放加速模拟试验环境谱设计

直升机蒙皮外用涂层体系所处环境主要为外界停放自然环境。根据前述高寒高沙地区环境特征分析,E地、F地外场环境主要特点为:全年温度变化范围大,冬季温度低、低温时间长、昼夜温差大,年平均相对湿度较低,降尘和沙尘多(沙尘粒度较小、沙尘中氯离子含量较高),温度、太阳辐射等环境因素与季节关联度较大,雨水(雪水)中SO_4^{2-}浓度和Cl^-浓度较高,雨水(雪水)pH值呈中性等。

在高寒高沙地区大气环境下,蒙皮外用涂层体系主要受太阳辐射、温度和湿度、降尘和沙尘以及大气中各种污染物等环境因素的综合作用,导致涂层老化失效。因此,根据上述环境因素的交互作用情况,设计沙尘试验、温度冲击试验(低温试验)、紫外/冷凝试验、盐溶液喷雾—干燥试验组成的加速试验谱。同时,考虑到机身蒙皮结构件在地面停放阶段和飞行阶段时经受动静态交变载荷环境因素的作用,可能导致涂层出现微裂纹等现象,加速涂层在地面停放环境中的腐蚀/老化,因此参考美军CASS谱设计低温疲劳试验补充加速试验谱,以体现交变载荷对蒙皮结构和表面防护涂层的影响。其作用顺序反映了直升机停放时,户外大气环境温度低、昼夜温差大、降尘和沙尘多、白天高太阳辐射、夜间凝露、干湿交替及腐蚀介质侵蚀等实际情况。

1. 低温疲劳试验

机身蒙皮结构件在地面停放阶段和飞行阶段经受的动静态交变载荷环境因素对表面防护涂层和铆接部位会产生影响。某型直升机从静止状态起飞时,旋翼由缓慢转动到稳定输出用时约1.5min(静止—慢车(功率的72%~76%,耗时约1min)—快车(耗时约30s)—离地(数秒内完成))。空中飞行时,旋翼轴(从上向下看)右旋,转速为192转/min。直升机桨叶数量为5片,因此交变剪切载荷频率取16Hz(每片桨叶每秒钟旋转16个1/5圈)。以某型直升机机身蒙皮受力为参照,其右侧承受最大剪应力73.8MPa,左侧承受最大剪应力74.5MPa。直升机从静止到稳定飞行用时1.5min,此时机身蒙皮受载从停放状态的0MPa锯齿式正弦变化逐渐上升到74.5MPa的应力峰值,降落时机身蒙皮受载从74.5MPa的应力峰值锯齿式正弦变化逐渐下降到停放状态的0MPa。因此,可以将直升机飞行时机身蒙皮结构承受的载荷简化为应力峰值74.5MPa(5.614kN)、频率为16Hz的恒幅正弦变化拉—拉载荷。应力谷值按照应力比的常规取值0.06计算给出(4.47MPa(0.337kN))。疲劳载荷循环次数参照美军CASS谱以500次为基准,并综合考虑中国航空工业602所给出的相关设计要求和强化比例系数,定为8000次。

此外,考虑到直升机空中飞行时,空中温度低于地面温度,考虑最极端情况,设计疲劳试验在低温条件下开展。其中,F地2016—2019年的地面最低温度为-31.2℃,直升机通常飞行高度在2000m左右,飞行阶段温度比地面温度低约12℃,因此设计在(-43±2)℃条件下开展疲劳试验。

2. 沙尘试验

地面停放环境下,直升机机身蒙皮结构件表面涂层受降尘、沙尘等环境因素的影响主要表现在两方面:一方面沙尘等大颗粒物质的冲击作用易导致结构连接部位涂层破损脱落;另一方面降尘和沙尘中的可溶性、非可溶性成分,会改变结构件表面状态,导致出现吸潮、临界润湿湿度降低等现象,尤其是其中腐蚀性较强的氯溶解于雨水(雪水)、露水、表面润湿膜中后,会加速涂层/金属界面的腐蚀/老化反应。

参照GJB 150.12A—2009《军用装备实验室环境试验方法》的有关试验条件,设计常温((23±1)℃)吹尘+高温吹尘+高温吹沙的组合试验以模拟降尘、沙尘对直升机机身蒙皮结构件的影响。其中,高温吹尘、吹沙试验的温度根据F地2016—2019年的地面最高温度42.6℃设计为(43±1)℃,相对湿度<30%,吹尘试验的风速取标准给出的典型沙漠风的较高速度8.9m/s、吹沙试验的风速根据F地2016—2019年实测的最大时平均风速11.0m/s控制在(11±2)m/s,吹尘试验中尘的直径参考F地、S地2019年实测沙尘平均中位径32.64μm控制在30~149μm、吹沙试验中沙的直径参考F地、S地2019年实测沙尘最大粒

径区间 116.1~390.2μm 控制在 150~400μm，吹尘试验浓度为(10.6±7)g/m³、吹沙试验浓度为(2.2±0.5)g/m³，吹尘、吹沙试验的安装方向均为受试面垂直于沙尘吹来方向（使试件承受最大的磨蚀影响），吹尘试验持续时间为 12h（6h 常温+6h 高温）、吹沙试验持续时间为 1.5h（推荐开展吹沙预试验，根据预试验结果酌情调整吹沙试验时间）。

3. 温度冲击（低温）试验

持续低温作用下，直升机机身蒙皮结构件表面涂层易变脆、变硬（导致柔韧性降低），同时在冷热温度循环冲击作用下，结构件表面涂层易产生微裂纹。参照 GJB 150.3A—2009《军用装备实验室环境试验方法》第 3 部分"高温试验"、GJB 150.4A—2009《军用装备实验室环境试验方法》第 4 部分"低温试验"和 GJB 150.5A—2009《军用装备实验室环境试验方法》第 5 部分"温度冲击试验"的有关试验条件，根据 F 地 2016—2019 年的地面最高温度（42.6℃）和地面最低温度（-31.2℃），设计恒定极值温度冲击试验中低温温度为(-31±2)℃、高温温度为(43±1)℃，低温持续时间 4h、高温持续时间 2h，循环冲击次数为 3 次。

4. 紫外/冷凝试验

太阳辐射光谱对有机涂层的作用主要是紫外线引起的涂层光降解。参照 ASTM D5894-05《涂漆金属盐雾/紫外线循环暴露标准规程》、GB/T 16422.3—1997《塑料实验室光源暴露试验方法》第 3 部分"荧光紫外灯"的有关试验条件，确定紫外冷凝试验的试验条件为：辐照水平为 340nm 下 $1.1W/(m^2 \cdot nm)$，每 12h 循环中包括(60±1)℃下 8h 的紫外线试验及(50±1)℃下 4h 的冷凝试验。

此外，考虑到直升机全年仅少数时间停放在户外接受太阳光照射，合理假定户外停放时间均为有日照时间，且太阳总紫外辐射量可以平均分布到日照时间内（不考虑太阳辐射在日照时间内的变化），以此估算涂层试样全年可能接收的紫外总辐射量。F 地 2019 年实测的太阳总紫外辐射量为 $249MJ/m^2$，全年日照时数为 2388h，户外停放时间取 300h，辐照水平为 340nm 下 $1.1W/(m^2 \cdot nm)$ 紫外光照射等效的总紫外辐射量为 $60W/m^2$，因此，设计紫外冷凝试验总时间为 9d（$249MJ/m^2 \times 1/8$（户外停放时间占全年总日照时数的比例 300h/2388h）÷$60W/m^2$÷3600s÷16h（每 24h 内紫外照射 16h）≈9d），以模拟涂层试样全年接收的紫外总辐射量。

5. 盐溶液喷雾—干燥试验

大气环境中的腐蚀介质（污染物）包括含氯气体、含硫氧化物气体、氮氧化物气体等，它们对直升机结构表面涂层老化、附着力降低也有一定的影响。一方面，污染气体可以溶入有机涂层表面上所形成的水膜中，从而形成导电的电解质溶液，然后进入涂层/金属界面发生腐蚀反应，腐蚀产物与分子链上基团反应；另一方面，污染气体扩散到涂层内部，气体中的活性基团与分子链上的某些基团反应，改变分子链结构从而导致有机涂层发生老化。

在潮湿空气环境中，涂层试样表面会因凝露而产生一层水膜。由 E 地、F 地的雨水分析结果可知，E 地、F 地 2019 年降雨 pH 值最低为 6.38、平均为 6.79、最高为 7.77；同时，雨水（雪水）中硫酸根离子和氯离子浓度较高。因此，参照 ASTM D5894—05《涂漆金属盐雾/紫外线循环暴露标准规程》，确定盐溶液喷雾—干燥试验的试验条件为：采用 0.05% 的 Na_2SO_4+0.01% 的 NaCl 混合溶液，用稀硫酸或 NaOH 溶液调整 pH 值为 6~8（中性），来模拟大气环境中的腐蚀介质作用，盐溶液的沉降率控制为 $1~3mL/(80cm^2 \cdot h)$。

其次，暴露于大气环境中的涂层会经历反复的湿润—干燥过程，使涂层表面的腐蚀介质浓度不断增加，加速腐蚀。根据E地、F地2016—2019年相对湿度统计结果，其全年润湿时间（按温度0℃以上、相对湿度≥80%记为润湿）与干燥时间的比值约为1:11~1:7，因此，采用较大值1:7作为喷雾/干燥的循环时间比例，即每24h循环中3h喷雾，21h通风干燥，以突出干湿交替对涂层的影响。喷雾温度综合考虑E地、F地地面温度以及盐溶液中溶解氧浓度取$T=(35±1)℃$；参照ASTM D5894—05《涂漆金属盐雾/紫外线循环暴露标准规程》和GJB 150.11A—2009《军用装备实验室环境试验方法 第11部分：盐雾试验》，确定干燥温度$T=(35±1)℃$，干燥湿度RH≤$(50±3)%$，一个周期试验时间7d。

通过上述分析，确定的直升机蒙皮涂层体系高寒高沙地区地面停放加速模拟试验环境谱如图7-30所示。初步分析，该试验谱循环一个周期，约相当于在高寒高沙地区直升机户外地面停放1年，实际具体当量加速关系通过采用该试验谱开展外用涂层体系实验室加速模拟试验验证。

7.5.3 地面停放加速模拟试验环境谱剪裁

在分析高寒高沙地区环境特征的基础上，采用自然环境谱当量转换技术，初步设计了直升机蒙皮外用涂层体系高寒高沙地区地面停放加速模拟试验环境谱。该环境谱经验证后可以用于高寒高沙地区直升机蒙皮涂层体系的地面停放加速模拟试验。在实际应用时，推荐根据不同的需求与具体情况，对建立的加速模拟试验环境谱进行合理剪裁，以增强环境谱的针对性、实用性和有效性。剪裁的基本原则与方法为：依据待试验对象面临的实际环境条件，根据试验目的，在不引入实际环境中不存在的环境因素及其量值的基础上，按照自然环境谱当量转换技术，参照相关标准，合理剪裁设计各试验谱块试验参数。以下给出具体的剪裁案例示意，以供参考。

某型直升机仅在E地部队服役，针对该型直升机蒙皮结构件，拟依据图7-30所示的加速模拟试验环境谱开展试验，需对部分试验参数进行调整，具体如下。

1. 低温疲劳试验

依据E地2016—2019年地面最低温度($-24.3℃$)，调整温度：$T=(-37±2)℃$。

2. 沙尘试验

依据E地2016—2019年地面最高温度($39.0℃$)，调整温度：高温$T=(39±1)℃$。

3. 温度冲击（低温）试验

依据E地2016—2019年地面最高温度($39.0℃$)和地面最低温度($-24.3℃$)，调整温度：低温$T=(-25℃±2)℃$、高温$T=(39±1)℃$。

7.6 地面停放环境大气暴露试验

7.6.1 大气暴露试验对象

7.6.1.1 试验件选取依据

高寒高沙环境下直升机存在蒙皮铆接结构搭接区域涂层破损脱落/基材铝合金

```
┌─────────────────────────────────────────────────────┐
│                   ①低温疲劳试验                      │
│   波形：正弦波；                                      │
│   峰值：74.5MPa；                                    │
│   谷值：4.47MPa；                                    │
│   应力比：0.06；                                      │
│   频率：16Hz；                                       │
│   循环次数：8000次；                                  │
│   温度：$T=(-43\pm2)$℃                               │
└─────────────────────────────────────────────────────┘
                          ↓
┌─────────────────────────────────────────────────────┐
│                    ②沙尘试验                         │
│   吹尘试验：                                          │
│   风速：8.9m/s；                                     │
│   浓度：$(10.6\pm7)$g/m³；                           │
│   尘的直径：30~149μm；                                │
│   相对湿度：RH≤30%；                                  │
│   温度：常温$T=(23\pm1)$℃、高温$T=(43\pm1)$℃；        │
│   持续时间：常温6h+高温6h。                           │
│   吹沙试验：                                          │
│   风速：$(11\pm2)$m/s；                              │
│   浓度：$(2.2\pm0.5)$g/m³；                          │
│   尘的直径：150~400μm；                               │
│   相对湿度：≤30%；                                    │
│   温度：高温$T=(43\pm1)$℃；                          │
│   持续时间：1.5h。                                   │
└─────────────────────────────────────────────────────┘
                          ↓
┌─────────────────────────────────────────────────────┐
│                ③温度冲击(低温)试验                    │
│   循环冲击次数：3次；                                 │
│   温度：低温$(-31\pm2)$℃、高温$(43\pm1)$℃；          │
│   持续时间：低温4h、高温2h                            │
└─────────────────────────────────────────────────────┘
                          ↓
┌─────────────────────────────────────────────────────┐
│                  ④紫外/冷凝试验                      │
│   一个周期试验时间：9d；                              │
│   辐射强度：340nm下1.1W/(m²·nm)；                    │
│   程序循环周期：每12h循环中紫外试验8h,冷凝试验4h；    │
│   温度：紫外试验$T=(60\pm1)$℃,冷凝试验$T=(50\pm1)$℃；│
│   灯源：UVA-340荧光灯                                │
└─────────────────────────────────────────────────────┘
                          ↓
┌─────────────────────────────────────────────────────┐
│              ⑤盐溶液喷雾-干燥试验                     │
│   一个周期试验时间：7d；                              │
│   盐雾条件：0.05%硫酸钠+0.01%氯化钠混合溶液,用稀硫酸或 │
│   NaOH溶液调整pH值=6~8,盐溶液沉降率控制为1~3mL/(80cm²·h)；│
│   程序循环周期：3h喷雾,21h通风干燥；                  │
│   温度：喷雾$T=(35\pm1)$℃,干燥$T=(35\pm1)$℃；       │
│   湿度：干燥湿度RH≤$(50\pm3)$%                       │
└─────────────────────────────────────────────────────┘
```

图7-30 直升机蒙皮涂层体系地面停放加速模拟试验环境谱

腐蚀、橡胶部件老化、座舱有机玻璃破裂等问题。基于此,本书选择与地面停放环境具有直接关系的机身蒙皮结构模拟试验件、某型座舱玻璃、某型主减速器密封胶圈、某型起落架密封胶圈等四类试验件开展户外/库内大气暴露试验。

7.6.1.2 试验件设计与制作

1. 机身蒙皮结构模拟试验件设计与制作

直升机机身蒙皮一般以搭接、铆接为主要连接方式,蒙皮铆接结构的承力特点属于典型的次承力结构。根据蒙皮铆接结构的特点、承力特点和该结构的损伤特征,设计了如图7-31所示的搭接铆接连接件模拟该结构开展大气腐蚀试验,考核环境对铝合金涂层防护性能的影响。蒙皮模拟试件的加工、表面处理工艺与陆航某型直升机蒙皮结构相近,该部位由铝合金铆钉连接两片铝合金板(2A12-T4)组成。

试验件名称:机身蒙皮结构模拟试验件;

蒙皮基材:铝合金(2A12-T4);

表处工艺:表面硫酸阳极化;

防护涂层:锌黄环氧底漆H06-2+丙烯酸聚氨酯漆SB04-1;

装配工艺:铆钉连接。

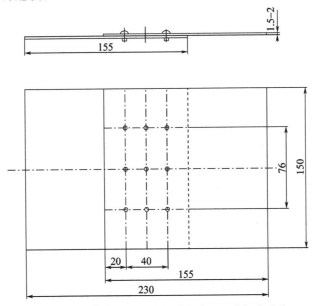

图7-31 机身蒙皮结构模拟试验件——平板试验件

2. 其他试验件设计与制作

某型座舱玻璃、某型主减速器密封胶圈、某型起落架密封胶圈等三类试验件采用与型号产品技术状态完全一致的实物样件开展试验。

7.6.1.3 试样牌号、检测项目、检测周期、检测标准

全部试样共计45件,其中蒙皮平板涂层试样9件(图7-32,含3件外观试样、5件附着力试样和1件空白样)、某型座舱玻璃1件(图7-33)、某型主减速器密封胶圈8件(图7-34,含FX-4和FX-17两种密封胶圈各4件,每种密封胶圈含3件带工装的压缩永久变形试样

和1件空白样)、某型起落架密封胶圈27件(图7-35,含某型J04-001、某型J04-004等9种密封胶圈各3件)。试样牌号、检测项目、检测周期、检测标准等详见表7-31~表7-34。

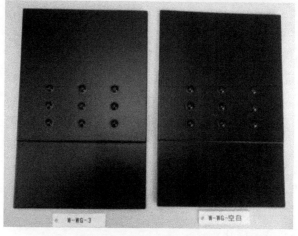

图7-32 蒙皮平板涂层试样

图7-33 某型座舱玻璃

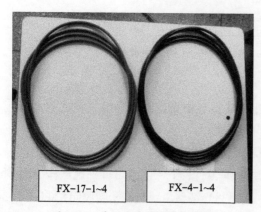

图7-34 某型主减速器密封胶圈

图7-35 某型起落架密封胶圈

第七章 高寒高沙地区直升机地面停放环境谱编制

表7-31 蒙皮平板涂层试样

试样类型	材料牌号	表面状态	试验方式	检测项目及检测周期	平行试样数量/件	检测标准	试样编号	试样总数量/件
蒙皮平板涂层试样	铝合金 2A12-T4	硫酸阳极化+防护涂层（锌黄环氧底漆H06-2+丙烯酸聚氨酯漆SB04-1）	外场户外大气暴露	外观,光泽,色差,厚度(WG): 0.5,1,2,3,4,5年	3	试样的上、下平板部分进行外观,光泽,色差,厚度检测,并按GB/T 1766—2008给出外观评级	W-WG-1~3	3+1（空白样）
				附着力(FZ):0.5,1,2,3,5年	1	按GB/T 9286—1998进行评级	W-FZ-1~5	5

表7-32 某型座舱玻璃

试样类型	材料牌号	试验方式	检测项目及检测周期	平行试样数量/件	检测标准	试样总数量/件
某型座舱玻璃	YB-2航空有机玻璃（聚甲基丙烯酸甲酯）	外场户外大气暴露	外观:0.5,1,2,3,4,5年; 透光率:5年; 傅里叶红外光谱:5年	1	外观:采用目视或低倍放大镜观察暴露试样的表面,记录试样表面变色、开裂等情况; 透光率:参照GB/T 2410—2008的相关要求执行; 傅里叶红外光谱(FTIR)ATR附件检测,红外光谱测试的光谱扫描范围是4000~400cm^{-1},扫描精度为4cm^{-1},扫描次数为32次	1

注：受限于检测条件和可操作性,实施周期内以外观检测为主,只在5年试验期满后检测座舱玻璃的透光率和傅里叶红外光谱。

表7-33 某型主减速器密封胶圈

序号	试样类型及材质	试样牌号	试验方式	检测项目及检测周期	平行试样数量/件	检测标准	试样总数量/件
1	某型主减速器密封胶圈（氟橡胶）	FX-4	库内大气暴露	外观:0.5,1,2年；压缩永久变形率:0.5,1,2年	3	外观:采用目视或低倍放大镜观察暴露试样的表面,记录试样变色,粉化,开裂等情况；压缩永久变形率:参照GB/T 7759—1996进行检测	3+1(空白样)
2		FX-17			3		3+1(空白样)

表7-34 某型起落架密封胶圈

序号	试样类型与材质	试样牌号	试验方式	检测项目及检测周期	平行试样数量/件	检测标准	试样总数量/件
1		某型J04-001	库内大气暴露	外观:0.5,1,2,3,4,5年	3	采用目视或低倍放大镜观察暴露试样的表面,记录表面变色,粉化,开裂等情况	3
2		某型J04-004			3		3
3		M8-4100-04			3		3
4		M8-4100-05			3		3
5	某型起落架密封胶圈（试5171橡胶）	M8-4100-14	外场户外大气暴露		3		3
6		M8-4100-21			3		3
7		M8-4100-22			3		3
8		M8-5300-5	库内大气暴露		3		3
9		8A.4100.039			3		3

7.6.1.4 蒙皮涂层试样与某型主减速器密封胶圈性能检测说明

根据前期调研结果,蒙皮结构件在高寒高沙地区服役条件下,主要损伤形式为搭接区域涂层破损脱落、基材铝合金腐蚀等。根据蒙皮铆接结构的腐蚀特征,针对户外大气暴露试验蒙皮结构模拟试验件,确定检测项目、评价指标/参数如表7-35所列。

表7-35 蒙皮平板涂层试样检测项目与评价指标/参数

主要损伤形式	检测项目	评价指标/参数	核心特征参数
搭接区域涂层鼓泡破损脱落	宏观形貌	涂层光泽/失光率/失光等级	
		涂层色差/色差值/色差等级	
		涂层厚度/厚度损失值	
		涂层粉化/粉化等级	
		涂层起泡/起泡等级	√
		涂层脱落/脱落等级	√
		涂层生锈/生锈等级	√
		涂层开裂/开裂等级	
		涂层长霉/长霉等级	
	微观分析	傅里叶红外光谱	
	附着力	附着力等级	
	…	…	
基材铝合金腐蚀	宏观形貌	腐蚀形态	
		腐蚀面积	√
	微观分析	腐蚀深度	√
	其他	腐蚀产物	√
		腐蚀速率	√
	…	…	
铆接失效(铆钉断裂等)	宏观形貌	—	
	微观分析	断口形貌	
		断裂形式(脆性断裂/塑性断裂/疲劳断裂/腐蚀断裂/腐蚀疲劳断裂/应力腐蚀断裂等)	√
	…	…	

考虑到非持续受载试验件的损伤通常呈现渐变发展规律,本项目实施周期内,先期重点检测试验件的外观形貌和表面防护涂层附着力,针对蒙皮涂层试样的载荷试验留待后续开展。

(1) 外观:采用光泽计、色差计和厚度仪检测试验件的光泽、色差和厚度,检查试验件表面涂层的粉化、起泡、脱落等情况,详细记录试验件的外观腐蚀形貌,如腐蚀形态、腐蚀面积、腐蚀产物等,重点检查试验件连接部位涂层脱落以及铆钉腐蚀变化,按照GB/T 1766—2008《色漆和清漆 涂层老化的评级方法》对试验件表面涂层的失光、变色、起泡、生锈等单项等级以及综合老化性能等级进行评定。试验件投试第一年,每半年检测一次;一年以后每年检测一次。

(2) 附着力:参照GB/T 9286—1998《色漆和清漆 漆膜的划格试验》的规定执行,每次检测1件(每件试样取3个点测试),检测周期为0(即原始检测)、0.5、1、2、3、5年。

6件某型主减速器密封胶圈(名义直径5.7mm)均放置于特制的压缩永久变形工装内(图7-36),压缩永久变形工装的尺寸参数:槽宽为6.60~6.70mm、槽深为5.0±0.03mm、槽的最外端直径为250mm(名义尺寸)。工装夹紧后,试样的名义压缩率为12.3%。

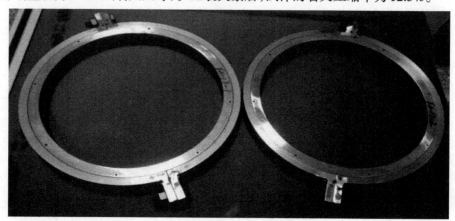

图7-36 压缩永久变形工装

每一周期试样暴露期满时,将试样取回实验室。之后,先开展高温下的耐油密封性能试验,再参照GB/T 7759—1996检测试样的压缩永久变形率。某型主减速器密封胶圈具体检测安排如表7-36所列。

表7-36 某型主减速器密封胶圈检测安排

时间	对应试样编号	检测条件	
		耐油密封性能试验	压缩永久变形率检测
0.5年期满	FX-4-1 FX-17-3	将压缩永久变形工装放入装有926滑油的带盖桶中,工装上有孔的一面朝上(滑油需完全浸没工装),将桶放入100℃的烘箱中,300h(暂定)后取出,擦掉工装表面的滑油,拧松工装上的紧固螺栓,仔细观察密封胶圈远离工装孔的那一侧是否有滑油浸入	针对完成耐油密封性能试验的某型主减速器密封胶圈,参照GB/T 7759—1996,采用橡胶测厚仪测试试样的直径,每件试样测5个点

续表

时间	对应试样编号	检测条件	
		耐油密封性能试验	压缩永久变形率检测
1年期满	FX-4-2 FX-17-1	将压缩永久变形工装放入装有926滑油的带盖桶中,工装上有孔的一面朝上(滑油需完全浸没工装),将桶放入100℃的烘箱中,600h(暂定)后取出,擦掉工装表面的滑油,拧松工装上的紧固螺栓,仔细观察密封胶圈远离工装孔的那一侧是否有滑油浸入	针对完成耐油密封性能试验的某型主减速器密封胶圈,参照GB/T 7759—1996,采用橡胶测厚仪测试试样的直径,每件试样测5个点
2年期满	FX-4-3 FX-17-2		

7.6.1.5 试验方式

户外大气暴露试验参照GJB 8893.1—2017《军用装备自然环境试验方法 第1部分:通用要求》和GJB 8893.2—2017《军用装备自然环境试验方法 第2部分:户外大气自然环境试验》的相关规定执行;库内大气暴露试验参照GJB 8893.1—2017《军用装备自然环境试验方法 第1部分:通用要求》和GJB 8893.4—2017《军用装备自然环境试验方法 第4部分:库内大气自然环境试验》的相关规定执行。

外场户外大气暴露试验只针对蒙皮平板涂层试样、某型座舱玻璃和编号为M8-4100-14的起落架密封胶圈,试验地点位于F地外场。所有试样均直接暴露于户外场地,主受试面朝南,与水平面成45°安装于试样架上。

库内大气暴露试验只针对某型主减速器密封胶圈和除M8-4100-14外的其余8种某型起落架密封胶圈,全部试样放置于F地5号航材仓库置物架上方的开口木箱内(敞开放置),其中主减速器密封胶圈放置于压缩永久变形工装内。

试验持续时间5年(某型主减速器密封胶圈试验时间2年),本章节试验数据为实施周期内先行开展第1年的大气暴露试验结果。

7.6.2 大气暴露试验过程

7.6.2.1 试样投试

2018年12月25日~28日,完成了F地外场蒙皮平板涂层试样的投试工作;2019年1月28日,完成了某型座舱玻璃、某型主减速器密封胶圈、某型起落架密封胶圈的投试工作,如图7-37、图7-38所示。

图7-37 F地外场户外大气暴露试验

图7-38　F地库内大气暴露试验

7.6.2.2　周期检测

按照规定的检测周期，2018年12月~2020年3月期间，项目按期检测了蒙皮平板涂层试样的外观（图7-39）、光泽、色差、厚度和附着力，某型座舱玻璃的外观，某型主减速器密封胶圈的外观（图7-40）、耐油密封性能和压缩永久变形率，以及某型起落架密封胶圈的外观（图7-41）。

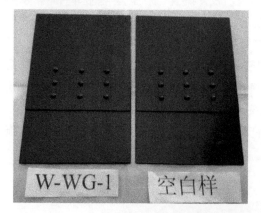

(a) WG-1　　　　　　　　　　(b) WG-2

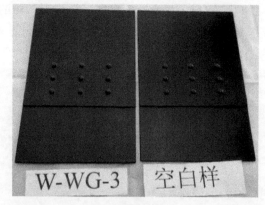

(c) WG-3

图7-39　蒙皮平板涂层试样户外大气暴露6个月外观照

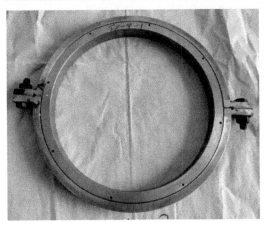
(a) FX-4-1

(b) FX-17-3

图7-40 某型主减速器密封胶圈库内大气暴露6个月外观照

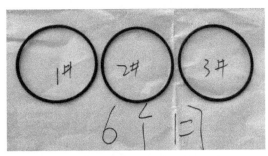
(a) M8-4100-14户外暴露

(b) J04-001库内暴露

图7-41 某型起落架密封胶圈户外/库内大气暴露6个月外观照

7.6.3 大气暴露试验结果

对典型蒙皮涂层结构模拟件、某型座舱玻璃、某型主减速器密封胶圈、某型起落架密封胶圈等试验件在F地大气暴露试验1年取得的试验数据进行分析,表7-37~表7-46列出了全部试样外观检测结果,蒙皮平板涂层试样光泽、色差、厚度、附着力检测结果,以及某型主减速器密封胶圈耐油密封性能试验和压缩永久变形率检测结果。

表7-37 试验件外观检测结果

序号	试样种类	试样编号/方式	试验时间/月	外观形貌检测结果
1	蒙皮平板涂层试样	W-WG-1	6	涂层轻微沾污,很轻微失光
		W-WG-2		
		W-WG-3		
		W-WG-1	12	涂层轻微沾污,很轻微失光,很轻微变色,有2件试样铆钉部位面漆层很轻微破损(共3处,未露底,基材未腐蚀)
		W-WG-2		
		W-WG-3		

续表

序号	试样种类	试样编号/方式	试验时间/月	外观形貌检测结果
2	某型座舱玻璃	—	6	无明显变化
		—	12	表面很轻微沾污,其余无明显变化
3	某型主减速器密封胶圈	FX-4-1	6	无明显变化
		FX-17-3		无明显变化
		FX-4-2	12	无明显变化
		FX-17-1		无明显变化
4	某型起落架密封胶圈	户外大气暴露	6	无明显变化
			12	表面较多尘土,其余无明显变化
		库内大气暴露	6	无明显变化
			12	无明显变化

表 7-38 蒙皮平板涂层试样外观评级结果

试样编号	试验时间/月	单项评级								综合评级
		失光	变色	粉化	开裂	起泡	长霉	脱落	生锈	
W-WG-1	6	1	0	0	0	0	0	0	0	0
W-WG-2		1	0	0	0	0	0	0	0	0
W-WG-3		1	0	0	0	0	0	0	0	0
W-WG-1	12	1	1	0	0	0	0	0	0	0
W-WG-2		1	1	0	0	0	0	0	0	0
W-WG-3		1	1	0	0	0	0	0	0	0

表 7-39 蒙皮结构平板试验件 60° 失光率数据

试验时间/月	试样编号	原始光泽值	失光率/%	平均值/%	标准差
6	W-WG-1	10.4	4.9	6.0	1.1
	W-WG-2	9.1	6.0		
	W-WG-3	11.4	7.1		
12	W-WG-1	10.4	11.3	10.4	1.0

续表

试验时间/月	试样编号	原始光泽值	失光率/%	平均值/%	标准差
12	W-WG-2	9.1	9.3	10.4	1.0
	W-WG-3	11.4	10.7		

表7-40 蒙皮平板涂层试样失光程度等级

试样编号	失光等级	
	6个月	12个月
W-WG-1~3	1(很轻微失光)	1(很轻微失光)

注:以3件试样的平均失光率数据为依据,按照GB/T 1766—2008评级。

表7-41 蒙皮结构平板试验件色差数据

试验时间/月	试样编号	色差值/ΔE^*	平均值	标准差
6	W-WG-1	1.4	1.4	0.1
	W-WG-2	1.3		
	W-WG-3	1.5		
12	W-WG-1	2.1	2.3	0.2
	W-WG-2	2.3		
	W-WG-3	2.4		

表7-42 蒙皮平板涂层试样变色程度和变色等级

试样编号	变色等级	
	6个月	12个月
W-WG-1~3	0(无变色)	1(很轻微变色)

表7-43 蒙皮结构平板试验件厚度损失数据

试验时间/月	试样编号	原始厚度/μm	厚度损失/μm	平均值	标准差
6	W-WG-1	117	-1	-3	2.1
	W-WG-2	113	-5		
	W-WG-3	143	-2		

续表

试验时间/月	试样编号	原始厚度/μm	厚度损失/μm	平均值	标准差
12	W-WG-1	117	3	-1	3.2
	W-WG-2	113	-3		
	W-WG-3	143	-2		

表7-44 蒙皮结构平板试验件附着力检测数据

试样编号	试验时间/月	附着力(GB/T 9286—1998)/级	附着力(GB/T 5210—2006)		
			测试值/MPa	平均值/MPa	破坏形式
原始	0	1（涂层与底材间破坏）	16.2	14.2	涂层第一层与第二层间破坏约15%，胶黏剂内聚破坏约85%
			12.2		涂层第一层与第二层间破坏约40%，第一层内聚破坏约20%，胶黏剂内聚破坏约40%
W-FZ-1	6	1,1,3 1,1,1	27.0	16.6	底漆内聚破坏100%
			9.9		
			13.9		
			15.4		
W-FZ-2	12	1（涂层与底材间破坏）	17.3	14.8	底漆内聚破坏100%
			10.2		
			15.8		

注：1. 蒙皮结构平板试验件涂层总厚度在100~150μm之间（厚度与航空上常用涂层体系相比偏厚），可能导致涂层附着力偏低；

2. 受限于试验样品数量，蒙皮平板涂层试验件的附着力测试（划格法和拉开法）在同一块试样上进行，部分测试区/测试点靠近涂层边缘部分，可能影响试验结果；但附着力数据分散性较大的具体原因仍有待进一步分析。

表7-45 某型主减速器密封胶圈耐油密封性能试验结果

试验时间/月	试样编号	耐油密封性能试验结果	
		试验与检测条件	检测结果
6	FX-4-1	6个月库内大气暴露试验+300h润滑油高温浸泡试验后检测	背离滑油侧无滑油浸入，密封胶圈密封性能完好
	FX-17-3	压缩永久变形工装损坏，失去检测意义	
12	FX-4-2	12个月库内大气暴露试验+600h润滑油高温浸泡试验后检测	背离滑油侧无滑油浸入，密封胶圈密封性能完好
	FX-17-1		

表7-46 某型主减速器密封胶圈压缩永久变形率检测结果

试验时间/月	试样编号	原始直径/mm	压缩后试样高度/mm	压缩永久变形率检测结果		
				试验与检测条件	试验后试样高度/mm	压缩永久变形率/%
6	FX-4-1	5.56	5.0	6个月库内大气暴露试验+300h润滑油高温浸泡试验后检测	5.51	7.9
	FX-17-3	5.66		压缩永久变形工装损坏,失去检测意义		
12	FX-4-2	5.56		12个月库内大气暴露试验+600h润滑油高温浸泡试验后检测	5.47	16.1
	FX-17-1	5.69			5.60	14.5

由表7-37~表7-46可得,典型蒙皮结构平板试验件在F地外场户外大气暴露试验12个月,宏观腐蚀形貌上主要表现为涂层轻微沾污、很轻微失光、很轻微变色、铆钉部位面漆层很轻微破损,失光、变色等级均为1级,其他无明显变化。这表明,户外大气暴露初期,由锌黄环氧底漆H06-2+丙烯酸聚氨酯漆SB04-1组成的防护涂层体系耐候性良好。而其余某型座舱玻璃、某型主减速器密封胶圈、某型起落架密封胶圈等试验件在F地外场户外或库内大气暴露试验12个月,宏观形貌上均无明显变化(部分试样表面沾染有较多尘土);其中某型主减速器密封胶圈经600h高温润滑油浸泡试验后密封性能完好,压缩永久变形率较低(压缩永久变形率工程临界失效值通常取30%~50%),表明橡胶圈仍具有较好的回弹性(密封性)。

第八章 高原地区直升机地面停放环境谱编制

8.1 高原地区的定义

高原地区通常指海拔500m以上、面积较大、顶面相对平坦、一侧或数侧为陡坡的地区。海拔高的高原,如青藏高原,空气稀薄,气候寒冷,人烟稀少,高强度运动时人员体力消耗大,易发生疾病。高原气候指高原地区受自然地理等条件影响形成的气候,主要特征是太阳辐射特别是紫外线辐射强,气温日变化大,多大风、雷暴和冰雹等天气,地形对降水有明显影响。

参照上述划分依据,我国典型高原地区主要包括青藏高原、云贵高原以及新疆等地部分地区。本章重点围绕G地和H地所处的典型环境介绍高原地区直升机地面停放环境谱编制相关研究工作。

8.2 高原环境对直升机的影响

与平原地区相比,高原地区自然环境一般具有典型的"三低两强"特点,即"气温低、气压低、空气含氧量低、紫外线强、风沙强"。高原环境的低气压、低温、昼夜温差大、日照辐射强和沙尘等特点对直升机的使用影响巨大,尤其是直升机发动机系统、液压系统、环控系统、电力电子部件、机械系统裸露运动部件、光学部件、裸露气动传感器、非金属材料、裸露天线及非气密舱电插头等部分易受高原环境影响,出现各种问题。如低温、低压、强太阳辐射、沙尘等因素的综合作用会使发动机润滑系统的润滑油黏度增大,导致发动机旋转部件的旋转阻力矩增加;使蓄电池电压下降,影响起动机的起动扭矩和发动机点火电嘴的跳火能量;使发动机和传动系统的运转部件、机械设备的运动单元等磨损加剧等;使橡胶、塑料等非金属材料性质发生改变,如橡胶件变硬、变脆,油液系统橡胶密封圈密封效果变差,引起油液渗漏;使座舱有机玻璃产生银纹,透光率降低;使仪器仪表的测量误差变大;使电子设备电源电压外绝缘强度降低;使武器系统射击卡死,光学、激光、红外等制导系统和侦察系统无法发挥其性能,可靠性降低;使精密电子设备运转不正常或失灵,引发电接触不良等一系列机械或电气故障;使过滤器沙堵,油路堵塞;使发动机叶片磨蚀或腐蚀加重,侵蚀直升机机体,诱发多种故障;使直升机主要部件和大量机载设备的使用寿命极大缩短。

8.3 高原地区直升机典型腐蚀/老化案例

高原环境下直升机非金属材料老化是直升机面临的所有环境适应性问题中最为普

遍和典型的,如搭接区域涂层破损脱落、密封橡胶老化导致燃油/润滑油泄漏等。根据现场反馈和调研结果分析,G地、H地空气稀薄、太阳辐射强烈、昼夜温差大,非金属老化现象严重,直升机故障率高。图8-1~图8-5给出了高原环境下直升机机体搭接部位涂层破损脱落、旋翼及旋翼关节轴承磨损/涂层剥落、外露电缆老化/密封橡胶龟裂等典型老化现象。

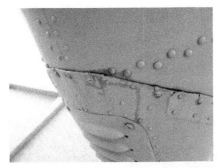 

图8-1　机体搭接部位涂层破损脱落

图8-2　直升机起落架轮毂连接部位涂层脱落

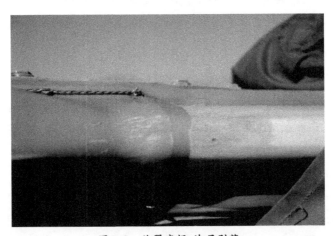

图8-3　旋翼磨损、涂层剥落

图 8-4　旋翼关节轴承磨损

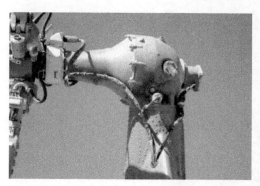 

图 8-5　外露电缆老化、密封橡胶龟裂

8.4　地面停放自然环境谱编制

8.4.1　环境因素数据采集实施

根据4.3节实施方法，在高原地区G地和H地持续开展为期12个月的环境因素数据采集工作，获取温度、相对湿度、太阳辐射（总辐射、紫外辐射）、气压、日照时数、降水（降雨量、降雨时数）、风向风速等，大气中氮氧化物、大气中沙尘粒子、降雨pH值等大气污染物含量数据，并结合当地近年温度、相对湿度、气压、风向风速等数据开展环境谱编制工作。

8.4.2　环境因素数据报表

针对便携式自动气象站、温湿度传感器采集获得的气象因素数据和收集的外场温湿度数据、人工采集获取的大气污染物数据，在环境数据核查比对、异常数据剔除的基础上，对环境因素原始数据进行详尽的统计分析，为后续环境因素数据分析和高原直升机地面停放环境谱编制提供基础数据。

表8-1~表8-4列出了G地和H地某年温湿度等年报数据，G地和H地2021年主要气象因素年报数据；表8-5~表8-12列出了G地和H地2021年主要大气污染物年报数据；表8-13列出了G地机库内2021年温湿度年报数据。

第八章 高原地区直升机地面停放环境谱编制

表 8-1 G 地某年温湿度等数据年报表

气象环境因素		1月	2月	3月	4月	5月	6月	7月	8月	9月	10月	11月	12月	平均	年最高	年最低
温度/℃	月平均	−0.4	1.5	6.5	9.0	12.7	18.6	18.6	18.1	17.6	14.2	5.8	3.4	10.5		
	月最高	14.1	16.5	21.8	19.7	23.1	29.8	28.2	30.2	26.7	24.8	18.7	14.9	22.4	30.2	
	月最低	−12.1	−11.0	−4.0	0.3	3.3	1.5	9.8	8.4	8.9	0.1	−7.4	−8.5	−0.9		−12.1
相对湿度/%	月平均	20	20	30	36	43	46	59	54	50	30	21	17	36		
	月最大	86	85	94	94	94	93	95	95	91	87	69	60	87	95	
	月最小	1	1	2	2	3	5	21	16	5	3	2	1	5		1
气压/hPa	月平均	650	652	653	654	655	653	654	655	655	654	654	651	653		
	月最高	665	661	659	662	660	660	661	662	662	666	665	660	662	666	
	月最低	642	643	625	640	646	648	649	649	648	647	626	637	642		625
平均风速/(m/s)		2.5	2.6	3.1	3.2	3.4	3.5	2.7	2.3	2.1	2.9	2.7	2.3	2.8	—	—

表 8-2 G 地 2021 年主要气象因素年报表

2021年

气象环境因素		1月	2月	3月	4月	5月	6月	7月	8月	9月	10月	11月	12月	合计	平均	年最高	年最低
温度/℃	月平均	2.7	2.6	7.4	9.2	14.1	18.7	17.2	16.6	14.3	12.7	4.7	2.0	—	10.2	—	—
	月最高	18.6	20.9	20.1	20.7	27.7	29.1	26.7	27.1	24.4	24.2	20	16.3	—	23.0	29.1	—
	月最低	-12.4	-12.5	-5.4	-4.9	0.6	7.5	9.6	9.1	3.4	-3.2	-10.2	-11.8	—	-2.5	—	-12.5
相对湿度/%	月平均	22	26	31	28	45	40	58	63	57	40	28	23	—	38	—	—
	月最大	91	93	98	89	97	93	95	96	96	93	86	72	—	92	98	—
	月最小	1	1	3	2	7	9	14	20	12	2	3	1	—	6	—	1
气压/hPa	月平均	651	653	653	654	654	654	655	656	658	656	657	652	—	654	—	—
	月最高	659	663	662	663	660	659	661	661	664	663	666	660	—	662	666	—
	月最低	643	642	639	640	647	648	649	651	652	649	644	643	—	646	—	639
平均风速/(m/s)		1.6	1.5	1.9	2.1	2.0	2.1	1.5	1.4	1.4	1.5	1.5	1.4	—	1.7	—	—
日照时数/h		271	251	254	237	227	273	209	194	236	287	261	262	2962	—	—	—
降雨量/mm		0	0.3	5.6	0.1	58.5	26.8	108.2	129.5	40.5	0.6	0	0	370.1	—	—	—
太阳辐射/(MJ/m²)	紫外辐射	16.6	17.5	20	21.6	33.7	42.4	37.0	34.2	31.3	29.2	16.5	15.1	315.1	—	—	—
	总辐射	618.2	677.4	823.5	910	840.3	883.5	736.5	672.4	645.6	641.6	662.7	577.8	8689.5	—	—	—

第八章 高原地区直升机地面停放环境谱编制

表 8-3 H 地某年温湿度等数据年报表

气象环境因素		某年												合计	平均	年最高	年最低
		1月	2月	3月	4月	5月	6月	7月	8月	9月	10月	11月	12月				
温度/℃	月平均	2.2	4.4	6.4	10.3	13.1	17.0	17.7	17.2	15.9	9.4	5.3	1.8	—	10.1		
	月最高	15.5	17.5	19.6	20.4	27.3	27.2	28.5	26.1	28.8	20.7	17.6	12.5	—	21.8	28.8	
	月最低	−9.1	−7.0	−3.7	−1.5	2.7	5.9	9.9	10.4	6.8	−4.5	−7.3	−11.6	—	−0.8		−11.6
相对湿度/%	月平均	46	51	56	51	57	60	68	69	67	56	46	45	—	56		
	月最大	90	89	91	88	90	91	91	92	92	90	91	90	—	90	92	
	月最小	4	8	9	8	13	11	30	32	18	7	4	8	—	13		4
气压/hPa	月平均	710	711	712	713	712	711	710	712	714	716	715	714	—	713		
	月最高	717	720	720	719	718	718	714	715	720	724	723	723	—	719	723	
	月最低	702	703	703	706	707	703	705	706	709	709	706	707	—	706		702
平均风速/(m/s)		2.1	2.3	2.0	2.2	2.4	2.5	1.4	1.4	1.5	2.4	1.9	1.7	—	2.0	—	—

表8-4 H地2021年主要气象因素年报表

气象环境因素		2021年												合计	平均	年最高	年最低
		1月	2月	3月	4月	5月	6月	7月	8月	9月	10月	11月	12月				
温度/℃	月平均	2.8	4.1	7.3	8.7	13.4	16.9	16.8	16.7	14.4	12.5	5.7	2.9	—	10.2	—	—
	月最高	13.8	16.7	18.6	21.5	25.6	27.1	29.0	27.2	25.7	25.2	21.1	13.8	—	22.1	29.0	—
	月最低	−10.2	−10	−2.1	−1.7	0.5	8.5	10.1	9.1	3.9	−0.8	−8.4	−9.6	—	−0.9	—	−10.2
相对湿度/%	月平均	49	46	56	60	62	68	75	75	72	66	54	53	—	61	—	—
	月最大	95	95	94	95	96	97	97	98	97	97	95	93	—	96	98	—
	月最小	7	4	5	5	13	28	26	25	16	22	6	11	—	14	—	4
气压/hPa	月平均	711	713	713	714	712	712	712	713	716	715	716	713	—	713	—	—
	月最高	719	720	720	721	718	716	717	717	720	722	723	720	—	719	723	—
	月最低	705	705	703	704	705	705	706	707	709	709	708	707	—	706	—	703
平均风速/(m/s)		1.6	1.8	1.7	1.8	1.7	1.6	1.2	1.2	1.2	1.3	1.4	1.3	—	1.5	—	—
日照时数/h		189	194	152	163	109	149	135	124	159	156	174	173	1877	—	—	—
降雨量/mm		0.4	1.1	11.1	27.6	12.9	3.0	27.1	115.2	86.8	44.0	1.6	0.1	330.9	—	—	—
太阳辐射/(MJ/m²)	紫外辐射	14.0	15.8	16.8	19.2	23.7	31.5	29.0	26.7	25.3	22.4	13.7	12.5	250.6	—	—	—
	总辐射	519.1	597.5	666.9	768.4	619.5	653.9	595.1	548.9	541.5	474.2	534.1	464.9	6984.0	—	—	—

表8-5　G地2021年大气污染物含量年报表

月份	沉积率/(mg/(100cm²·d))			降水分析		
	氯离子	二氧化硫	氮氧化物	pH值	硫酸根离子/(mg/m³)	氯离子/(mg/m³)
1	0.0015	0.0065	0.0000	—	—	—
2	0.0000	0.0006	0.0000	—	—	—
3	0.0009	0.1234	0.0002	—	—	—
4	0.0000	0.0322	0.0000	—	—	—
5	0.0068	0.0122	0.0004	—	—	—
6	0.0065	0.0327	0.0001	—	—	—
7	0.0002	0.0000	0.0002	7.76	933	1533
8	0.0020	0.0206	0.0000	6.83	750	1600
9	0.0101	0.0047	0.0000	—	—	—
10	0.0104	0.0193	0.0000	—	—	—
11	0.0019	0.0000	0.0003	—	—	—
12	0.0000	0.0000	0.0000	—	—	—
平均	0.0034	0.0210	0.0001	7.30	842	1567
最高	0.0104	0.1234	0.0004	7.76	933	1600
最低	0.0000	0.0000	0.0000	6.83	750	1533

注：1.表中"—"表示"未检出"或"无数据"，下同。

2.环境因素采集实施周期内，受限于采集条件、协调实施和实际降水情况，G地采集的雨水次数偏少，雨水pH值、雨水中硫酸根离子和氯离子含量数据可能不具代表性，仅供参考。

3.G地采集的雨水中含有较多泥沙等沉积物，可能导致降水分析数据失真，下同。

表8-6　H地2021年大气污染物含量年报表

月份	沉积率/(mg/(100cm²·d))			降水分析		
	氯离子	二氧化硫	氮氧化物	pH值	硫酸根离子/(mg/m³)	氯离子/(mg/m³)
1	0.0000	0.0067	0.0000	—	—	—
2	0.0006	0.3291	0.0000	—	—	—
3	0.0000	0.0000	0.0000	7.60	1300	9600
4	0.0000	0.0077	0.0000	7.27	2100	8467
5	0.0024	0.0307	0.0003	7.63	0	7000

续表

月份	沉积率/(mg/(100cm²·d))			降水分析		
	氯离子	二氧化硫	氮氧化物	pH值	硫酸根离子/(mg/m³)	氯离子/(mg/m³)
6	0.0082	0.0142	0.0001	7.72	300	3600
7	0.0003	0.0000	0.0001	6.74	0	0
8	0.0000	0.0158	0.0000	6.89	133	0
9	0.0020	0.0031	0.0000	6.51	0	0
10	0.0039	0.0049	0.0000	6.84	0	67
11	0.0004	0.0000	0.0006	7.89	0	10200
12	0.0000	0.0000	0.0000	—	—	—
平均	0.0015	0.0344	0.0001	7.23	426	4326
最高	0.0082	0.3291	0.0006	7.89	2100	10200
最低	0.0000	0.0000	0.0000	6.51	0	0

表8-7　G地2021年降尘量年报表

月份	降尘量/(g/(m²·30d))	
	水溶性	非水溶性(降尘+沙尘)
1	1.8900	2.2227
2	0.6364	1.6800
3	1.8900	7.1245
4	0.4582	6.0309
5	1.1673	7.0309
6	0.2364	5.4064
7	2.3782	8.9118
8	0.8400	5.6127
9	1.3091	5.1909
10	—	—
11	0.4227	2.4955
12	—	—
平均	1.1228	5.1706
最高	2.3782	8.9118

续表

月份	降尘量/(g/(m²·30d))	
	水溶性	非水溶性(降尘+沙尘)
最低	0.2364	1.6800

注:G地采集的非水溶性降尘量数据既包括非水溶性的降尘也包括非水溶性的沙尘,仅供参考,下同。

表8-8　G地2021年沙尘可溶性盐成分含量年报表

月份	沙尘样品质量/g	可溶性盐成分检测项	
		氯离子含量1/(mg/kg)	氯离子含量2/(mg/m³)
1	0.2605	96	720
2	0.1778	126	720
3	0.8348	342	2080
4	0.6839	319	2040
5	0.8239	387	1700
6	0.6131	673	1780
7	1.0443	116	1180
8	0.6577	692	540
9	0.5886	421	740
10	—	—	—
11	0.2830	106	720
12	—	—	—
平均	0.5968	328	1222
最高	1.0443	692	2080
最低	0.1778	96	540

注:1.表中"氯离子含量2/(mg/m³)"数据为用蒸馏水过滤沙尘样品3次后(每次50mL,总共150mL)滤出的溶液中氯离子的含量,该数据为采用离子色谱法分析后得出的一次数据,下同。

2.表中"氯离子含量1/(mg/kg)"数据为根据"氯离子含量2"数据,结合溶液体积、沙尘样品质量等数据换算得出的二次数据,该数据直观反映了沙尘中可溶性的氯离子的质量占沙尘总质量的比例。

表8-9　G地2021年沙尘粒度年报表

月份	沙尘样品质量/g	沙尘粒度检测项			
		中位径/μm	体积平均径/μm	粒径区间/μm	百分占比/%
1	0.2605	—	—	—	—
2	0.1778	—	—	—	—

续表

月份	沙尘样品质量/g	沙尘粒度检测项			
		中位径/μm	体积平均径/μm	粒径区间/μm	百分占比/%
3	0.8348	—	—	—	—
4	0.6839	32.59	44.79	0.440~4.972	8.14
				4.972~44.04	53.57
				44.04~116.1	31.45
				116.1~306.2	6.84
5	0.8239	45.52	56.55	0.440~4.972	5.32
				4.972~44.04	43.29
				44.04~116.1	40.57
				116.1~306.2	10.82
6	0.6131	—	—	—	—
7	1.0443	—	—	—	—
8	0.6577	—	—	—	—
9	0.5886	—	—	—	—
10	—	—	—	—	—
11	11.0000	29.10	39.68	0.440~4.972	8.02
				4.972~44.04	59.35
				44.04~116.1	27.96
				116.1~306.2	4.67
12	—	—	—	—	—
平均	0.5968	35.74	47.01	—	—
最高	1.0443	45.52	56.55	—	—
最低	0.1778	29.10	39.68	—	—

注：部分月份采集的沙尘样品因总量过少、异物污染等，无法满足用激光粒度仪进行粒度分析的相关要求，下同。

表8-10 H地2021年降尘量年报表

月份	降尘量/(g/(m²·30d))	
	水溶性	非水溶性（降尘+沙尘）
1	1.6545	9.5991

续表

月份	降尘量/(g/(m²·30d))	
	水溶性	非水溶性(降尘+沙尘)
2	0.9491	8.0682
3	0.7564	7.7873
4	0.8391	8.4473
5	1.3236	5.6182
6	0.6036	3.4982
7	0.3745	13.0664
8	0.3782	0.9982
9	0.4227	2.3245
10	—	—
11	1.0964	9.0173
12	—	—
平均	0.8398	6.8425
最高	1.6545	13.0664
最低	0.3745	0.9982

表8-11　H地2021年沙尘可溶性盐成分含量年报表

月份	沙尘样品质量/g	可溶性盐成分检测项	
		氯离子含量1/(mg/kg)	氯离子含量2/(mg/m³)
1	1.1248	99	740
2	0.8539	141	800
3	0.9125	145	880
4	0.9579	132	840
5	0.6583	383	1680
6	0.3967	446	1180
7	1.5311	90	920
8	0.1170	1333	1040
9	0.2636	535	940
10	—	—	—

续表

月份	沙尘样品质量/g	可溶性盐成分检测项	
		氯离子含量1/(mg/kg)	氯离子含量2/(mg/m³)
11	1.0226	129	880
12	—	—	—
平均	0.7838	343	990
最高	1.5311	1333	1680
最低	0.1170	90	740

表8-12 H地2021年沙尘粒度年报表

月份	沙尘样品质量/g	沙尘粒度检测项			
		中位径/μm	体积平均径/μm	粒径区间/μm	百分占比/%
1	1.1248	43.68	65.11	0.440~4.972	4.45
				4.972~44.04	45.87
				44.04~116.1	33.81
				116.1~633.6	15.87
2	0.8539	35.71	57.58	0.440~4.972	5.25
				4.972~44.04	53.51
				44.04~116.1	28.55
				116.1~633.6	12.69
3	0.9125	35.44	46.50	0.440~4.972	5.09
				4.972~44.04	55.29
				44.04~116.1	33.04
				116.1~306.2	6.58
4	0.9579	32.75	41.89	0.440~4.972	5.78
				4.972~44.04	58.44
				44.04~116.1	31.33
				116.1~306.2	4.45
5	0.6583	—	—	—	—
6	0.3967				
7	1.5311				
8	0.1170	—	—	—	—

续表

月份	沙尘样品质量/g	沙尘粒度检测项			
		中位径/μm	体积平均径/μm	粒径区间/μm	百分占比/%
9	0.2636	—	—	—	—
10	—	—	—	—	—
11	1.0226	—	—	—	—
12	—	—	—	—	—
平均	0.7838	36.90	52.77	—	—
最高	1.5311	43.68	65.11	—	—
最低	0.1170	32.75	41.89	—	—

表8-13 G地2021年机库内温湿度数据年报表

因素		2021年												平均	年最高	年最低
		1月	2月	3月	4月	5月	6月	7月	8月	9月	10月	11月	12月			
温度/℃	月平均	10.8	7.3	6.9	7.1	10.6	12.6	16.4	20.7	20.4	19.9	18.4	17.1	14.0	30.6	-4.0
	月最高	30.6	26.4	24.8	24.9	24.8	20.7	26.8	28.3	26.8	28.7	24.2	28.2	26.3		
	月最低	0.2	-2.5	-3.5	-4.0	1.4	4.5	5.7	12.2	14.0	11.4	9.6	8.4	4.8		
相对湿度/%	月平均	21	18	19	23	32	27	41	39	51	53	48	32	34	83	6
	月最大	42	41	64	53	77	64	79	68	78	83	83	69	67		
	月最小	8	7	6	6	9	7	16	16	23	27	22	9	13		

8.4.3 环境因素数据分析

8.4.3.1 外场环境因素数据分析

1. 气象因素时间变化历程对比分析

依据表8-1~表8-4中数据,对G地、H地温度、相对湿度、气压、0°太阳总辐射、0°紫外辐射、日照时数、降雨总量、风速等主要气象因素进行对比分析,结果如下。

1)温度

图8-6给出了G地、H地2018年、2021年月平均温度、月最高温度、月最低温度随时间变化的趋势图。2018年、2021年的统计数据显示,G地、H地气候四季分明,温度随时间成类弦函数规律变化,夏季最高,冬季较低,最高温度出现在6~9月份,最低温度出现在12月~次年2月份。具体而言,G地全年平均温度为10.4℃,年最高温度为30.2℃,年最低温度为-12.5℃;H地全年平均温度为10.2℃,年最高温度为29.0℃,年最低温度为-11.6℃,两地月平均温度相近。

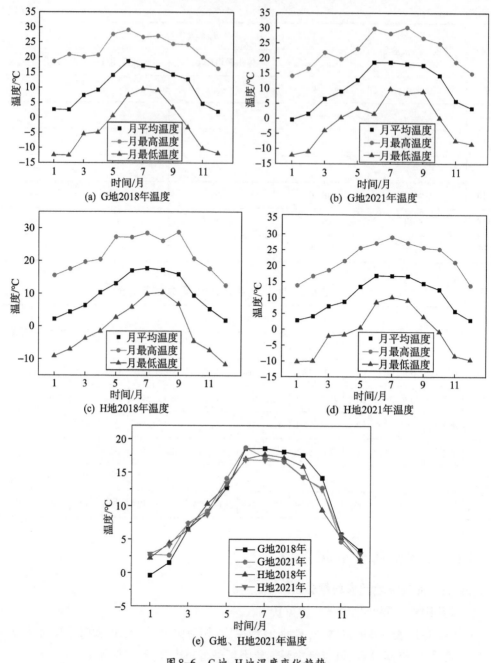

图 8-6　G 地、H 地温度变化趋势

2）相对湿度

图 8-7 给出了 G 地、H 地 2018 年、2021 年月平均相对湿度、月最高相对湿度、月最低相对湿度随时间变化的趋势图。2018 年、2021 年的统计数据显示，G 地、H 地全年月平均相对湿度随时间成类弦函数规律变化，夏季最高，冬季较低，最高湿度出现在 7~8 月份，最低湿度出现在 12 月~次年 2 月份。具体而言，G 地全年平均相对湿度为 37%，年最高相对湿度为 98%，年最低相对湿度为 1%，全年较为干燥；H 地全年平均相对湿度为 59%，年

最高相对湿度为98%,年最低相对湿度为4%,相对G地较为润湿,但年平均相对湿度与内陆湿热、沿海湿热等环境相比仍偏低。

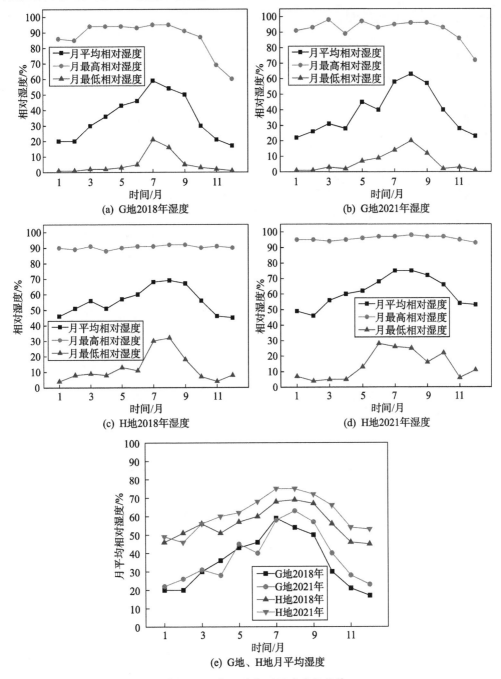

图8-7　G地、H地相对湿度变化趋势

3) 气压

图8-8给出了G地、H地2018年、2021年月平均气压、月最高气压、月最低气压随时间变化的趋势图。2018年、2021年的统计数据显示,G地、H地全年气压变化幅度不大,

约为平原地区的60%~70%，后者相对略高。具体而言，G地全年平均气压为655hPa、年最高气压为666hPa、年最低气压为625hPa；H地全年平均气压为713hPa、年最高气压为723hPa、年最低气压为702hPa。

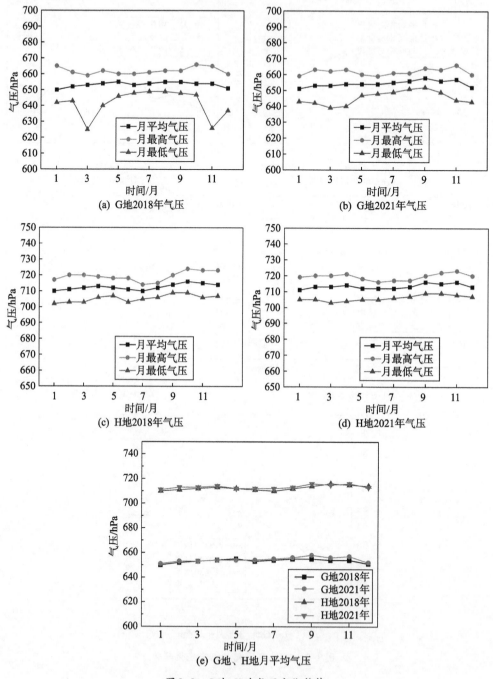

图8-8 G地、H地气压变化趋势

4）太阳总辐射和紫外总辐射

图8-9~图8-10给出了G地、H地2021年月0°太阳总辐射和月0°紫外总辐射随时间

变化的趋势图。2021年的统计数据显示，G地、H地太阳总辐射和紫外总辐射随时间均大致成类弦曲线规律，春夏交接季最高，冬季较低。具体而言，G地全年太阳总辐射为8689.5MJ/m²，紫外总辐射为315.1MJ/m²，远高于内陆湿热、沿海湿热、高寒高沙等其他环境，约为内陆湿热地区的2~3倍，强烈的太阳总辐射和紫外辐射会对非金属类材料的老化造成显著影响；而H地全年太阳总辐射和紫外总辐射均低于G地，分别为6984.0MJ/m²（高于内陆湿热、沿海湿热、高寒高沙等其他环境）和250.6MJ/m²。

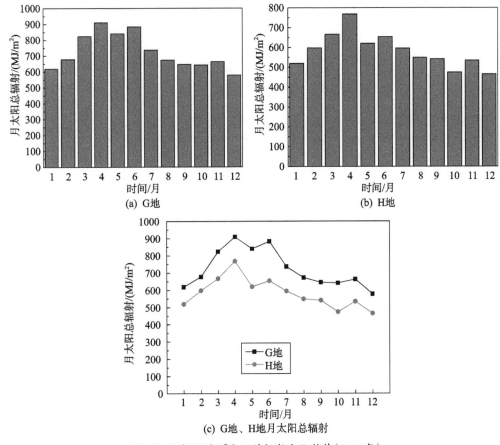

图8-9　G地、H地0°太阳总辐射变化趋势(2021年)

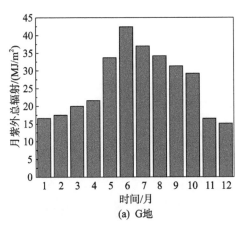

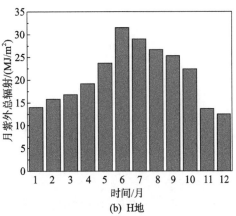

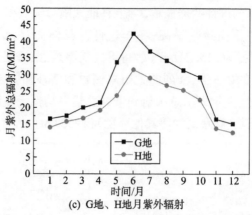

(c) G地、H地月紫外辐射

图 8-10　G地、H地 0°紫外辐射变化趋势（2021年）

5）日照时数

图 8-11 给出了 G 地、H 地 2021 年月日照时数随时间变化的趋势图。2021 年的统计数据显示，G 地、H 地月日照时数变化幅度较小，与季节无明显关联。具体而言，G 地全年日照总时数为 2962h（约为内陆湿热地区的 3 倍），H 地为 1877h，前者约为后者的 1.6 倍。

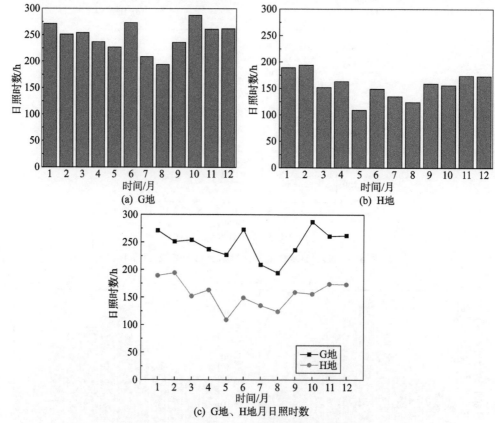

图 8-11　G地、H地日照时数变化趋势（2021年）

6）降雨量

图 8-12 给出了 G 地、H 地 2021 年月降雨总量随时间变化的趋势图。2021 年的统计

数据显示，G地和H地全年降水量较少且分布不均，主要集中在夏季，8月份降水量最大，冬春季降水较少，降水量仅在几毫米范围内，甚至长期不降雨。具体而言，G地全年降雨总量为370.1mm，H地为330.9mm，两者相当，约为沿海湿热地区的1/5。

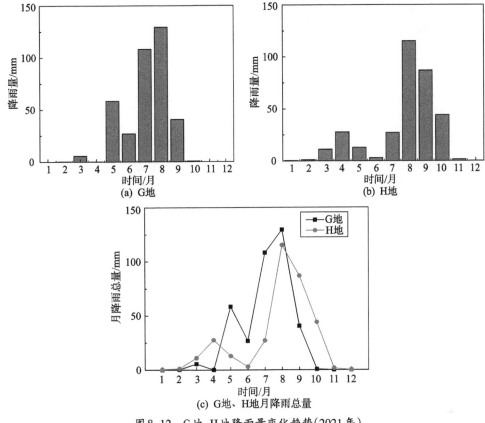

图8-12 G地、H地降雨量变化趋势（2021年）

7）风速

图8-13给出了G地、H地2018年、2021年月平均风速随时间变化的趋势图。2018年、2021年的统计数据显示，G地、H地月平均风速相近，前者略高，两地全年月平均风速整体变化不大。具体而言，G地全年平均风速为2.3m/s，H地为1.8m/s。

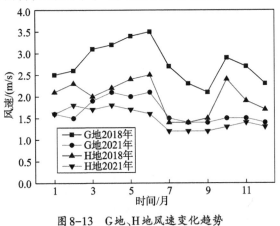

图8-13 G地、H地风速变化趋势

G地、H地2018年、2021年气象因素数据的对比表明：以月平均值/累积值数据为比较对象，年太阳总辐射、年紫外总辐射、年日照时数数据G地高于H地，其余月平均相对湿度、月平均气压数据H地高于G地，月平均温度、年降雨总量、月平均风速数据两地相当，且两地温度、太阳辐射、降雨等环境因素与季节关联度较大，量值水平上通常呈现夏季较高、冬春季较低。

2. 大气污染物时间变化历程对比分析

依据表8-5~表8-12中数据，对G地、H地大气中NO_2、大气中SO_2、大气中Cl^-和雨水pH值、雨水中SO_4^{2-}、雨水中Cl^-，以及降尘和沙尘等主要大气污染物进行对比分析，结果如下。

1) 大气中NO_2沉积率

图8-14给出了G地、H地2021年大气中NO_2沉积率随时间变化的趋势。2021年的统计数据显示，G地、H地大气中氮氧化物含量均极少，部分月份长期未检出，可以忽略不计。

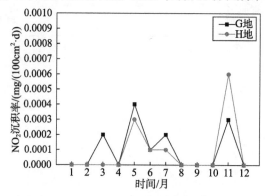

图8-14 G地、H地NO_2沉积率变化趋势（2021年）

2) 大气中SO_2沉积率

图8-15给出了G地、H地2021年大气中SO_2沉积率随时间变化的趋势。2021年的统计数据显示，G地和H地大气中SO_2沉积率相近，后者略高，全年最大值出现在2~3月份，但与内陆湿热、沿海湿热、高寒高沙等其他环境相比，大气中SO_2沉积率量值偏低，部分月份长期未检出。具体而言，G地全年平均SO_2沉积率为$0.0210mg/(100cm^2·d)$，最大值为$0.1234mg/(100cm^2·d)$；H地全年平均SO_2沉积率为$0.0344mg/(100cm^2·d)$，最大值为$0.3291mg/(100cm^2·d)$。

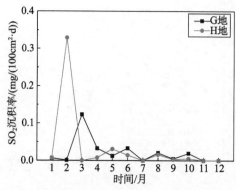

图8-15 G地、H地SO_2沉积率变化趋势（2021年）

3) 大气中 Cl^- 沉积率

图 8-16 给出了 G 地、H 地 2021 年大气中 Cl^- 沉积率随时间变化的趋势。2021 年的统计数据显示，G 地、H 地大气中 Cl^- 含量均很少，部分月份长期未检出，同样可以忽略不计。具体而言，G 地全年平均 Cl^- 沉积率为 $0.0034mg/(100cm^2 \cdot d)$，最大值为 $0.0104mg/(100cm^2 \cdot d)$；H 地全年平均 Cl^- 沉积率为 $0.0015mg/(100cm^2 \cdot d)$，最大值为 $0.0082mg/(100cm^2 \cdot d)$。

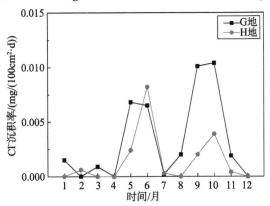

图 8-16　G 地、H 地 Cl^- 沉积率变化趋势（2021 年）

4) 雨水 pH 值

图 8-17 给出了 G 地、H 地 2021 年雨水 pH 值随时间变化的趋势。2021 年的统计数据显示，G 地、H 地雨水 pH 值在 6.51~7.89 间浮动，雨水基本呈中性。具体而言，G 地全年雨水 pH 值平均为 7.30，最小值为 6.83；H 地全年雨水 pH 值平均为 7.23，最小值为 6.51。（特别指出，由于从 G 地、H 地采集的雨水中含有较多泥沙等沉积物，可能导致降水分析数据失真，此处结论仅供参考。）

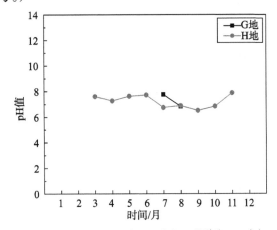

图 8-17　G 地、H 地雨水 pH 值变化趋势（2021 年）
（注：图中折线中断处表示"未检出"或"无数据"，下同）

5) 雨水中 SO_4^{2-} 浓度

图 8-18 给出了 G 地、H 地 2021 年雨水中 SO_4^{2-} 浓度随时间变化的趋势。2021 年的统计数据显示，G 地、H 地两地全年雨水中 SO_4^{2-} 浓度量值极低，H 地部分月份长期未检出，可以忽略不计。具体而言，G 地数据缺失严重，全年雨水中 SO_4^{2-} 浓度平均为 $842mg/m^3$，最大

值为933mg/m³;H地全年雨水中SO_4^{2-}浓度平均为426mg/m³,最大值为2100mg/m³。

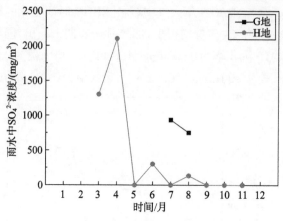

图8-18　G地、H地雨水中SO_4^{2-}浓度变化趋势(2021年)

6) 雨水中Cl^-浓度

图8-19给出了G地、H地2021年雨水中Cl^-浓度随时间变化的趋势。2021年的统计数据显示,G地、H地两地全年雨水中Cl^-浓度量值较低,H地波动较大且部分月份长期未检出,同样可以忽略不计。具体而言,G地数据缺失严重,全年雨水中Cl^-浓度平均为1567mg/m³,最大值为1600mg/m³;H地全年雨水中Cl^-浓度平均为4326mg/m³,最大值为10200mg/m³。

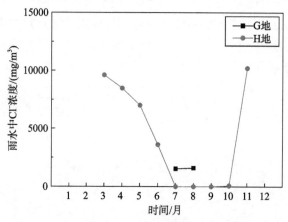

图8-19　G地、H地雨水中Cl^-浓度变化趋势(2021年)

7) 降尘量(水溶性降尘量和非水溶性降尘量)

图8-20~图8-21给出了G地、H地2021年大气中月平均水溶性降尘量和月平均非水溶性降尘量随时间变化的趋势。2021年的统计数据显示,G地全年平均水溶性降尘量为1.1228g/(m²·30d),年最高为2.3782g/(m²·30d);H地全年平均水溶性降尘量为0.8398g/(m²·30d),年最高为1.6545g/(m²·30d),与G地相近,G地略高。G地全年平均非水溶性降尘量为5.1706g/(m²·30d),年最高为8.9118g/(m²·30d);H地全年平均非水溶性降尘量为6.8425g/(m²·30d),年最高为13.0664g/(m²·30d),与G地相近,H地略高。整体来看,G地、H地外场降尘量并不高,显著低于高寒高沙环境。

第八章 高原地区直升机地面停放环境谱编制

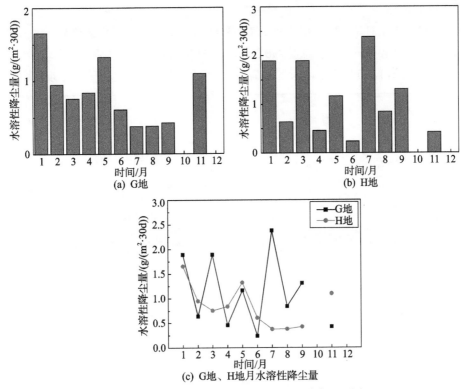

图 8-20　G 地、H 地水溶性降尘量变化趋势（2021 年）

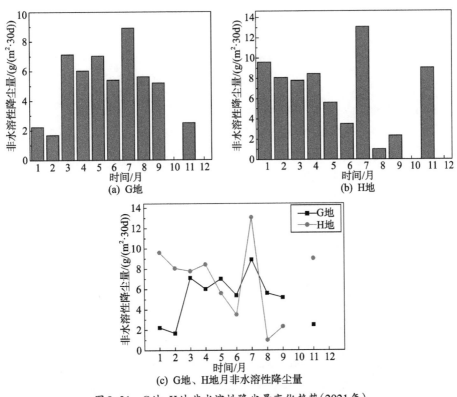

图 8-21　G 地、H 地非水溶性降尘量变化趋势（2021 年）

8) 沙尘总量

图 8-22 给出了 G 地、H 地 2021 年大气中月沙尘总量随时间变化的趋势。2021 年的统计数据显示,G 地全年平均沙尘总量为 0.5968g,年最高为 1.0443g;H 地全年平均沙尘总量为 0.7838g,年最高为 1.5311g。整体来看,G 地、H 地沙尘总量并不高,显著低于高寒高沙环境。

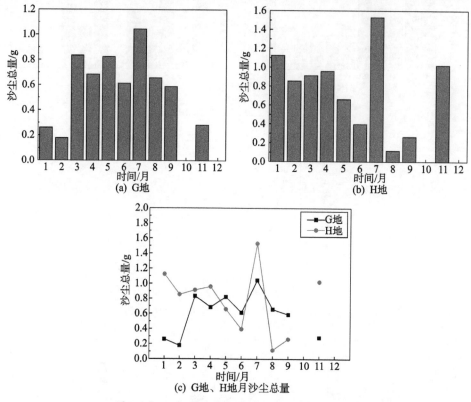

图 8-22 G 地、H 地沙尘总量变化趋势(2021 年)

9) 沙尘可溶性盐成分(氯离子含量)

图 8-23 给出了 G 地、H 地 2021 年大气中月沙尘可溶性盐成分(氯离子含量)随时间变化的趋势。2021 年的统计数据显示,G 地全年平均可溶性盐成分(氯离子含量)为 328mg/kg,年最高为 692mg/kg;H 地全年平均可溶性盐成分(氯离子含量)为 343mg/kg,年最高为 1333mg/kg。整体来看,G 地、H 地外场沙尘可溶性盐成分(氯离子含量)较少。

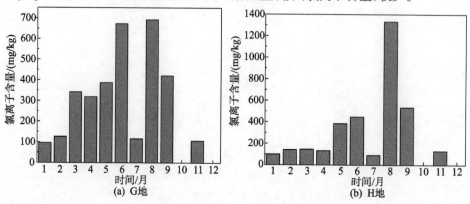

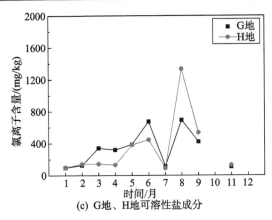

(c) G地、H地可溶性盐成分

图 8-23　G地、H地沙尘可溶性盐成分(氯离子含量)变化趋势(2021年)

10) 沙尘粒度

图 8-24 以 H 地沙尘粒度 1 月检测结果为例给出了典型沙尘粒度分布图。图 8-25 给出了 G 地、H 地 2021 年大气中月沙尘粒度(中位径)随时间变化的趋势图。2021 年的统计数据显示,G 地全年平均沙尘粒度(中位径)为 35.74μm,年最高为 45.52μm;H 地全年平均沙尘粒度(中位径)为 36.90μm,年最高为 43.68μm,两地沙尘粒度相近。

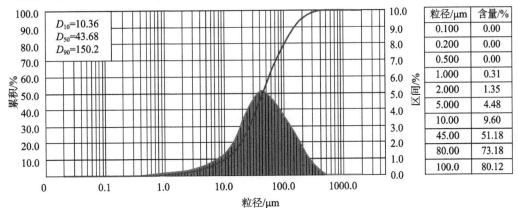

图 8-24　典型沙尘粒度分布(H地外场沙尘粒度检测——1月)

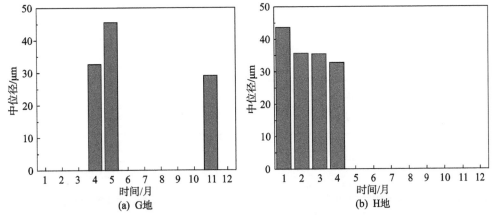

(a) G地

(b) H地

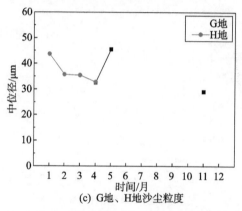

(c) G地、H地沙尘粒度

图 8-25　G地、H地沙尘粒度(中位径)变化趋势(2021年)

G地、H地2021年大气污染物环境因素数据的对比表明：以年平均值为比较对象，大气中NO_2沉积率、Cl^-沉积率和雨水中SO_4^{2-}浓度、Cl^-浓度数据两地均可以忽略不计，SO_2沉积率、雨水pH值、水溶性降尘量、非水溶性降尘量、沙尘总量、沙尘可溶性盐成分(氯离子含量)、沙尘粒度(中位径)等数据两地相当。

基于上述环境因素时间变化历程对比分析，将G地、H地主要环境因素对比结果汇总，如表8-14所列。

表 8-14　G地、H地主要环境因素量值比较

序号	环境因素对比项	量值比较
1	温度	G地≈H地
2	相对湿度	G地<H地
3	气压	G地<H地
4	0°太阳总辐射、0°紫外辐射	G地>H地
5	日照时数	G地>H地
6	降雨总量	G地≈H地，G地略高
7	风速	G地≈H地，G地略高
8	大气中NO_2沉积率	量值极低，可以忽略不计
9	大气中SO_2沉积率	G地≈H地，H地略高，整体量值偏低
10	大气中Cl^-沉积率	量值很低，可以忽略不计
11	雨水pH值	均基本呈中性
12	雨水中SO_4^{2-}浓度	量值极低，可以忽略不计
13	雨水中Cl^-浓度	量值较低，可以忽略不计
14	水溶性降尘量	G地≈H地，G地略高，整体量值偏低
15	非水溶性降尘量	G地≈H地，H地略高，整体量值偏低

续表

序号	环境因素对比项	量值比较
16	沙尘总量	G地≈H地,H地略高,整体量值偏低
17	沙尘可溶性盐成分(氯离子含量)	G地≈H地,整体量值偏低
18	沙尘粒度(中位径)	G地≈H地

3. 典型环境特征参数量值对比分析

针对采集到的高原地区环境因素数据,为便于理解主要环境因素量值水平的相对大小,选取同处高原环境的西藏拉萨自然环境大气暴露试验站与G地、H地进行典型环境特征参数量值对比,拉萨站属寒温高原气候环境,其环境类型典型,具有高海拔、低气压、强辐射、含氧量少、昼夜/冬夏温差大等特点,环境因素统计数据较为齐全。

表 8-15~表 8-19 给出了G地、H地与拉萨站户外在温度、湿度、气压、太阳辐射、降水、雨水pH值等典型环境特征参数方面的统计对比数据。表中G地、H地环境因素数据为2021年实测数据,拉萨站为2018年~2021年近3年间统计数据。

表 8-15　G地、H地与拉萨站户外温湿度数据

地点	温度/℃			湿度/%		
	年均值	年极大值	年极小值	年均值	年极大值	年极小值
G地	10.4	30.2	−12.5	37	98	1
H地	10.2	29.0	−11.6	59	98	4
拉萨站户外	8.6	30.6	−17.8	41	98	0

表 8-16　G地、H地与拉萨站户外气压数据

地点	气压/hPa		
	年均值	年极大值	年极小值
G地	655	666	625
H地	713	723	702
拉萨站户外	650	662	637

表 8-17　G地、H地与拉萨站太阳辐射数据

地点	总辐射/(MJ/m^2)	紫外辐射/(MJ/m^2)	总日照时数/h
G地	8689.5	315.1	2962
H地	6984.0	250.6	1877
拉萨站户外	8223.4	350.5	2843

表 8-18　G 地、H 地与拉萨站降雨量数据

地点	年降雨总量/mm
G 地	370.1
H 地	330.9
拉萨站户外	443.1

表 8-19　G 地、H 地与拉萨站户外主要大气污染物数据

地点	大气污染物数据(年平均值)	
	大气中 SO_2 mg/(100cm²·d)	雨水 pH 值 —
G 地	0.0210	7.30
H 地	0.0344	7.23
拉萨站户外	0.0320	6.93

依据表中数据,对 G 地、H 地温度、相对湿度、气压、太阳总辐射、紫外总辐射、日照时数、降雨总量等主要气象因素和大气中 SO_2、雨水 pH 值等主要大气污染物的量值水平相对大小进行对比分析,结果如下。

1) 温度

图 8-26 给出了 G 地、H 地外场与拉萨站户外年平均温度、年最高温度、年最低温度对比图。由表 8-15 和图 8-26 可得:G 地、H 地外场温度与拉萨站相近,年平均温度略高于拉萨站户外。

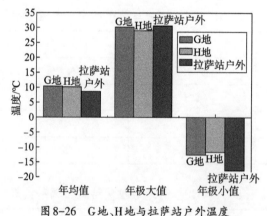

图 8-26　G 地、H 地与拉萨站户外温度

2) 相对湿度

图 8-27 给出了 G 地、H 地与拉萨站户外年平均相对湿度、年最高相对湿度、年最低相对湿度对比图。由表 8-15 和图 8-27 可得:G 地年平均相对湿度与拉萨站相近(略低于拉萨站),二者均低于 H 地。

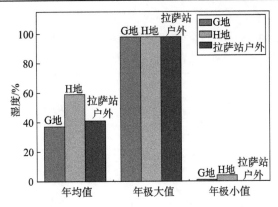

图 8-27　G 地、H 地与拉萨站户外相对湿度

3）气压

图 8-28 给出了 G 地、H 地与拉萨站户外年平均气压、年最高气压、年最低气压对比图。由表 8-16 和图 8-28 可得：G 地年平均气压与拉萨站相近，二者均低于 H 地。

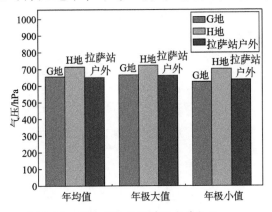

图 8-28　G 地、H 地与拉萨站户外气压

4）太阳总辐射和紫外辐射

图 8-29 给出了 G 地、H 地与拉萨站户外年 0°太阳总辐射和 0°紫外辐射对比图。由表 8-17 和图 8-29 可得：G 地 0°太阳总辐射和 0°紫外辐射与拉萨站相近，二者均高于 H 地。

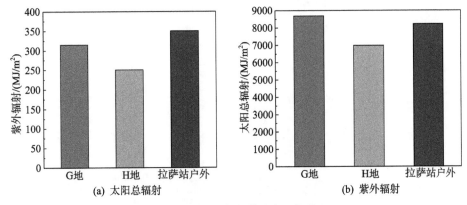

(a) 太阳总辐射　　(b) 紫外辐射

图 8-29　G 地、H 地与拉萨站太阳辐射

5）日照时数

图 8-30 给出了 G 地、H 地与拉萨站户外日照时数对比图。由表 8-17 和图 8-30 可得：G 地外场日照时数与拉萨站相近，二者均高于 H 地。

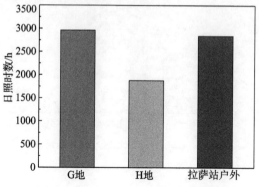

图 8-30　G 地、H 地与拉萨站日照时数

6）降雨总量

图 8-31 给出了 G 地、H 地与拉萨站户外降雨总量对比图。由表 8-18 和图 8-31 可得：G 地、H 地降雨总量均略低于拉萨站户外。

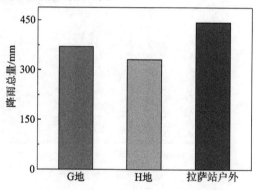

图 8-31　G 地、H 地与拉萨站降雨总量

7）大气中 SO_2 沉积率

图 8-32 给出了 G 地、H 地与拉萨站户外大气中 SO_2 沉积率对比图。由表 8-19 和图 8-32 可得：H 地大气中 SO_2 沉积率与拉萨站户外相当，H 地略高，二者均高于 G 地。

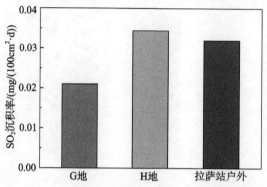

图 8-32　G 地、H 地与拉萨站户外大气中 SO_2 沉积率

G地、H地与拉萨站户外典型环境特征参数量值的对比表明：量值水平上，以年平均值/年累积值数据为比较对象，G地、H地外场年平均温度数据与拉萨站户外接近，拉萨站略低；而年降雨总量均略低于拉萨站户外；G地年平均相对湿度、年平均气压、0°太阳总辐射和0°紫外辐射、日照时数数据与拉萨站户外相当（年平均相对湿度、年平均气压低于H地，0°太阳总辐射和0°紫外辐射、日照时数高于H地），H地大气中SO_2含量数据与拉萨站户外相当，高于G地。

基于上述环境因素量值水平对比分析，将G地、H地外场主要环境因素与拉萨站户外对比结果汇总，如表8-20所列。

表8-20 G地、H地、拉萨站主要环境因素量值比较

序号	环境因素对比项	量值比较
1	温度	三地相近，拉萨站户外略低
2	相对湿度	G地≈拉萨站户外<H地
3	气压	G地≈拉萨站户外<H地
4	0°太阳总辐射、0°紫外辐射	H地<G地≈拉萨站户外
5	日照时数	H地<G地≈拉萨站户外
6	降雨总量	H地≈G地<拉萨站户外
7	大气中SO_2沉积率	G地<拉萨站户外≈H地

4. 高原地区整体环境特征分析

1）G地、H地2021年实测数据与同地区常年数据对比分析

在G地、H地实测了2021年的环境因素数据，考虑到自然环境的波动性、突变性及复杂性，分析2021年实测数据与同地区其他年份数据的差异，可以对实测数据进行简单校验和极端气候年份判定。

由表8-15~表8-19的对比分析可得：G地、H地外场2021年实测数据与同地区2021年数据对比，在年平均温度、年平均相对湿度、年太阳总辐射、年日照时数、年降水总量等主要气象因素数据方面，量值上无显著差异。这表明G地、H地2021年属于正常气候年份，其2021年外场实测数据结合2016—2018年数据可以用于本地区环境特征分析。

2）基于温湿度数据的气候类型分析

G地、H地属于典型的高原地区，其2018年、2021年气象数据表明：G地、H地空气稀薄、气候寒冷，主要特征是太阳辐射特别是紫外辐射强，气温日变化大，降水较少且季节性分布不均。

GB/T 4797.1—2018《环境条件分类 自然环境条件 温度和湿度》中以温度和湿度的日平均值的年极值的平均值为依据对不同气候类型进行了划分。参照该标准，G地、H地2018年、2021年温湿度数据表明：G地、H地所处区域气候环境具有寒温Ⅱ气候类型环境特点。

综上所述，G地、H地所处区域气候环境具有寒温高原环境特点。

3）G地、H地大气腐蚀性分类

GB/T 19292.1—2018《金属和合金的腐蚀　大气腐蚀性　第1部分:分类、测定和评估》中给出了依据标准金属腐蚀速率确定大气腐蚀性等级(C)的方法。参照该标准,G地、H地外场2018年、2021年数据表明(表8-21):G地、H地所处环境大气腐蚀性等级为$C1$级(腐蚀性很低)。

表8-21　G地、H地大气腐蚀性等级(标准金属评估法)

地点	试验时间	金属腐蚀速率/(μm/a)				大气腐蚀性等级
		碳钢	锌	铜	铝	
G地外场	3个月(第1周期)	0.026	0.014	0.024	0.013	$C1$
	6个月(第2周期)	0.039	0.003	0.007	0.012	$C1$
	9个月(第3周期)	0.036	0.004	0.004	0.007	$C1$
	12个月(第4周期)	0.032	0.003	0.003	0.001	$C1$
H地外场	3个月(第1周期)	0.038	0.016	0.006	0.013	$C1$
	6个月(第2周期)	0.026	0.005	0.004	0.011	$C1$
	9个月(第3周期)	0.026	0.005	0.005	0.007	$C1$
	12个月(第4周期)	0.015	0.004	0.002	0.001	$C1$

4）结论

整体而言,G地、H地环境具有如下环境特点:

(1) 年平均气压很低、波动不大(G地655hPa、H地713hPa,约为平原地区的60%~70%);

(2) 年平均温度中等(G地10.4℃、H地10.2℃),全年温度变化范围较大(G地(-12.5~30.2℃)、H地(-11.6~29.0℃)),冬季温度较低、低温时间较长、昼夜温差大;

(3) 太阳辐射特别是紫外辐射强(G地8689.5MJ/m²、315.1MJ/m²,H地6984.0MJ/m²、250.6MJ/m²,远高于内陆湿热、沿海湿热、高寒高沙等其他环境,约为内陆湿热地区的2~3倍);

(4) 温度、太阳辐射、降雨等环境因素与季节关联度较大(一般夏季较高、冬春季较低);

(5) 年平均相对湿度较低(G地37%、H地59%);

(6) 空气较为干燥且大气污染物含量很低;

(7) 存在少量降尘和沙尘(沙尘粒度较小);

(8) 降水较少且季节性分布不均,雨水pH值呈中性;

(9) 大气腐蚀性等级很低(C1级)，但对非金属类材料的老化影响显著。

8.4.3.2 机库环境因素数据分析

1. 机库温湿度量值与时间变化历程对比分析

图8-33给出了G地外场和机库2021年月平均温湿度数据随时间变化趋势，表8-22列出了外场和机库温湿度均值和极值统计数据。

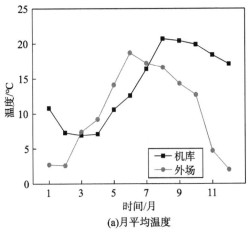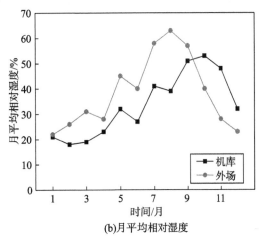

(a) 月平均温度　　　　　　　　　　(b) 月平均相对湿度

图8-33　G地外场和机库月平均温湿度随时间变化趋势

表8-22　机库温湿度数据统计(2021年)

地点	温度/℃			湿度/%		
	年均值	年极大值	年极小值	年均值	年极大值	年极小值
G地外场	10.4	30.2	-12.5	37	98	1
G地机库	14.0	30.6	-4.0	34	83	6

由图8-33和表8-22可得：机库和相应外场的月平均温度、月平均湿度随时间变化波动趋势基本一致，量值上机库内8月~次年2月月平均温度高于外场，3~7月低于外场，10~12月月平均湿度高于外场，1~9月低于外场。具体而言，2021年实测数据显示，机库内年平均温度为14.0℃，比外场高3.6℃，机库内年平均相对湿度为34%，比外场低3%。

G地：机库年平均温度=外场年平均温度+3.6℃

机库年平均相对湿度=外场年平均相对湿度-3%

机库和外场温湿度数据的对比显示，秋冬季(9月~次年2月)机库具有一定的保温效果，但最冷月份，机库内仍有可能出现零度以下低温。上述分析表明，尽管G地年平均温度和相对湿度均不高，但对于具有控温控湿要求(如某些直升机要求贮存时控制温湿度在"三七线"以下)的直升机型号，冬春季在机库内停放时，最冷时候应注意采取保温措施；秋季部分月份可采取除湿措施。

2. 机库温湿度滞后效应分析

图8-34给出了外场和机库2021年11月1日和2021年5月31日整点温湿度数据随

时间变化趋势。

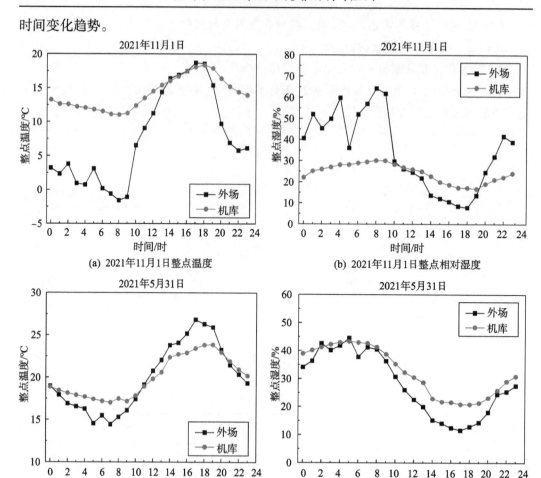

图 8-34 G 地外场和机库整点温湿度随时间变化趋势

由图 8-34 可知:同一环境条件下,机库内温湿度变化与外场温湿度之间基本保持一致,略微存在一定程度的滞后效应,即外场达到最低、最高温湿度的时间比机库早 1~2h,换言之,机库内温湿度变化较外场滞后约 1~2h。这种现象与机库半敞开环境有关,机库内空气温度、水分与外界的传递和交换需要一定的时间稳定。

8.4.4 高原地区直升机地面停放自然环境谱编制

8.4.4.1 G 地直升机地面停放环境谱编制

以 G 地 2021 年的环境因素统计数据为基础,以近 3 年温湿度等极值数据为补充,以月、年为单位,分析统计温度、相对湿度、太阳辐射等环境要素的强度、持续时间、发生频率以及时间比例,形成各单项环境要素月谱和年谱,如温度谱(表 8-23、图 8-35)、相对湿度谱(表 8-24、图 8-36)、温度-湿度组合谱(表 8-25)、日照辐射谱(表 8-26)、降水谱(表 8-27)、大气污染物谱等,然后对单项环境要素谱进行归并处理,按雨、盐雾、工业废气、潮湿空气、日照的顺序逐一给出各种环境条件的时间比例、作用时间、作用次数、作用强度等,形成 G 地直升机地面停放自然环境谱(表 8-28)。

第八章 高原地区直升机地面停放环境谱编制

表 8-23　G 地外场温度谱

月份	1	2	3	4	5	6	7	8	9	10	11	12	年平均
平均温度/℃	2.7	2.6	7.4	9.2	14.1	18.7	17.2	16.6	14.3	12.7	4.7	2.0	10.2
极高温度/℃	30.2												
极低温度/℃	−12.5												
温度/℃	−10~−5	−5~0	0~5	5~10	10~15	15~20	20~25	25~30	30~35	35~40		
作用时间/月	0	0	4	2	3	3	0	0	0	0		

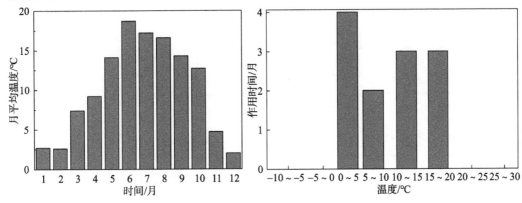

图 8-35　G 地外场平均温度月谱

表 8-24　G 地外场相对湿度谱

月份	1	2	3	4	5	6	7	8	9	10	11	12	年平均
平均相对湿度/%	22	26	31	28	45	40	58	63	57	40	28	23	38
极高相对湿度/%	98												
极低相对湿度/%	1												
相对湿度/%	10~20	20~30	30~40	40~50	50~60	60~70	70~80	80~90	90~100			
作用时间/月	0	5	1	3	2	1	0	0	0			

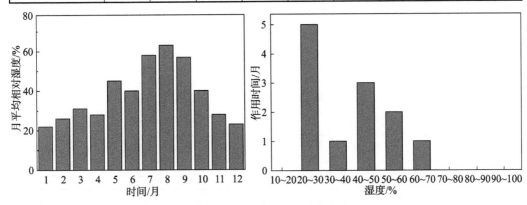

图 8-36　G 地外场平均湿度月谱

表 8-25 G 地外场温度-湿度组合谱

温度/℃		−14~−10	−9~−5	−4~0	1~5	6~10	11~15	16~20	21~25	26~30
湿度持续时间/h	RH<50%	25	201	531	894	1204	1259	1069	818	139
	50%≤RH<60%	7	87	88	62	79	188	329	8	0
	60%≤RH<70%	0	51	41	41	96	199	174	0	0
	70%≤RH<80%	0	11	21	44	122	262	28	0	0
	80%≤RH<90%	0	0	15	51	130	289	0	0	0
	RH≥90%	0	0	19	40	44	94	0	0	0
总持续时间/h		32	350	715	1132	1675	2291	1600	826	139

表 8-26 G 地外场日照辐射谱

月份	1	2	3	4	5	6	7	8	9	10	11	12	合计
总辐射/(MJ/m^2)	618.2	677.4	823.5	910	840.3	883.5	736.5	672.4	645.6	641.6	662.7	577.8	8689.5
紫外辐射/(MJ/m^2)	16.6	17.5	20.0	21.6	33.7	42.4	37.0	34.2	31.3	29.2	16.5	15.1	315.1
日照时数/h	271	251	254	237	227	273	209	194	236	287	261	262	2962

表 8-27 G 地外场降水谱

月份	1	2	3	4	5	6	7	8	9	10	11	12	合计
降雨量/mm	0	0	0	0.3	5.6	0.1	58.5	26.8	108.2	129.5	40.5	0.6	370.1
降雨时数/h	0	0	0	0	0.1	0	1.6	1.1	2.1	1.9	0.6	0	7.4

pH 值	1~2	2~3	3~4	4~5	5~6	6~7	7~8
降水量/mm	0	0	0	0	0	26.8	58.5

注：仅7月、8月降雨测得pH值数据。

表 8-28 G 地直升机地面停放自然环境谱

环境	雨	潮湿空气	日照	沙尘
时间比例/%	—	12.7	33.8	—
作用时间/h	—	1110	2962	—
作用次数	—	—	—	—
pH 值	7.30	—	—	—
SO$_2$/(mg/100cm^2·d)	—	0.0210	—	—

续表

环境	雨	潮湿空气	日照	沙尘
NO_2/(mg/100cm²·d)	—	0.0001	—	—
Cl^-/(mg/100cm²·d)	—	0.0034	—	—
雨水 SO_4^{2-}/(mg/m³)	842	—	—	—
雨水 Cl^-/(mg/m³)	1567	—	—	—
雨量/mm	370.1	—	—	—
总辐射/(MJ/m²)	—	—	8689.5	—
紫外辐射/(MJ/m²)	—	—	315.1	—
沙尘中位径/μm	—	—	—	35.74
沙尘中 Cl^- 含量	—	—	—	328(96~692)
温度/℃	年平均温度:10.4　年极大值:30.2　年极小值:-12.5　年最大昼夜温差:28.2			
湿度/%	年平均湿度:37　年极大值:98　年极小值:1			
气压/hPa	年平均气压:655　年极大值:666　年极小值:625			
停放时间比例(户外/库内)	1/27(户外停放时间约300h/年,库内停放时间约8160h/年)			

注:大气温度0℃以上且大气相对湿度70%以上时,判定为潮湿空气(下同)。

8.4.4.2　H地直升机地面停放环境谱编制

以H地2021年的环境因素统计数据为基础,以近3年温湿度等极值数据为补充,以月、年为单位,分析统计温度、相对湿度、太阳辐射等环境要素的强度、持续时间、发生频率以及时间比例,形成各单项环境要素月谱和年谱,如温度谱(表8-29、图8-37)、相对湿度谱(表8-30、图8-38)、温度-湿度组合谱(表8-31)、日照辐射谱(表8-32)、降水谱(表8-33)、大气污染物谱等,然后对单项环境要素谱进行归并处理,按雨、盐雾、工业废气、潮湿空气、日照的顺序逐一给出各种环境条件的时间比例、作用时间、作用次数、作用强度等,形成H地直升机地面停放自然环境谱(表8-34)。

表8-29　H地外场温度谱

月份	1	2	3	4	5	6	7	8	9	10	11	12	年平均
平均温度/℃	2.8	4.1	7.3	8.7	13.4	16.9	16.8	16.7	14.4	12.5	5.7	2.9	10.2
极高温度/℃	29.0												
极低温度/℃	-11.6												
温度/℃	-20~-15	-15~-10	-10~-5	-5~0	0~5	5~10	10~15	15~20	20~25	25~30	30~35	35~40	
作用时间/月	0	0	0	0	3	3	3	3	0	0	0	0	

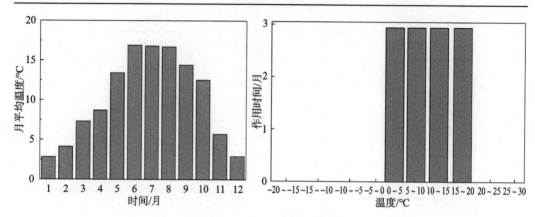

图 8-37 H 地外场平均温度月谱

表 8-30 H 地外场相对湿度谱

月份	1	2	3	4	5	6	7	8	9	10	11	12	年平均
平均相对湿度/%	49	46	56	60	62	68	75	75	72	66	54	53	61
极高相对湿度/%	98												
极低相对湿度/%	4												
相对湿度/%	10~20	20~30	30~40	40~50	50~60	60~70	70~80	80~90	90~100				
作用时间/月	0	0	0	2	4	3	3	0	0				

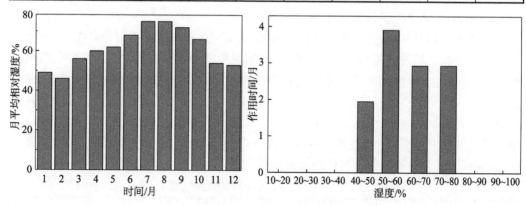

图 8-38 H 地外场平均湿度月谱

表 8-31 H 地外场温度-湿度组合谱

	温度/℃	−9~−5	−4~0	1~5	6~10	11~15	16~20	21~25	26~30
湿度持续时间/h	RH < 50%	4	70	361	849	679	447	427	50
	50%≤RH < 60%	15	94	324	245	187	236	143	0
	60%≤RH < 70%	42	136	325	238	175	356	49	0
	70%≤RH < 80%	50	131	183	215	284	310	2	0

续表

温度/℃		-9~-5	-4~0	1~5	6~10	11~15	16~20	21~25	26~30
湿度持续时间/h	80%≤RH<90%	18	71	229	224	491	171	0	0
	RH≥90%	0	15	73	118	699	24	0	0
总持续时间/h		129	517	1495	1889	2515	1544	621	50

表8-32 H地外场日照辐射谱

月份	1	2	3	4	5	6	7	8	9	10	11	12	合计
总辐射/(MJ/m²)	519.1	597.5	666.9	768.4	619.5	653.9	595.1	548.9	541.5	474.2	534.1	464.9	6984.0
紫外辐射/(MJ/m²)	14.0	15.8	16.8	19.2	23.7	31.5	29.0	26.7	25.3	22.4	13.7	12.5	250.6
日照时数/h	189	194	152	163	109	149	135	124	159	156	174	173	1877

表8-33 H地外场降水谱

月份	1	2	3	4	5	6	7	8	9	10	11	12	合计
降雨量/mm	1.6	0.1	0.4	1.1	11.1	27.6	12.9	3.0	27.1	115.2	86.8	44.0	330.9
降雨时数/h	0	0	0.1	0.2	0.5	0.9	0.9	1.9	1.2	1.5	1.2	0.5	8.9
pH值	1~2		2~3		3~4		4~5		5~6		6~7		7~8
降水量/mm	0		0		0		0		0		158.2		127.0

注:1月、2月、12月降雨未测得pH值数据。

表8-34 H地直升机地面停放自然环境谱

环境	雨	潮湿空气	日照	沙尘
时间比例/%	—	34.8	21.4	—
作用时间/h	—	3048	1877	—
作用次数	—	—	—	—
pH值	7.23	—	—	—
SO_2/(mg/100cm²·d)	—	0.0344	—	—
NO_2/(mg/100cm²·d)	—	0.0001	—	—
Cl^-/(mg/100cm²·d)	—	0.0015	—	—
雨水SO_4^{2-}/(mg/m³)	426	—	—	—
雨水Cl^-/(mg/m³)	4326	—	—	—

续表

环境	雨	潮湿空气	日照	沙尘
雨量/mm	330.9	—	—	—
总辐射/(MJ/m²)	—	—	6984.0	—
紫外辐射/(MJ/m²)	—	—	250.6	—
沙尘中位径/μm	—	—	—	36.90
沙尘中Cl⁻含量/(mg/kg)	—	—	—	343(90~1333)
温度/℃	年平均温度:10.2	年极大值:29.0	年极小值:-11.6	年最大昼夜温差:24.4
湿度/%	年平均湿度:61	年极大值:98	年极小值:4	
气压/hPa	年平均气压:713	年极大值:723	年极小值:703	
停放时间比例(户外/库内)	1/27(户外停放时间约300h/年,库内停放时间约8160h/年)			

8.4.4.3 高原地区直升机地面停放综合环境谱编制

根据编制的G地直升机地面停放自然环境谱和H地直升机地面停放自然环境谱,对两地各环境要素进行归并处理,按照最大程度涵盖高原地区直升机可能面临的最极端环境为原则,取两地环境要素中较为严酷的极值数据,编制高原地区直升机地面停放综合自然环境谱(表8-35)。

表8-35 高原地区直升机地面停放综合自然环境谱

环境	雨	潮湿空气	日照	沙尘
时间比例/%	—	34.8	33.8	—
作用时间/h	—	3048	2962	—
作用次数	—	—	—	—
pH值	6.51(6.51,7.89)	—	—	—
SO_2/(mg/100cm²·d)	—	0.0344(0.0000~0.3291)	—	—
NO_2/(mg/100cm²·d)	—	0.0001(0.0000~0.0006)	—	—
Cl^-/(mg/100cm²·d)	—	0.0034(0.0000~0.0104)	—	—
雨水SO_4^{2-}/(mg/m³)	842(0,2100)	—	—	—
雨水Cl^-/(mg/m³)	4326(0~10200)	—	—	—
雨量/mm	370.1	—	—	—
总辐射/(MJ/m²)	—	—	8689.5	—
紫外辐射/(MJ/m²)	—	—	315.1	—
沙尘中位径/μm	—	—	—	36.90(29.10~45.52)

续表

环境	雨	潮湿空气	日照	沙尘
沙尘中Cl⁻含量/(mg/kg)	—	—	—	343(90~1333)
温度/℃	年平均温度:10.4　年极大值:30.2　年极小值:-12.5　年最大昼夜温差:28.2			
湿度/%	年平均湿度:61　年极大值:98　年极小值:1			
气压/hPa	年平均气压:654　年极大值:723　年极小值:625			
停放时间比例(户外/库内)	1/27(户外停放时间约300h/年,库内停放时间约8160h/年)			

8.5 地面停放加速模拟试验环境谱编制

8.5.1 地面停放加速模拟试验环境谱编制对象

根据前期调研结果,直升机在高原地区服役时,直升机蒙皮铆接结构存在搭接区域涂层破损脱落等现象。基于此,本书以某型直升机蒙皮结构外用涂层体系为编谱对象,开展地面停放加速模拟试验环境谱编制研究,为实验室条件下复现高原环境下直升机腐蚀/老化损伤情况提供方法和技术支撑。

8.5.2 地面停放加速模拟试验环境谱设计

直升机蒙皮外用涂层体系所处环境主要为外界停放自然环境。根据前述高原地区环境特征分析,G地、H地主要特点为:年平均气压很低、波动不大,年平均温度中等,全年温度变化范围较大,冬季温度较低、低温时间较长、昼夜温差大,太阳辐射特别是紫外辐射强,温度、太阳辐射、降雨等环境因素与季节关联度较大,年平均相对湿度较低,空气较为干燥且大气污染物含量很低,存在少量降尘和沙尘(沙尘粒度较小),降水较少且季节性分布不均,雨水pH值呈中性等。

在高原地区大气环境下,蒙皮外用涂层体系主要受太阳辐射、温度和湿度、降尘和沙尘、以及大气中各种污染物等环境因素的综合作用,导致涂层老化失效。因此,根据上述环境因素的交互作用情况,设计紫外/冷凝试验、低气压-温度试验(低气压-低温、低气压-高温循环冲击试验)、沙尘试验、盐溶液喷雾-干燥试验组成的加速试验谱。同时,考虑到机身蒙皮结构件在地面停放阶段和飞行阶段时经受动静态交变载荷环境因素的作用,可能导致涂层出现微裂纹等现象,加速涂层在地面停放环境中的腐蚀/老化,因此参考美军CASS谱设计低温疲劳试验补充加速试验谱,以体现交变载荷对蒙皮结构和表面防护涂层的影响。其作用顺序反映了直升机停放时白天太阳辐射高、气压低、户外昼夜/冬夏温差大、降尘和沙尘较多、夜间凝露、干湿交替及腐蚀介质侵蚀等实际情况。

1. 低温疲劳试验

机身蒙皮结构件在地面停放阶段和飞行阶段经受的动静态交变载荷环境因素对表面防护涂层和铆接部位会产生影响。空中分析同第7.5节,考虑到直升机空中飞行时,空中温度低于地面温度,考虑最极端情况,设计疲劳试验在低温条件下开展。其中,G地、H地2018—2021年的地面最低温度为-12.5℃,高原直升机通常飞行高度在5000m左右,飞行阶段温度比地面温度低约30℃,因此设计在(-43±2)℃条件下开展疲劳试验。

2. 紫外/冷凝试验

太阳辐射光谱对有机涂层的作用主要是紫外线引起的涂层光降解。参照ASTM D5894《涂漆金属盐雾/紫外线循环暴露标准规程》、GB/T 16422.3—1997《塑料实验室光源暴露试验方法 第3部分:荧光紫外灯》的有关试验条件,确定紫外/冷凝试验的试验条件为:辐照水平为340nm下1.1W/(m²·nm),每12h循环中包括(60±1)℃下8h的紫外线试验及(50±1)℃下4h的冷凝试验。

此外,考虑到直升机全年仅少数时间在户外(包括户外停放+户外飞行)接受太阳光照射,合理假定户外停放时间与户外飞行时间均为有日照时间,且太阳总紫外辐射可以平均分布到日照时间内(不考虑太阳辐射在日照时间内的变化),以此估算涂层试样全年可能接收的紫外辐射。G地2021年实测的太阳总紫外辐射为315.1MJ/m²,全年日照时数为2962h,户外停放时间和户外飞行时间均取300h,辐照水平为340nm下1.1W/(m²·nm)紫外光照射等效的总紫外辐射为60W/m²,因此,设计紫外/冷凝试验总时间为18d(315.1MJ/m²×1/4.94(户外时间占全年总日照时数的比例600h/2962h)÷60W/m²÷3600s÷16h(每24h内紫外照射16h)≈18d),以模拟涂层试样全年接收的紫外辐射。

3. 低气压-温度试验(低气压-低温试验、低气压-高温循环冲击试验)

高原环境下,受低温等环境因素影响,直升机机身蒙皮结构件表面涂层易变脆、变硬(导致柔韧性降低),同时在冷热温度循环冲击作用下,结构件表面涂层易因热胀冷缩等产生微裂纹,加速涂层的老化损伤;而低气压条件往往会导致涂层老化降解后产生的小分子加速逸出,对涂层老化产生一定程度的促进作用。参照GJB 150.2A—2009《军用装备实验室环境试验方法 第2部分:低气压(高度)试验》、GJB 150.3A—2009《军用装备实验室环境试验方法 第3部分:高温试验》、GJB 150.4A—2009《军用装备实验室环境试验方法 第4部分:低温试验》和GJB 150.5A—2009《军用装备实验室环境试验方法 第5部分:温度冲击试验》的有关试验条件,根据G地、H地2018—2021年的地面最高温度(30.2℃)、地面最低温度(-12.5℃)和最低气压625hPa,设计在恒定低压条件下开展高温循环冲击试验,恒定低压控制为(600±50)hPa,高温循环冲击试验中低温温度取前述低温疲劳试验中的温度(-43±2)℃、最高空气温度取(30±1)℃,试样响应温度暂按比最高空气温度低5℃取(25±1)℃,低温持续时间4h、高温持续时间2h,循环冲击次数为3次。

4. 沙尘试验

地面停放环境下,直升机机身蒙皮结构件表面涂层受降尘、沙尘等环境因素的影响主要表现在两方面:一方面沙尘等大颗粒物质的冲击作用易导致结构连接部位涂层破损脱落;另一方面降尘和沙尘中的可溶性、非可溶性成分,会改变结构件表面状态,导致出现吸潮、临界润湿湿度降低等现象,尤其是其中腐蚀性较强的氯溶解于雨水(雪水)、露水、表面润湿膜中后,会加速涂层/金属界面的腐蚀/老化反应。

参照GJB 150.12A—2009《军用装备实验室环境试验方法 第12部分》的有关试验

条件,设计常温(((23 ± 1))℃)吹尘+高温吹尘+高温吹沙的组合试验以模拟降尘、沙尘对直升机机身蒙皮结构件的影响。其中,高温吹尘、吹沙试验的温度根据G地、H地2018—2021年的地面最高温度30.2℃设计为(30 ± 1)℃,相对湿度≤30%,吹尘试验和吹沙试验的风速根据最大月平均风速3.5m/s控制在3~4m/s,吹尘试验中尘的直径参考实测沙尘平均中位径35.74~36.90μm控制在30~149μm、吹沙试验中沙的直径参考实测沙尘最大粒径区间116.1~633.6μm控制在150~650μm,吹尘试验浓度为(10.6 ± 7)g/m³、吹沙试验浓度为(2.2 ± 0.5)g/m³,吹尘、吹沙试验的安装方向均为受试面垂直于沙尘吹来方向(使试件承受最大的磨蚀影响),吹尘试验持续时间为12h(6h常温+6h高温)、吹沙试验持续时间为1.5h(推荐开展吹沙预试验,根据预试验结果酌情调整吹沙试验时间)。

5. 盐溶液喷雾-干燥试验

大气环境中的腐蚀介质(污染物)包括含氯气体、含硫氧化物气体、氮氧化物气体等,它们对直升机结构表面涂层老化、附着力降低也有一定的影响。一方面,污染气体可以溶入有机涂层表面上所形成的水膜中,从而形成导电的电解质溶液,然后进入涂层/金属界面发生腐蚀反应,腐蚀产物与分子链上基团反应;另一方面,污染气体扩散到涂层内部,气体中的活性基团与分子链上的某些基团反应,改变分子链结构,从而导致有机涂层发生老化。

在潮湿空气环境中,涂层试样表面会因凝露而产生一层水膜。由G地、H地的雨水分析结果可知,G地、H地2021年降雨pH值最低为6.61、最高为7.89。同时,考虑到G地、H地大气中含有一定的含硫氧化物气体,因此,参照ASTM D5894-05《涂漆金属盐雾/紫外线循环暴露标准规程》,确定盐溶液喷雾-干燥试验的试验条件为:采用0.05%的Na_2SO_4溶液,用稀硫酸或NaOH溶液调整pH值为6~8(中性),来模拟大气环境中的腐蚀介质作用,盐溶液的沉降率控制为1~3mL/(80cm²·h)。

其次,暴露于大气环境中的涂层会经历反复的湿润-干燥过程,使涂层表面的腐蚀介质浓度不断增加,加速腐蚀。根据G地、H地2018—2021年相对湿度统计结果,其全年润湿时间(按温度0℃以上、相对湿度≥80%记为润湿)与干燥时间的比值约为1:1.9(取表8-35中潮湿空气极值3048h计算),因此,采用1:2作为喷雾/干燥的循环时间比例,即每24h循环中8h喷雾,16h通风干燥,以突出干湿交替对涂层的影响。喷雾温度综合考虑G地、H地地面温度以及盐溶液中溶解氧浓度取$T=(35\pm1)$℃;参照ASTM D5894-05《涂漆金属盐雾/紫外线循环暴露标准规程》和GJB 150.11A—2009《军用装备实验室环境试验方法 第11部分:盐雾试验》,确定干燥温度$T=(35\pm1)$℃,干燥湿度RH≤(50 ± 3)%,一个周期试验时间7天。

通过上述分析,确定的直升机蒙皮涂层体系高原地区地面停放加速模拟试验环境谱如图8-39所示。初步分析,该试验谱循环一个周期,约相当于在高原地区直升机户外地面停放1年,具体当量加速关系通过采用该试验谱开展外用涂层体系实验室加速模拟试验验证,验证试验的总循环次数推荐为2~3个循环或5~8个循环。实际试验时,加速试验谱的总循环次数推荐根据试验需要和实际当量加速关系酌情设定,如需要模拟一个大修周期内涂层的整体防护性能时,可以考虑开展8个循环的实验室加速模拟试验。

① 低温疲劳试验

波形：正弦波；
峰值：74.5MPa；
谷值：4.47MPa；
应力比：0.06；
频率：16Hz；
循环次数：8000次；
温度：$T=(-43\pm2)℃$。

↓

② 紫外/冷凝试验

一个周期试验时间：18d；
辐射强度：340nm下$1.1W/(m^2·nm)$；
程序循环周期：每12h循环中紫外试验8h，冷凝试验4h；
温度：紫外试验$T=(60\pm1)℃$，冷凝试验$T=(50\pm1)℃$；
灯源：UVA-340荧光灯。

↓

③ 低气压–温度试验(低气压–低温试验、低气压–高温循环冲击试验)

循环冲击次数：3次；
温度：低温$(-43\pm2)℃$、最高空气温度$(30\pm1)℃$、试样响应温度$(25\pm1)℃$；
持续时间：低温4h、高温2h；
气压：$(600\pm50)hPa$。

↓

④ 沙尘试验

吹尘试验：
风速：$(3\sim4)m/s$；
浓度：$(10.6\pm7)g/m^3$；
尘的直径：$30\sim149\mu m$；
相对湿度：$RH\leqslant30\%$；
温度：常温$T=(23\pm1)℃$、高温$T=(30\pm1)℃$；
持续时间：常温6h+高温6h。
吹沙试验：
风速：$(3\sim4)m/s$；
浓度：$(2.2\pm0.5)g/m^3$；
尘的直径：$150\sim650\mu m$；
相对湿度：$\leqslant30\%$；
温度：高温$T=(30\pm1)℃$；
持续时间：1.5h。

↓

⑤ 盐溶液喷雾–干燥试验

一个周期试验时间：7d；
盐雾条件：0.05%硫酸钠溶液，用稀硫酸或NaOH溶液调整pH值为6~8，盐溶液沉降率控制为$1\sim3mL/(80cm^2·h)$；
程序循环周期：8h喷雾，16h通风干燥；
温度：喷雾$T=(35\pm1)℃$，干燥$T=(35\pm1)℃$；
湿度：干燥湿度$RH\leqslant(50\pm3)\%$。

循环（返回①）

图8-39 直升机蒙皮涂层体系地面停放加速模拟试验环境谱

8.5.3 地面停放加速模拟试验环境谱剪裁

本节在分析高原地区环境特征的基础上,采用自然环境谱当量转换技术,初步设计了直升机蒙皮外用涂层体系高原地区地面停放加速模拟试验环境谱。该环境谱经验证后可以用于高原地区直升机蒙皮涂层体系的地面停放加速模拟试验。在实际应用时,推荐根据不同的需求与具体情况,对建立的加速模拟试验环境谱进行合理剪裁,以增强环境谱的针对性、实用性和有效性。剪裁的基本原则与方法为:依据待试验对象面临的实际环境条件,根据试验目的,在不引入实际环境中不存在的环境因素及其量值的基础上,按照自然环境谱当量转换技术,参照相关标准,合理剪裁设计各试验谱块试验参数。

8.5.4 地面停放加速模拟试验环境谱验证/修正思路

直升机地面停放加速模拟试验环境谱是在直升机地面停放环境谱的基础上,采用自然环境谱当量转换技术,通过当量转换建立的,其适用性和准确性需要通过开展试验来验证支撑。针对典型蒙皮涂层结构模拟件开展了户外大气暴露试验,在此基础上推荐按照建立的高原地区直升机地面停放加速模拟试验环境谱开展1~2个循环的实验室加速模拟试验。通过持续获取典型结构模拟件户外大气暴露试验结果和实验室加速模拟试验结果,对比分析环境腐蚀/老化损伤数据,从损伤模式、环境作用机理、腐蚀损伤机理等方面,分析两种试验环境的等效性,研究加速模拟试验相对于户外大气暴露试验的加速倍率。从模拟性和加速性两方面验证地面停放加速模拟试验环境谱的有效性,并根据对比数据修正直升机地面停放加速模拟试验环境谱。

8.6 地面停放环境大气暴露试验

8.6.1 大气暴露试验对象

8.6.1.1 试验件选取依据

直升机所处环境为外界停放自然环境,其在实际地面停放环境条件下的真实腐蚀老化损伤形式和性能变化规律可以采用大气暴露试验模拟获取。需要指出的是,大气暴露试验严酷度可能高于直升机实际服役情况,如针对户外大气暴露试验,因为实际情况下直升机一般不会长期暴露于户外条件下,持续经受户外大气环境,而通常是户外-机库交替停放;但在环境-载荷耦合效应等方面大气暴露试验的环境条件又可能弱于直升机实际服役情况,因为直升机在飞行阶段其结构件还会承受交变疲劳载荷,而这种载荷与环境的耦合作用往往对结构件产生影响。因此,大气暴露试验取得的试验结果与直升机实际服役情况并不完全等效,但对于环境损伤评估与分析研究具有重要的参考价值。

高原环境下直升机存在蒙皮铆接结构搭接区域涂层破损脱落、橡胶部件老化、座舱有机玻璃破裂等问题,选择与地面停放环境具有直接关系的机身蒙皮结构模拟试验件(含金属基底、T300复材基底、T800复材基底三种类型)、某型号座舱玻璃、某型号起落架密封胶圈等三类试验件开展户外大气暴露试验。同时,补充碳钢、纯铝、纯锌、纯铜四种标准金属样品投放到外场,用于环境严酷度评级。

8.6.1.2 试验件设计与制作

1. 机身蒙皮结构模拟试验件设计与制作

机身蒙皮结构模拟试验件分金属机身蒙皮结构模拟试验件和复材机身蒙皮结构模拟试验件两类。金属机身蒙皮结构模拟试验件的结构、组成与第6.6节中结构件相同。根据复材蒙皮结构特点、承力特点和结构腐蚀/老化特征,设计复材连接件模拟复材蒙皮结构开展大气腐蚀试验,考核环境腐蚀/老化对复材机身涂层防护性能的影响。复材机身蒙皮结构模拟试验件的加工、表面处理工艺与某型直升机蒙皮结构相近,由T300/T800碳纤维复材与2A12-T4铝合金加强片通过胶铆形式连接组成。

试验件名称:复材机身蒙皮结构模拟试验件;

蒙皮基材:T300碳纤维复材/T800碳纤维复材;

加强片:2A12-T4铝合金;

金属表处工艺:铬酸盐转化(Alodine 1200s);

防护涂层:环氧富锌底漆H06-25+环氧酚醛面漆H06-26;

装配工艺:胶铆连接。

2. 标准金属试验件设计与制作

参照GB/T 19292.1—2018《金属和合金的腐蚀 大气腐蚀性 第1部分:分类、测定和评估》中的相关规定,加工碳钢、纯铝、纯锌、纯铜四种标准金属样品(图8-40),用于环境严酷度评级。

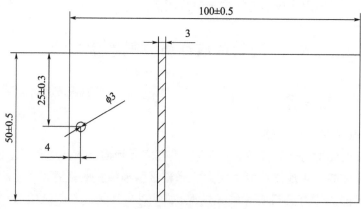

图8-40 标准金属样品

3. 其他试验件设计与制作

座舱玻璃、某型号起落架密封胶圈等试验件采用与型号产品技术状态完全一致的实物样件开展试验。

8.6.1.3 试样牌号、检测项目、检测标准

外场户外大气自然环境试验用金属蒙皮平板涂层试样、金属蒙皮涂层疲劳试样、T300复材蒙皮平板涂层试样、T800复材蒙皮平板涂层试样、某型号座舱玻璃样品、某型号起落架密封胶圈样品、碳钢/纯铝/纯锌/纯铜四种标准金属样品的试样形式、试样牌号、检测项目、检测标准等详如图8-41~图8-47和表8-36~表8-42。

图 8-41 金属蒙皮平板涂层试样

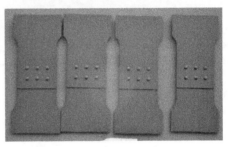
图 8-42 金属蒙皮涂层疲劳试样

图 8-43 T300 复材蒙皮平板涂层试样

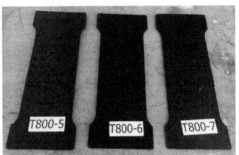
图 8-44 T800 复材蒙皮平板涂层试样

图 8-45 某型号座舱玻璃

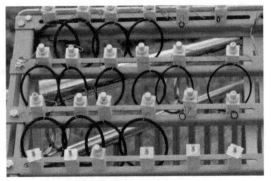
图 8-46 某型号起落架密封胶圈

图 8-47 标准金属样品

表8-36 金属蒙皮平板涂层试样

试样类型	材料牌号	表面状态	试验方式	检测项目	平行试样数量/件	检测标准
金属蒙皮平板涂层试样	铝合金 2A12-T4	硫酸阳极化+防护涂层（锌黄环氧底漆H06-2+丙烯酸聚氨酯漆SB04-1）	外场户外大气暴露	外观、光泽、色差、厚度(WG)	3	试样的上、下平板部分进行外观、光泽、色差、厚度检测，并按GB/T 1766—2008给出外观评级
				附着力(FZ)	1	按GB/T 9286—1998进行评级

表8-37 金属蒙皮涂层疲劳试样

试样类型	材料牌号	表面状态	试验方式	检测项目	平行试样数量/件	检测标准
金属蒙皮涂层疲劳试样	铝合金 2A12-T4	硫酸阳极化+防护涂层（锌黄环氧底漆H06-2+丙烯酸聚氨酯漆SB04-1）	外场户外大气暴露	疲劳性能(PL)	3	逐一对每件试样施加24万次正弦拉-拉疲劳载荷，最大应力为74MPa、最小应力为5MPa，频率为16Hz，若试样经24万次加载后未断裂，则采用拉力试验机直接测试试样静强度

表8-38 T300复材蒙皮平板涂层试样

试样类型	材料牌号	表面状态	试验方式	检测项目	平行试样数量/件	检测标准
T300复材蒙皮平板涂层试样	蒙皮基材：T300碳纤维复材 加强片：2A12-T4铝合金	底漆H06-25+环氧酚醛面漆H06-26	外场户外大气暴露	外观、光泽、色差(WG)	1	试样的上、下平板部分进行外观、光泽、色差检测，并按GB/T 1766—2008给出外观评级
				疲劳性能(PL)	1	逐一对每件试样施加24万次正弦拉-拉疲劳载荷，最大应力为74MPa、最小应力为5MPa，频率为16Hz，若试样经24万次加载后未断裂，则采用拉力试验机直接测试试样静强度

表8-39 T800复材蒙皮平板涂层试样

试样类型	材料牌号	表面状态	试验方式	检测项目	平行试样数量/件	检测标准
T800复材蒙皮平板涂层试样	蒙皮基材：T800碳纤维复材 加强片：2A12-T4铝合金	底漆H06-25+环氧酚醛面漆H06-26	外场户外大气暴露	外观、光泽、色差(WG)	1	试样的上、下平板部分进行外观、光泽、色差检测，并按GB/T 1766—2008给出外观评级
				疲劳性能(PL)	1	逐一对每件试样施加24万次正弦拉-拉疲劳载荷，最大应力为74MPa、最小应力为5MPa，频率为16Hz，若试样经24万次加载后未断裂，则采用拉力试验机直接测试试样静强度

表 8-40　某型号座舱玻璃

试样类型	材料牌号	试验方式	检测项目	平行试样数量/件	检测标准
某型号座舱玻璃	YB-2航空有机玻璃（聚甲基丙烯酸甲酯）	外场户外大气暴露	外观、透光率、傅里叶红外光谱	1	外观：采用目视或低倍放大镜观察暴露试样的表面，记录试样表面变色、开裂等情况。 透光率：参照 GB/T 2410—2008 的相关要求执行。 傅里叶红外光谱：采用傅里叶变换红外光谱（FTIR）ATR 附件检测，红外光谱测试的光谱扫描范围为 4000~400cm-1，扫描精度为 4cm-1，扫描次数为 32 次

表 8-41　某型号起落架密封胶圈

序号	试样类型与材质	试样牌号	试验方式	检测项目	平行试样数量/件	检测标准
1	某型号起落架密封胶圈	M17J04-001	外场户外大气暴露	外观	2	采用目视或低倍放大镜观察暴露试样的表面，记录试样表面变色、粉化、开裂等情况
2		M17J04-002			2	
3		M17J04-004			2	
4		M8-4100-04			2	
5		M8-4100-05			2	
6		M8-4100-14			2	
7		M8-4100-21			2	
8		M8-4100-22			2	
9		M8-5300-5			2	

表 8-42　四种标准金属样品

试样类型	材料牌号	表面状态	试验方式	检测项目	平行试样数量/件	检测标准
标准金属样品	Q235碳钢	裸材	外场户外大气暴露	腐蚀速率（FS）	3	GB/T 19292.1—2018《金属和合金的腐蚀　大气腐蚀性　第1部分：分类、测定和评估》。 GB/T 16545—2015《金属和合金的腐蚀　腐蚀试样上腐蚀产物的清除》
	纯铝				3	
	纯锌				3	
	纯铜				3	

8.6.1.4　蒙皮涂层试样性能检测说明

蒙皮结构件在高原地区服役条件下，主要损伤形式为搭接区域涂层破损脱落等。根据蒙皮铆接结构的腐蚀/老化特征，针对户外大气暴露试验蒙皮结构模拟试验件，确定检测项目、评价指标/参数如表 8-43 所列。

表 8-43 蒙皮平板涂层试样检测项目与评价指标/参数

主要损伤形式	检测项目		评价指标/参数	核心特征参数
搭接区域涂层鼓泡破损脱落	宏观形貌		涂层光泽/失光率/失光等级	
			涂层色差/色差值/色差等级	
			涂层厚度/厚度损失值	
			涂层粉化/粉化等级	
			涂层起泡/起泡等级	√
			涂层脱落/脱落等级	√
			涂层生锈/生锈等级	√
			涂层开裂/开裂等级	
			涂层长霉/长霉等级	
	微观分析		傅里叶红外光谱	
	附着力		附着力等级	
	…		…	
基材腐蚀/老化	宏观形貌	金属材料	腐蚀形态(点蚀、剥蚀等)	√
			腐蚀面积	√
		非金属材料(复合材料、橡胶等)	老化形态(复材分层、纤维断裂、橡胶粉化、颜色变化等)	√
			老化面积	√
	微观分析		腐蚀/老化深度、微观形貌等	√
	其他		腐蚀/老化产物	√
			腐蚀/老化速率	√
	…		…	
铆接失效(铆钉断裂等)	宏观形貌		—	
	微观分析		断口形貌	
			断裂形式(脆性断裂/塑性断裂/疲劳断裂/腐蚀断裂/腐蚀疲劳断裂/应力腐蚀断裂等)	√
	…		…	

外观:采用光泽计、色差计和厚度仪检测试验件的光泽、色差和厚度,检查试验件表面涂层的粉化、起泡、脱落等情况,详细记录试验件的外观腐蚀形貌,如腐蚀/老化形态、腐蚀/老化面积、腐蚀/老化产物等,重点检查试验件连接部位涂层脱落以及铆钉腐蚀变化,按照GB/T 1766—2008《色漆和清漆 涂层老化的评级方法》对试验件表面涂层的失光、

变色、起泡、生锈等单项等级以及综合老化性能等级进行评定。

附着力：参照GB/T 9286—1998《色漆和清漆 漆膜的划格试验》的规定执行，每次检测1件（每件试样取3个点测试）。

疲劳性能：每一周期试样暴露期满时，取该周期试样进行疲劳性能检测，具体检测条件为：波形为正弦波；峰值为74MPa；谷值为5MPa；应力比为0.06；频率为16Hz；加载次数为240000次。若试样在加载过程中断裂，记录断裂时的加载次数；若试样未断裂，继续对试样开展静拉伸性能检测，获取最大拉力、应力-位移曲线等性能数据。

8.6.1.5 试验方式

户外大气暴露试验参照GJB 8893.1—2017《军用装备自然环境试验方法 第1部分：通用要求》和GJB 8893.2—2017《军用装备自然环境试验方法 第2部分：户外大气自然环境试验》的相关规定执行。

外场户外大气暴露试验地点位于G地、H地外场。所有试样均直接暴露于户外场地，主受试面朝南，与水平面成45°角安装于试样架上。

8.6.2 大气暴露试验过程

8.6.2.1 试样投试

外场户外大气暴露试验在G地、H地开展，样品试验照片如图8-48、图8-49所示。

图8-48 G地外场户外大气暴露试验

图8-49 H地外场户外大气暴露试验

8.6.2.2 周期检测

按照规定的检测周期检测金属蒙皮平板涂层试样的外观(图8-50)、光泽、色差、厚度和附着力,金属蒙皮涂层疲劳试样的疲劳性能,复材蒙皮平板涂层试样的外观(图8-51)、光泽、色差和疲劳性能,某型号座舱玻璃的外观,某型号起落架密封胶圈的外观,以及4种标准金属样品的腐蚀速率。

(a) G地　　　　　　　　　　(b) H地

图8-50　金属蒙皮平板涂层试样户外大气暴露12个月外观照

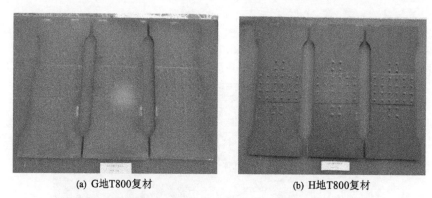

(a) G地T800复材　　　　　　(b) H地T800复材

图8-51　复材蒙皮平板涂层试样户外大气暴露12个月外观照

8.6.3　大气暴露试验结果

对典型蒙皮涂层结构模拟件、座舱玻璃、起落架密封胶圈等试验件在G地、H地大气暴露试验1年取得的试验数据进行分析,表8-44~表8-61列出了全部试样外观等性能检测结果。

表8-44　试验件外观检测结果

序号	试验地点	试样种类	试样编号/方式	试验时间/月	外观形貌检测结果
1	G地	金属蒙皮平板涂层试样	LS-WG-1	6	涂层明显沾污、轻微失光、很轻微变色
			LS-WG-2		
			LS-WG-3		
			LS-WG-1	12	涂层明显沾污、轻微失光、轻微变色
			LS-WG-2		

续表

序号	试验地点	试样种类	试样编号/方式	试验时间/月	外观形貌检测结果
1	G地	金属蒙皮平板涂层试样	LS-WG-3	12	涂层明显沾污、轻微失光、轻微变色
	H地	金属蒙皮平板涂层试样	LZ-WG-1	6	轻微失光、很轻微变色
			LZ-WG-2		
			LZ-WG-3		
			LZ-WG-1	12	轻微失光、很轻微变色
			LZ-WG-2		
			LZ-WG-3		
2	G地	T300蒙皮平板涂层试样	LS-T300-5	6	涂层明显沾污、明显失光、轻微变色
			LS-T300-6		
			LS-T300-7		
			LS-T300-5	12	涂层明显沾污、严重失光、较大变色
			LS-T300-6		
			LS-T300-7		
	H地		LZ-T300-12	6	轻微失光、轻微变色
			LZ-T300-13		
			LZ-T300-14		
			LZ-T300-12	12	明显失光、明显变色
			LZ-T300-13		
			LZ-T300-14		
3	G地	T800蒙皮平板涂层试样	LS-T800-5	6	涂层明显沾污、明显失光、明显变色
			LS-T800-6		
			LS-T800-7		
			LS-T800-5	12	涂层明显沾污、明显失光、较大变色
			LS-T800-6		
			LS-T800-7		
	H地		LZ-T800-12	6	明显失光、轻微变色
			LZ-T800-13		
			LZ-T800-14		

续表

序号	试验地点	试样种类	试样编号/方式	试验时间/月	外观形貌检测结果
3	H地	T800蒙皮平板涂层试样	LZ-T800-12	12	明显失光、明显变色
			LZ-T800-13		
			LZ-T800-14		
4	G地	某型号座舱玻璃	LS-BL-1	6	因意外破损,表面明显沾污
			LS-BL-1	12	因意外破损,表面明显沾污
	H地	某型号座舱玻璃	LZ-BL-1	6	无明显变化
			LZ-BL-1	12	无明显变化
5	G地	某型号起落架密封胶圈	—	6	无明显变化
				12	无明显变化
	H地		—	6	无明显变化
				12	无明显变化

表8-45 金属蒙皮平板涂层试样外观评级结果

试验地点	试样编号	试验时间/月	单项评级								综合评级
			失光	变色	粉化	开裂	起泡	长霉	脱落	生锈	
G地	LS-WG-1	6	2	1	0	0	0	0	0	0	0
	LS-WG-2		2	1	0	0	0	0	0	0	0
	LS-WG-3		2	1	0	0	0	0	0	0	0
	LS-WG-1	12	2*	1	0	0	0	0	0	0	0
	LS-WG-2		2*	2	0	0	0	0	0	0	0
	LS-WG-3		2	2	0	0	0	0	0	0	0
H地	LZ-WG-1	6	2	1	0	0	0	0	0	0	0
	LZ-WG-2		1	1	0	0	0	0	0	0	0
	LZ-WG-3		2	1	0	0	0	0	0	0	0
	LZ-WG-1	12	2*	1	0	0	0	0	0	0	0
	LZ-WG-2		1	1	0	0	0	0	0	0	0
	LZ-WG-3		2*	1	0	0	0	0	0	0	0

注:受测量位置可能存在细微偏差、现场测量环境条件有限无法严格控制等因素影响,测量结果往往并不会呈现十分规律的单调递增或单调递减,某些性能出现±1级的偏差均为正常现象。表中带"*"数据即表示该样品当月测得的性能等级数值低于前次测量结果,此处直接采用前次所测等级数值以便于整体老化趋势研判,下同。

表8-46　T300复材蒙皮平板涂层试样外观评级结果

试验地点	试样编号	试验时间/月	单项评级								综合评级
			失光	变色	粉化	开裂	起泡	长霉	脱落	生锈	
G地	LS-T300-5	6	—	—	0	0	0	0	0	0	0
	LS-T300-6		—	—	0	0	0	0	0	0	0
	LS-T300-7		3	2	0	0	0	0	0	0	0
	LS-T300-5	12	4	4	0	0	0	0	0	0	2
	LS-T300-6		4	4	0	0	0	0	0	0	2
	LS-T300-7		3	3	0	0	0	0	0	0	1
H地	LZ-T300-12	6	—	—	0	0	0	0	0	0	0
	LZ-T300-13		—	—	0	0	0	0	0	0	0
	LZ-T300-14		2	2	0	0	0	0	0	0	0
	LZ-T300-12	12	4	3	0	0	0	0	0	0	1
	LZ-T300-13		2	3	0	0	0	0	0	0	1
	LZ-T300-14		3	2	0	0	0	0	0	0	0

表8-47　T800复材蒙皮平板涂层试样外观评级结果

试验地点	试样编号	试验时间/月	单项评级								综合评级
			失光	变色	粉化	开裂	起泡	长霉	脱落	生锈	
G地	LS-T800-5	6	—	—	0	0	0	0	0	0	0
	LS-T800-6		—	—	0	0	0	0	0	0	0
	LS-T800-7		3	3	0	0	0	0	0	0	1
	LS-T800-5	12	4	4	0	0	0	0	0	0	2
	LS-T800-6		3	4	0	0	0	0	0	0	2
	LS-T800-7		3	3	0	0	0	0	0	0	1
H地	LZ-T800-12	6	—	—	0	0	0	0	0	0	0
	LZ-T800-13		—	—	0	0	0	0	0	0	0
	LZ-T800-14		3	2	0	0	0	0	0	0	0
	LZ-T800-12	12	2	3	0	0	0	0	0	0	1
	LZ-T800-13		2	3	0	0	0	0	0	0	1
	LZ-T800-14		3	3	0	0	0	0	0	0	1

表8-48 金属蒙皮结构平板试验件60°失光率数据

试验地点	试验时间/月	试样编号	原始光泽值	失光率/%	平均值/%	标准差
G地	6	LS-WG-1	2.6	25.5	26.0	1.3
		LS-WG-2	3.0	25.1		
		LS-WG-3	2.7	27.5		
	12	LS-WG-1	2.6	9.9	15.1	5.1
		LS-WG-2	3.0	15.2		
		LS-WG-3	2.7	20.1		
H地	6	LZ-WG-1	2.5	16.3	16.1	5.5
		LZ-WG-2	2.4	10.4		
		LZ-WG-3	2.8	21.5		
	12	LZ-WG-1	2.5	8.1	9.2	1.3
		LZ-WG-2	2.4	10.6		
		LZ-WG-3	2.8	9.0		

表8-49 金属蒙皮平板涂层试样失光程度等级

试验地点	试样编号	失光等级	
		6个月	12个月
G地	LS-WG-1~3	2(轻微失光)	2*(轻微失光)
H地	LZ-WG-1~3	2(轻微失光)	2*(轻微失光)

注：以3件试样的平均失光率数据为依据，按照GB/T 1766—2008评级。

表8-50 金属蒙皮结构平板试验件色差数据

试验地点	试验时间/月	试样编号	色差值/ΔE^*	平均值	标准差
G地	6	LS-WG-1	1.6	2.3	0.6
		LS-WG-2	2.8		
		LS-WG-3	2.6		
	12	LS-WG-1	2.0	2.8	0.7
		LS-WG-2	3.2		
		LS-WG-3	3.3		

续表

试验地点	试验时间/月	试样编号	色差值/ΔE^*	平均值	标准差
H地	6	LZ-WG-1	1.6	2.0	0.3
		LZ-WG-2	2.0		
		LZ-WG-3	2.3		
	12	LZ-WG-1	2.0	2.1	0.2
		LZ-WG-2	2.0		
		LZ-WG-3	2.2		

表8-51 金属蒙皮平板涂层试样变色程度和变色等级

试验地点	试样编号	变色等级	
		6个月	12个月
G地	LS-WG-1~3	1（很轻微变色）	1（很轻微变色）
H地	LZ-WG-1~3	1（很轻微变色）	1（很轻微变色）

表8-52 金属蒙皮结构平板试验件厚度损失数据

试验地点	试验时间/月	试样编号	原始厚度/μm	厚度损失/μm	平均值	标准差
G地	6	LS-WG-1	58	2	3	1.2
		LS-WG-2	109	4		
		LS-WG-3	74	2		
	12	LS-WG-1	58	7	8	1.5
		LS-WG-2	109	8		
		LS-WG-3	74	10		
H地	6	LZ-WG-1	52	−3	−1	3.5
		LZ-WG-2	48	−3		
		LZ-WG-3	63	3		
	12	LZ-WG-1	52	1	0	1.2
		LZ-WG-2	48	1		
		LZ-WG-3	63	−1		

表8-53　金属蒙皮平板涂层试样附着力检测数据

试验地点	试样编号	试验时间/月	附着力(GB/T 9286—1998)/级	附着力(GB/T 5210—2006)		
				测试值/MPa	平均值/MPa	破坏形式
—	原始	0	0	12.0	11.2	底漆内聚破坏100%
				10.3		底漆内聚破坏100%
G地	LS-FZ-1	6	0	10.4	12.4	底漆内聚破坏100%
				14.3		底漆内聚破坏100%
	LS-FZ-2	12	2	1.8	1.9	底漆内聚破坏100%
				2.0		底漆内聚破坏100%
H地	LZ-FZ-1	6	1	11.2	11.8	底漆内聚破坏100%
				12.3		底漆内聚破坏100%
	LZ-FZ-2	12	1	11.0	9.6	底漆内聚破坏100%
				8.2		底漆内聚破坏100%

表8-54　T300复材蒙皮结构平板试验件60°失光率数据

试验地点	试验时间/月	试样编号	原始光泽值	失光率/%	平均值/%	标准差
G地	6	LS-T300-5	11.8	—	35.4	—
		LS-T300-6	9.9	—		
		LS-T300-7	5.4	35.4		
	12	LS-T300-5	11.8	51.7	49.2	6.6
		LS-T300-6	9.9	54.7		
		LS-T300-7	5.4	41.9		
H地	6	LZ-T300-12	10.1	—	16.9	—
		LZ-T300-13	6.2	—		
		LZ-T300-14	8.6	16.9		
	12	LZ-T300-12	10.1	58.4	39.2	16.8
		LZ-T300-13	6.2	28.0		
		LZ-T300-14	8.6	31.0		

第八章 高原地区直升机地面停放环境谱编制

表8-55 T300复材蒙皮平板涂层试样失光程度等级

试验地点	试样编号	失光等级	
		6个月	12个月
G地	LS-T300-5~7	3 (明显失光)	3 (明显失光)
H地	LZ-T300-12~14	2 (轻微失光)	3 (明显失光)

注：以3件试样的平均失光率数据为依据，按照GB/T 1766—2008评级。

表8-56 T300复材蒙皮结构平板试验件色差数据

试验地点	试验时间/月	试样编号	色差值/ΔE^*	平均值	标准差
G地	6	LS-T300-5	—	4.8	—
		LS-T300-6	—		
		LS-T300-7	4.8		
	12	LS-T300-5	10.4	9.6	1.3
		LS-T300-6	10.3		
		LS-T300-7	8.1		
H地	6	LZ-T300-12	—	3.5	—
		LZ-T300-13	—		
		LZ-T300-14	3.5		
	12	LZ-T300-12	6.9	6.6	0.8
		LZ-T300-13	7.3		
		LZ-T300-14	5.7		

表8-57 T300复材蒙皮平板涂层试样变色程度和变色等级

试验地点	试样编号	变色等级	
		6个月	12个月
G地	LS-T300-5~7	2 (轻微变色)	4 (较大变色)
H地	LZ-T300-12~14	2 (轻微变色)	3 (明显变色)

表8-58 T800复材蒙皮结构平板试验件60°失光率数据

试验地点	试验时间/月	试样编号	原始光泽值	失光率/%	平均值/%	标准差
G地	6	LS-T800-5	10.6	—	41.3	—
		LS-T800-6	6.9	—		
		LS-T800-7	7.2	41.3		
	12	LS-T800-5	10.6	52.8	47.9	6.0
		LS-T800-6	6.9	49.6		
		LS-T800-7	7.2	41.2		
H地	6	LZ-T800-12	4.8	—	31.5	—
		LZ-T800-13	6.5	—		
		LZ-T800-14	6.7	31.5		
	12	LZ-T800-12	4.8	28.6	28.4	1.0
		LZ-T800-13	6.5	29.3		
		LZ-T800-14	6.7	27.3		

表8-59 T800复材蒙皮平板涂层试样失光程度等级

试验地点	试样编号	失光等级	
		6个月	12个月
G地	LS-T800-5~7	3(明显失光)	3(明显失光)
H地	LZ-T800-12~14	3(明显失光)	3*(明显失光)

注：以3件试样的平均失光率数据为依据，按照GB/T 1766—2008评级。

表8-60 T800复材蒙皮结构平板试验件色差数据

试验地点	试验时间/月	试样编号	色差值/ΔE^*	平均值	标准差
G地	6	LS-T800-5	—	6.5	—
		LS-T800-6	—		
		LS-T800-7	6.5		
	12	LS-T800-5	9.6	9.1	1.1
		LS-T800-6	9.8		
		LS-T800-7	7.8		
H地	6	LZ-T800-12	—	5.6	—
		LZ-T800-13	—		

续表

试验地点	试验时间/月	试样编号	色差值/ΔE^*	平均值	标准差
H地	6	LZ-T800-14	5.6	5.6	—
	12	LZ-T800-12	7.4	7.0	0.3
		LZ-T800-13	6.8		
		LZ-T800-14	6.8		

表8-61 T800复材蒙皮平板涂层试样变色程度和变色等级

试验地点	试样编号	变色等级	
		6个月	12个月
G地	LS-T800-5~7	3（明显变色）	4（较大变色）
H地	LZ-T800-12~14	2（轻微变色）	3（明显变色）

由表8-44~表8-61可得,典型金属蒙皮结构平板试验件在G地户外大气暴露试验12个月,宏观腐蚀形貌上主要表现为涂层明显沾污、轻微失光、轻微变色,失光、变色等级均为2级,涂层老化性能综合等级0级(涂层耐老化性能优秀),涂层附着力下降明显(由初始0级下降为2级),其他无明显变化;典型T300、T800复材蒙皮结构平板试验件宏观腐蚀形貌上则主要表现为涂层明显沾污、严重失光、较大变色,失光、变色等级均为4级,涂层老化性能综合等级2级(涂层耐老化性能中等),其他无明显变化。而典型金属蒙皮结构平板试验件在H地户外大气暴露试验12个月,宏观腐蚀形貌上主要表现为涂层轻微失光、很轻微变色,失光等级为2级、变色等级为1级,涂层老化性能综合等级0级(涂层耐老化性能优秀),其他无明显变化;典型T300、T800复材蒙皮结构平板试验件宏观腐蚀形貌上则主要表现为涂层明显失光和变色,失光、变色等级均为3级,涂层老化性能综合等级1级(涂层耐老化性能良好),其他无明显变化。这表明,户外大气暴露初期,由锌黄环氧底漆H06-2+丙烯酸聚氨酯漆SB04-1组成的防护涂层体系耐候性良好,由环氧富锌底漆H06-25+环氧酚醛面漆H06-26组成的防护涂层体系耐候性一般,在高原环境下使用时应关注其长期耐久性,建议机务人员加强直升机机身蒙皮涂层外观检查频次,当出现涂层明显老化影响防护性能时,及早采取相应的维护维修措施。而其余某型号座舱玻璃、某型号起落架密封胶圈等试验件在G地、H地户外大气暴露试验12个月,宏观形貌上均无明显变化(部分试样表面沾染有较多尘土)。

第九章 湿热海岸沙漠地区直升机地面停放环境谱编制

9.1 湿热海岸沙漠地区的定义

根据英国国防部标准 Defence Standard 00-35《国防装备环境手册》第4部分"自然环境"潮湿气候分类,非洲J地属于湿热海岸沙漠气候类型,主要表现为"高温、强太阳辐射"等特征,此外,"盐雾、沙尘"也是重要的环境特征因素。本章重点围绕非洲J地所处的典型环境介绍湿热海岸沙漠地区直升机地面停放环境谱编制相关研究工作。

9.2 湿热海岸沙漠环境对直升机的影响

湿热海岸沙漠地区的潮气、高温、生物腐蚀、太阳辐射、盐雾等环境因素是引起装备故障的主要原因,有时装备处于非包装和半包装状态以及对其进行不规范的贮存、运输、装卸等操作,致使装备损坏更加严重。就装备的损害而言,湿热海岸沙漠环境中产生的各种化学、物理和生物的侵蚀是最大的损害因素。相比于温带、寒冷和沙漠气候环境,湿热海岸沙漠环境更严酷,损坏更快、更严重。

湿热海岸沙漠地区的潮气、高温、盐雾等环境因素易使装备的金属构件、电子设备或仪器、仪表发生不同程度或类型的电化学腐蚀,导致非金属材料或织物受潮长霉,甚至被虫咬。有时湿热海洋气候地区的生物有机体如菌丝体和蜘蛛网在装备上还能形成电路,引起短路或漏电。同时,氯离子等腐蚀介质会随着雨水或湿度较大的空气进入直升机结构的内部,再加上通风及排水效果差,导致含有各种腐蚀性离子的水分长期滞留在结构内部,在干湿不断交替的状况下致使局部环境条件更加恶劣。因此,同直升机外部结构相比,内部结构腐蚀情况往往最为严重。

植物稀少、裸露石块、大量沙丘的沙漠会影响军用车辆和其他移动设备的机动性和人员活动能力。处在深砂及泥土中的车辆和其他机械设备会由于沙尘的侵入引起极度磨损,并卡住运转部件,引起设备失效。沙漠影响装备性能的环境因素主要有温度、沙尘、太阳辐射等。沙尘易使装备、零配件及材料等磨损,引起表面擦伤、划伤,堵塞或卡死,造成轴承、开关、电位器、继电器等零部件的损坏、接触不良和电路劣化;同时还污染燃料和润滑剂。风沙和高温还会使精密的电子装备运转异常或失灵,致使金属表面静电聚集产生电噪声,造成电子产品失效。强烈的太阳辐射、高温、低温和少雨可加剧电池电量消耗。另外,沙漠环境下的光化学效应也会对装备产生作用,影响光学仪器使用,必须配备防尘通风和冷气降温设备。

9.3 地面停放自然环境谱编制

9.3.1 环境因素数据分析

9.3.1.1 外场环境因素数据

表9-1列出了非洲J地沿海地区2018—2020年温湿度年值数据,表9-2列出了非洲J地2018年报表数据,表9-3列出了非洲J地2019年报表数据,表9-4列出了非洲J地2010年太阳辐射数据。

表9-1 非洲J地2018—2020年温湿度年值数据

年份	温度/℃			相对湿度/%		
	平均值	最高值	最低值	平均值	最高值	最低值
2018	29.9	44	19.5	62.3	99	11
2019	30.4	44.6	20.6	63.1	98	13
2020	30.5	44.8	21.1	61.4	97	11

表9-2 非洲J地2018年环境因素数据

月份	温度/℃			相对湿度/%			风速/(m/s)			降雨量/mm
	平均	最高	最低	平均	最高	最低	平均	最大风	极大风	
1	24.6	28.8	19.9	65	87	37	2.9	7.8	11.4	5.0
2	25.1	28.4	19.5	71	87	38	3.1	8.3	11.8	0.7
3	26.7	32.0	21.4	70	85	28	2.7	7.2	11.2	0.1
4	29.3	33.5	24.3	75	92	36	2.9	8.1	11.4	2.5
5	31.6	40.2	26.5	66	99	26	2.5	7.1	13.6	80.4
6	34.7	43.4	30.2	50	87	11	2.9	11.1	15.1	0.0
7	36.5	44.0	31.3	38	79	16	4.4	14.4	19.4	1.3
8	35.7	43.1	24.5	41	98	20	4.7	14.6	20.3	12.0
9	31.6	39.5	27.2	67	88	28	2.9	8.8	12.8	0.0
10	29.4	37.4	24.3	67	94	21	2.8	7.5	12.7	30.4
11	27.6	31.9	22.7	69	86	32	2.8	7.6	11.4	0.4
12	26.2	30.4	22.2	68	85	39	2.8	7.2	14.2	0.0
总计	29.9	44.0	19.5	62	99	11	3.1	14.6	20.3	132.8

表9-3 非洲J地2019年环境因素数据

月份	温度/℃			相对湿度/%			风速/(m/s)			降雨量/mm
	平均	最高	最低	平均	最高	最低	平均	最大风	极大风	
1	25.5	30.2	20.6	68	85	43	3.1	8.0	12.3	0.0
2	26.3	31.3	21.1	73	92	45	3.2	8.1	11.5	2.5
3	27.8	33.2	23.9	73	89	42	3.0	8.7	12.6	0.6
4	29.1	34.2	25.6	74	89	43	3.0	7.5	10.9	0.2
5	30.9	36.5	24.3	69	93	23	2.5	9.2	16.2	21.2
6	34.6	43.8	24.1	53	98	14	2.8	9.8	18.0	10.5
7	36.8	44.6	31.5	38	82	13	4.0	11.8	17.1	0.3
8	35.1	43.4	26.1	45	85	17	4.1	13.7	21.9	10.4
9	34.1	44.4	26.5	55	90	19	3.0	11.0	17.1	7.8
10	29.7	37.0	25.0	65	95	18	2.3	9.4	16.0	24.4
11	28.0	33.7	22.7	72	96	29	2.8	8.4	12.5	220.4
12	26.4	30.2	22.3	72	95	39	2.4	7.2	10.3	41.2
总计	30.4	44.6	20.6	63	98	13	3.0	13.7	21.9	339.5

表9-4 非洲J地2010年太阳辐射数据

月份	1	2	3	4	5	6	7	8	9	10	11	12	总计
总辐射/(MJ/m^2)	595.9	478.8	687.5	681.5	690.8	659.9	642.8	608.2	656.2	683	604.8	568	7557.4

9.3.1.2 外场环境因素时间变化历程分析

依据表9-1~表9-4中数据,对非洲J地外场温度、相对湿度、太阳总辐射、降雨总量、风速等主要气象因素进行分析,结果如下。

1. 温度

2018年和2019年的统计数据显示,非洲J地全年炎热高温,温度随时间总体成类弦函数规律变化,夏季最高,冬春较低,具体而言,非洲J地全年平均温度约为30℃、年最高为44.6℃、年最低为19.5℃。图9-1给出了非洲J地外场2018年和2019年月平均温度、月最高温度、月最低温度随时间变化的趋势。

第九章 湿热海岸沙漠地区直升机地面停放环境谱编制

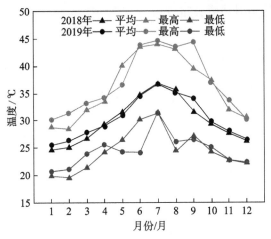

图9-1 非洲J地2018、2019年月平均、月最高、月最低气温变化趋势图

2. 相对湿度

非洲J地2018、2019年的月平均、月最高、月最低相对湿度的变化曲线如图9-2所示。图9-2中,2018、2019年的月平均、月最高、月最低相对湿度整体呈现中间低、两头高的态势,说明凉季(11月至翌年4月)的相对湿度比热季(5~10月)的相对湿度大。凉季的月平均相对湿度保持在70%左右,波动幅度在5%以内,且相邻两月的相对湿度差很小,维持在1%~5%。热季(5~10月)的月平均相对湿度多低于50%,且具有较大的波动,相邻两月相对湿度差超过了10%。

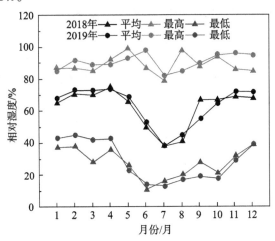

图9-2 非洲J地2018、2019年月平均、月最高、月最低相对湿度变化趋势图

从两年相同月份的比对情况来看,相对湿度的变化趋势整体上具有一致性,具有较好的复现性,这是因为该地气候在一定时间内受气温、地理环境的主要影响,因此其变化过程具有周期性。

3. 太阳总辐射和紫外辐射

非洲J地2010年总辐量变化趋势如图9-3所示,全年总辐射为7557.4MJ/m²,除了2月份的辐射总量为480MJ/m²,其余各月基本保持在650MJ/m²,上下波动幅度为50MJ/m²,表明非洲J地全年各月的辐射强度分布较均匀。

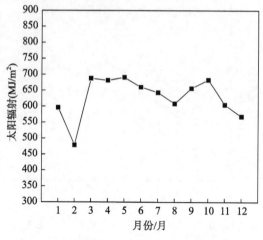

图9-3 非洲J地2010年月总辐射变化趋势图

4. 降雨量

非洲J地的降水量受到该地温度、日照、湿度以及风速等气候环境因素的影响,其对装备的环境适应性有影响:一方面环境中的降水可以作为腐蚀介质,将各种颗粒物溶解在其中随后滴落附着在装备表面;另一方面降水又可以作为清洗剂,将装备表面的腐蚀产物进行冲刷。因此,分析非洲J地地区的降水量,可以从侧面了解到装备在该地的环境适应性能力。

图9-4为非洲J地2018—2019年降水量变化趋势图,说明2018年的降水量最少,2019年降水量最多,因其受到局部地理气候的影响较为显著,主要是冷暖空气的频繁碰撞致使该地降水较多。图9-4显示,降水分布十分不均,没有明显的规律,但是可以初步断定降水峰值出现在凉季,因为这个季节内冷暖空气碰撞的频率相较热季更大,因此降水会更多。

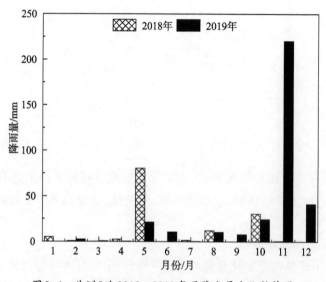

图9-4 非洲J地2018—2019年月降水量变化趋势图

5. 风速

非洲J地2018年及2019年的月平均、月最大、月极大风速变化趋势如图9-5所示,月平均风速基本维持在3m/s,7、8两月在5m/s,且在2018年和2019年内具有较好的复现性。观察两年对应月份内的月最大、月极大风速,整体变化趋势相似,呈现中间高两头低的"几"字形变化,这同其气候类型密切相关,又因为地处海岸边,热季正是台风的高发期,所以风速变化较大。

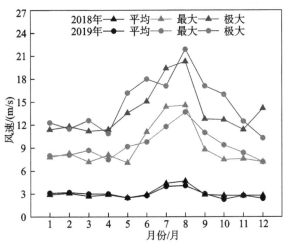

图9-5 非洲J地2018—2019年月平均、月最大、月最小风速变化趋势图

9.3.2 地面停放自然环境谱编制

完整的环境因素数据是构建自然环境谱的前提,越详尽系统的自然环境因素数据,构建自然环境谱越能反映真实的自然环境。目前收集的非洲J地自然环境因素数据主要温度、湿度、降雨、太阳辐射、风速等因素的月值数据,分析统计温度、相对湿度、太阳辐射等环境要素的强度、持续时间、发生频率以及时间比例,编制温度、湿度、太阳辐射等因素的仅能根据月值数据构建自然环境谱。

根据收集的非洲J地2018年、2019年环境数据,构建了温度谱、湿度谱、太阳辐射谱、降雨谱、温度-湿度谱,以及综合环境因素谱。构建的非洲J地温度谱、湿度谱、太阳辐射谱、温度-湿度谱、综合环境谱如表9-5~表9-10所列,温度谱、湿度谱、太阳辐射谱如图9-6~图9-8所示。

表9-5 非洲J地温度谱

月份	1	2	3	4	5	6	7	8	9	10	11	12	年平均
平均温度/℃	25.1	25.7	27.3	29.2	31.3	34.7	36.7	35.4	32.9	29.6	27.8	26.3	30.1
极高温度/℃	44.6												
极低温度/℃	19.5												
温度/℃	25~30				30~35				35~40				
作用时间/月	7				3				2				

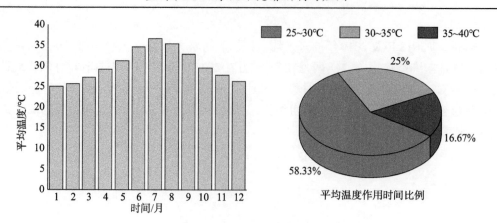

图9-6 非洲J地平均温度月谱

表9-6 非洲J地相对湿度谱

月份	1	2	3	4	5	6	7	8	9	10	11	12	年平均
平均相对湿度/%	67	72	71	74	68	52	38	43	61	66	71	70	63
极高相对湿度/%	98												
极低相对湿度/%	11												
相对湿度/%	30~40		40~50		50~60		60~70		70~80				
作用时间/月	1		1		1		4		5				

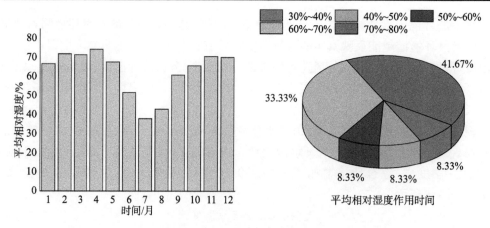

图9-7 非洲J地平均相对湿度月谱

表9-7 非洲J地温度、湿度谱

时间/月	温度/℃			合计
相对湿度/%	25~30	30~35	35~40	
30~40	0	0	1	1
40~50	0	0	1	1

续表

时间/月 相对湿度/%	温度/℃			合计
	25~30	30~35	35~40	
50~60	0	1	0	1
60~70	2	2	0	4
70~80	5	0	0	5
合计	7	3	2	12

表9-8 非洲J地太阳辐射谱

月份	1	2	3	4	5	6	7	8	9	10	11	12	合计
总辐射/(MJ/m²)	595.9	478.8	687.5	681.5	690.8	659.9	642.8	608.2	656.2	683	604.8	568	7557.4

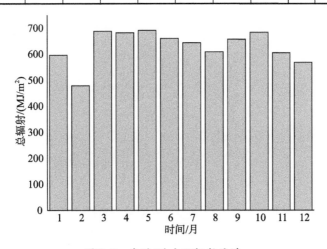

图9-8 非洲J地太阳辐射月谱

表9-9 非洲J地降水谱

月份	1	2	3	4	5	6	7	8	9	10	11	12	合计
降水/mm	2.5	1.6	0.35	1.35	50.8	5.25	0.8	11.2	3.9	27.4	110.4	20.6	236.2

表9-10 非洲J地综合环境谱

环境	雨	潮湿空气	干燥空气	日照
时间比例/%	—	33.3%	66.7%	—
作用时间/月	—	4	8	(3250h*)
雨量/mm	236.2	—	—	—

续表

环境	雨	潮湿空气	干燥空气	日照
总辐射/(MJ/m^2)	—	—	—	7557.4*
温度/℃	年平均温度30.1℃　　年最高温度44.6℃　　年最低温度19.5℃			
湿度/%	年平均相对湿度63%　　年最低相对湿度11%			

注:"*"表示日照时数与太阳总辐射通过文献数据计算而得。

第十章 直升机全地域地面停放环境谱编制思路与应用案例

10.1 直升机全地域地面停放环境谱编制思路

目前,国内陆军航空兵学院某研究所、中国兵器工业第五九研究所等相关单位聚焦于内陆湿热、沿海湿热、高寒高沙、高原、湿热海岸沙漠等地区直升机地面停放环境谱的编制,重点围绕A地、B地所处的典型内陆湿热环境,C地、D地所处的典型沿海湿热环境,E地、F地所处的典型高寒高沙环境,G地、H地所处的典型高原环境,开展了直升机地面停放环境因素数据收集/采集、地面停放环境谱编制、地面停放加速模拟试验环境谱编制和加速模拟试验环境谱验证与修正等内容的研究,积累了大量直升机地面停放环境因素数据,取得了一系列研究成果。但依然存在已有数据资源分散、封闭现象突出,未形成高度集成化数据库管理与服务模式,数据系统规模小、智能化程度低,数据发布与服务模式不完善,致使项目论证、型号设计和研制单位还无法全面、快捷获取所急需的直升机服役环境数据资源,制约了宝贵数据资源的广泛应用和装备环境适应能力进一步提升。

立足新发展阶段,针对直升机装备自主创新发展重大现实需求,适应信息化时代数据资源建设和运用模式变革,突破直升机装备自然环境因素数据服务保障能力瓶颈短板,瞄准国际先进水平和前沿技术,开展直升机装备自然环境试验数据支撑服务平台建设研究,实现全域化、数字化、可视化、智能化发展,并不断升级迭代,切实提升直升机装备服役环境因素数据、直升机局部环境数据服务保障能力和水平,高质高效支撑直升机武器装备质量建设和环境适应性持续提升。为达到此目标,还需进一步开展持续性研究。

1. 直升机地面环境因素全域化持续采集与分析

目前以编制环境谱为目的而采集的环境因素时间短、地域覆盖面窄,且数据分析不够充分,短板明显。应持续采集直升机服役环境数据,尤其是不同区域/不同结构局部环境因素数据与环境效应数据,并进行深入统计分析。

2. 直升机全地域环境数据数字化工程建设

以"面向实战、面向全球、面向装备全寿命期"为牵引,以"装备自然环境数据体系-知识-应用服务"为技术主线,分步、分层开展直升机装备服役环境试验数据工程建设,在已有数据基础上持续更新扩大数据采集范围,强化环境因素数据的转化应用服务,开展全地域环境数据数字化工程建设,推广应用到直升机及其他武器装备领域中,发挥自然环境因素数据增值效应,保障装备环境适应性提升和国民经济建设。

3. 直升机全地域环境数据可视化、智能化服务

在直升机环境因素大数据研究发展的基础上，加快开展环境因素与环境效应数据人工智能深度学习研究，发展算法推理训练场景，最终形成数字化仿真、智能化推理，直观可视化实现直升机环境适应性研究的愿景。

10.2 直升机地面停放环境谱应用案例

10.2.1 基于电化学阻抗的直升机涂层日历寿命评估

10.2.1.1 直升机涂层日历寿命评估的关键技术

影响直升机涂层日历寿命的主要因素有：涂层基料的耐腐蚀性能、颜料的防腐作用发挥程度和涂层缺陷；涂层工艺和涂装质量；使用环境及涂层的抗环境老化性能等。因此其涂层日历寿命和性能退化曲线具有一定差异。直升机涂层日历寿命对直升机日历寿命的影响作用如图10-1所示。x_i为涂层一次日历寿命；n为直升机翻修次数；λ_i为金属机件一次翻修期内的腐蚀时间；$\sum_{i=0}^{n}\lambda_i$为机件自由腐蚀到临界损伤DC的时间；n为翻修次数；x_i和λ_i具有一定的随机性。由于翻修期和质控等因素的影响，实际翻修间隔时间$x_i + \lambda_i$也具有随机性。

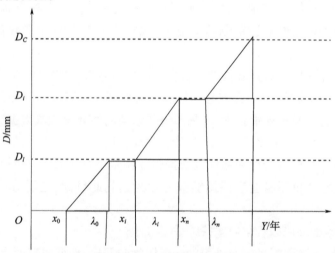

图10-1 直升机涂层日历寿命与直升机日历寿命的关系

直升机涂层和金属机件在实际使用过程中经历的停放/使用环境相同，很难根据外场和目视直接判断涂层的日历寿命。因此，与金属腐蚀日历寿命相似，需解决以下三个技术参数和相关的技术内容：涂层性能退化容限；使用环境谱；性能退化曲线。

影响直升机日历寿命的腐蚀介质成分也很多，如图10-2所示。直升机日历寿命问题面临着长周期、多区域、多因素耦合作用，属于多学科多部门共同完成的复杂系统工程。目前国内外常用的方法是把复杂环境下的诸多腐蚀介质成分，简化成很少的几种介质成分，或用少数介质成分代替，进行日历寿命试验。

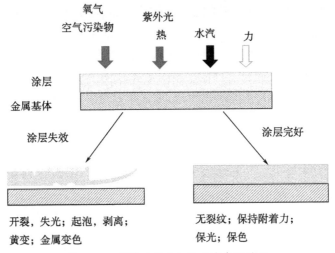

图 10-2　环境对直升机日历寿命的作用

10.2.1.2　直升机涂层日历寿命评估方法

1. 涂层腐蚀的失效判据

涂层腐蚀的失效判据为:涂层破裂,使金属本体裸露;涂层表面大面积起泡,起泡处在正常环境下不能恢复原状;电化学阻抗谱(EIS)测试技术量化评估涂层性能退化失效[8]。基于外场目视的前两种判据不能定量地描述涂层的失效。在户外暴露或室内加速试验过程中涂层试样特定频率电化学阻抗模值$|Z|_{f=0.1Hz}$开始小于$3×10^6 \Omega$时(该铝合金基材的阻抗模值),铝合金已经开始腐蚀,认定为有机涂层开始失效的判据。

2. 环境谱

直升机涂层与机体共同处于相同的环境中,其日历寿命包括地面停放时间和空中飞行时间,且地面停放时间小于总寿命时间的97%,直升机平时飞行高度为离地1000~2000m,只有少数极限条件接近6000m。因此,空中飞行环境与地面停放环境,除了应力作用外,腐蚀环境因素基本接近。作用1个周期约相当于外场实际暴露1年。根据高原机场环境数据,借鉴当量加速关系,针对CASS谱中的温度模块和紫外模块进行修正:

(1)温度交变试验谱。参考某地自然环境试验站近5年观测的最高气温为32.0℃,最低气温为-20.0℃。按照GJB 150和实测数据设置,温度交变试验的最高温度设置为$T=35℃$,保温2h,最低温度设置为$T=-20℃$,保温2h。

(2)紫外辐射试验谱。针对直升机机身下表面蒙皮和桨叶上表面紫外辐射,先确定该地区年均紫外辐射,通过相似比例的方法确定有效作用于蒙皮的紫外辐射,并与辐射箱转换计算,得到试验紫外辐射谱:辐照强度$Q=(60±10)W/m^2$,温度$T=(55±10)℃$,时间192h。

(3)周期浸润试验谱。周期浸润试验谱由"当量折算法"确定,并根据拉萨地区实际环境中大气污染物含量实测数据和作用时间对GJB 150周期浸润模块进行修正,得到该机场条件下的周期浸润试验谱。

(4)疲劳试验谱。轴向恒幅试验载荷应力水平需要根据直升机实际服役受力状态确定,通过关键部位使用1年对应的应力谱向最大应力水平进行当量折算。某进口型直升机蒙皮应力水平参考美国F-18飞机设计疲劳试验,应力水平定为$(\sigma_{max},\sigma_{min})=(110,20)$MPa;作用次数依据直升机起落次数的年平均次数定为500次。

最终确定蒙皮室内加速谱如表10-1所列。旋翼实际飞行过程中面临着挥舞、摆振、变距等问题,桨叶的疲劳应力及三维状态难以测算,试验也难以模拟其空中飞行状态,本节去掉疲劳试验模块,考察其性能退化规律,得桨叶室内加速谱如表10-2所列。

表10-1 蒙皮高原环境实验室加速试验谱

步骤	试验	条件	时间/h
1	温度交变	最高温度$t=35°C$,保温2h,最低温度$t=-20°C$,保温2h	4
2	紫外辐射	辐照强度$Q=(60\pm10)$W/m^2,温度$t=(55\pm10)°C$	192
3	周期浸润	温度$t=40°C$,相对湿度RH为90%,溶液:0.05%NaCl+0.5%H$_2$O$_2$,浸润周期:10min浸润,50min烘烤	6
4	疲劳试验	$(\sigma_{max},\sigma_{min})=(110,20)$MPa,$f=5$Hz,循环500次	—

表10-2 桨叶高原环境实验室加速试验谱

步骤	试验	条件	时间/h
1	温度交变	最高温度$t=35°C$,保温2h,最低温度$t=-20°C$,保温2h	4
2	紫外辐射	辐照强度$Q=(60\pm10)$W/m^2,温度$t=(55\pm10)°C$	192
3	周期浸润	温度$t=40°C$,相对湿度RH为90%,溶液:0.05%NaCl+0.5%H$_2$O$_2$,浸润周期:10min浸润,50min烘烤	6

3. 试验件制作

蒙皮试验件选择直升机常用材料LY12CZ进行表面阳极化、喷涂锌黄环氧底漆H06-2+丙烯酸聚氨酯漆SB04-1涂层、按照"蒙皮+铆钉"和"蒙皮+螺钉"进行装配,如图10-3所示,共3件。桨叶后段件试验件采用未使用的桨叶后段件,沿桨叶长度方向截取130mm、宽度方向140mm(从叶尖开始)的试验段(图10-4),按实际工艺进行喷漆,共3件。

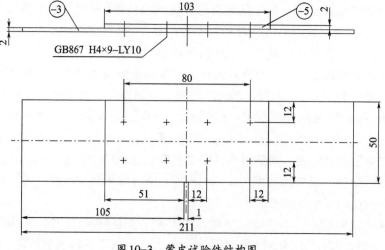

图10-3 蒙皮试验件结构图

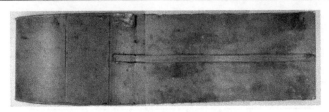

图 10-4 截断桨叶试验件

10.2.1.3 直升机涂层日历寿命试验

对试验件进行试验、测试,涂层失效在外场可观测到腐蚀产物,起泡、开裂、剥落、基体腐蚀、失光、粉化和泛金等现象,可采用尼康D50数码相机在荧光灯下对试验件表面的宏观腐蚀现象进行拍照记录,如图10-5所示。但是在看到此现象之前,涂层性能已经发生老化失效,使用普林斯顿273A恒电位仪和5210锁相放大器进行电化学阻抗测试。

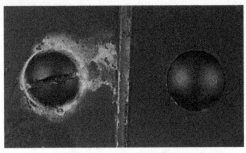

图 10-5 蒙皮试验件上表面连接部位腐蚀照片

在经历1~8个周期加速试验后,蒙皮试验件螺钉区域的特定频率(0.1Hz)电化学阻抗模值见如表10-3所列;铆钉中间区域特定频率电化学阻抗模值如表10-4所列。与原始情况相比,涂层的电化学阻抗模值均有大幅度下降。与螺钉结构的情况相比,铆钉结构有机涂层电化学阻抗模值有明显的下降,且下降幅度较大。在环境因素和较高的局部应力共同作用下,涂层性能退化更为明显。#3试验件涂层性能在第6个周期结束时,接近电化学阻抗模值失效判据;第8个周期结束时,低于失效判据一个数量级,完全失效。取表10-3和表10-4中特定频率电化学阻抗模值作为衡量指标,通过拟合分析知,$\ln|Z|_{f=0.1}$与加速周期T呈现线性关系,拟合函数为

$$\ln|Z|_{f=0.1}=21.54-0.7481T, R=0.982 \tag{10-1}$$

桨叶后段件试验件的电化学阻抗模值如表10-5所列;在经过8个周期的温度交变、紫外辐射和周期浸润试验,其防护性能未发生显著降低。8个周期后性能指标仅降低一个数量级。

表 10-3 蒙皮试验件上表面螺钉区域在经历1~8个周期实验室加速试验后的特定频率电化学阻抗模值

加速试验周期	$|Z|_{f=0.1}/\Omega$			
	#1试验件	#2试验件	#3试验件	平均值
原始	1.6×10⁹	3.3×10⁹	2.0×10⁹	2.3×10⁹

续表

加速试验周期	$\|Z\|_{f=0.1}/\Omega$			
	#1试验件	#2试验件	#3试验件	平均值
2周期	1.6×10^9	1.2×10^9	9.4×10^8	1.2×10^9
4周期	9.4×10^8	1.1×10^9	1.1×10^8	6.8×10^8
6周期	3.5×10^8	4.9×10^8	1.2×10^7	2.8×10^8
8周期	3.7×10^6	1.7×10^7	7.1×10^6	9.2×10^6

表10-4 蒙皮试验件上表面铆钉区域在经历1~8个周期实验室加速试验后的特定频率电化学阻抗模值

加速试验周期	$\|Z\|_{f=0.1}/\Omega$			
	#1试验件	#2试验件	#3试验件	平均值
原始	2.8×10^9	6.9×10^8	2.4×10^9	2.0×10^9
2周期	1.1×10^9	1.6×10^8	6.6×10^7	4.4×10^8
4周期	8.8×10^8	1.8×10^7	7.5×10^6	3.0×10^7
6周期	3.7×10^8	7.1×10^6	3.7×10^6	1.3×10^7
8周期	6.0×10^6	1.2×10^6	5.0×10^5	2.6×10^6

表10-5 桨叶后段件试验件上表面在经历1~8个周期实验室加速试验后的特定频率电化学阻抗模值

加速试验周期	$\|Z\|_{f=0.1}/\Omega$			
	#1试验件	#2试验件	#3试验件	平均值
原始	4.9×10^9	1.5×10^9	7.9×10^9	4.8×10^9
2周期	2.6×10^9	1.1×10^9	5.0×10^9	2.9×10^9
4周期	2.3×10^9	7.6×10^8	4.4×10^9	2.5×10^9
6周期	1.5×10^9	2.6×10^8	1.9×10^9	1.2×10^9
8周期	3.9×10^8	4.7×10^7	1.0×10^9	4.8×10^8

取表10-5中特定频率电化学阻抗模值作为衡量指标,通过拟合分析知,$\ln|Z|_{f=0.1}$与加速周期T呈现线性关系,拟合函数为

$$\ln|Z|_{f=0.1}=22.42-0.274T, R=0.969 \quad (10-2)$$

式(10-2)反映了涂层未加疲劳试验的性能退化规律,与式(10-1)相比,斜率明显小很多,数据退化缓。环境因素和应力疲劳共同作用对涂层性能、日历寿命影响更大。

10.2.1.4 结论

（1）给出了直升机涂层日历寿命评估的关键技术，涂层在制备和加速试验过程中均表现出分散性，涂层的日历寿命也具有分散性。

（2）针对直升机涂层开展日历寿命评估研究，以某地直升机为例，开展评估对比试验。应力疲劳对涂层性能影响大；在环境因素和较高的局部应力共同作用下，涂层性能退化明显。

（3）电化学阻抗模值与加速老化周期之间满足函数关系，即涂层的性能退化曲线可以用函数式进行表达。

（4）依据涂层电化学阻抗模值，该直升机涂层在该地的日历寿命为6~8年，应注意检查维护。

10.2.2 直升机地面停放局部环境谱编制

为了摸清直升机发动机电子调节器和点火附件在工作状态下的局部温度、局部湿度、诱发振动等主要环境影响因素变化规律，支撑电子调节器和点火附件工作状态模拟加速试验参数设计，在A地某单位协助下，选取某单位外场所在地区最热月份的高温天正午最热时段，开展了温度-湿度环境因素监测。

通过对2架机4个电子调节器的持续监测，共获得温度曲线12条、湿度曲线10条。在对外场监测数据的统计分析基础上，综合考虑电子调节器和点火附件在不同地域服役时经受的温度、湿度、气压等环境因素的量值、持续时间及变化过程，结合前期研究经验，参照GJB 150.2~5A—2009（《军用装备实验室环境试验方法》第2部分"低气压（高度）试验"、第3部分"高温试验"、第4部分"低温试验"、第5部分"温度冲击试验"）中温度、湿度、低气压试验的相关规定，参考前期直升机地面停放状态下环境温度、湿度实测结果，设计如图10-6所示的"温度-湿度-气压-风"四因素综合环境试验谱。

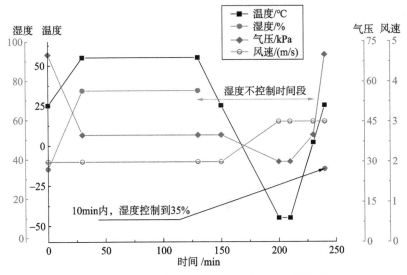

图10-6 温度-湿度-气压-风四因素综合环境试验谱

该试验谱综合考虑了高温高湿、低温低湿、低气压等不同环境特点，每4h一个小循环，每24个小循环(4天)构成1个大循环。试验所施加的环境因素量值循环变化,每1个大循环为1个试验周期。

根据建立的地面停放状态模拟加速试验谱,按照实验室模拟加速试验方案与实施策略,完成电子调节器和点火附件各6件试样,为期32天的地面停放状态多因素综合模拟加速试验(模拟一个翻修周期)。采用基于伪寿命数据的处理方法对电子调节器和点火附件进行寿命分布参数估计,试验结果为无失效数据,采用80%置信下限估计MTBF。试验结果表明到寿电子调节器和点火附件采用80%置信下限估计的使用时间MTBF大于一个翻修间隔期。

参考文献

[1] 冯国岩. 直升机机身结构的腐蚀与防护[C]//第三十一届(2015)全国直升机年会论文集. 临汾:中国航空学会直升机专业委员会,2015,5:324-328.

[2] 张栋. 确定飞机机体日历寿命的方法[J]. 航空学报,1999,20(6):558-561.

[3] 裴鑫,香承虎,刘亚巍,等. 直升机在高原地区使用特点分析[C]//第二十八届(2012)全国直升机年会论文集. 上虞:中国航空学会直升机专业委员会,2012:1348-1350.

[4] 刘钊,焦毅. 航空装备高原寒区保障资源配置研究[J]. 环境技术,2017,(2):44-47.

[5] PILLOT B,MUSELLI M,POGGI P,et al. Solar energy potential atlas for planning energy system off-grid electrification in the Republic of Djibouti[J]. Energy Conversation & Management,2013,69(5):131-147.

[6] 何毅. 吉布提国家体育场草坪的建植[J]. 草原与草坪,2000,90:25-28.

[7] 骆晨,李明,孙志华,等. 海洋大气环境中飞机的环境损伤和环境适应性[J]. 航空材料学报,2016,36(3):101-107.

[8] 张福泽. 金属机件腐蚀损伤日历寿命计算模型和确定方法[J]. 航空学报,1999,20(1):75-79.

[9] 沈军,魏荣俊,边英杰,等. 直升机在海洋气候环境下的腐蚀防护对策研究[J]. 装备环境工程,2017,14(3):71-74.

[10] 程丛高,徐路,陈丹明. 沙尘对直升机挂架影响的分析及试验验证方法[J]. 装备环境工程,2010,7(6):117-122.

[11] 汪东林,张彩先,蒋晓彦. 沙尘环境对直升机的危害及防护对策探讨[J]. 装备环境工程,2006,3(2):68-72.

[12] 季佳,高蒙,崔腾飞,等. 直升机非金属材料高原高寒加速腐蚀老化试验研究[J]. 环境试验,2021,1:36-40.

[13] 袁大天,于芳芳,李太平. 直升机航电系统高原高寒环境适应性评估[J]. 装备环境工程,2019,16(10):76-80.

[14] 刘章龙,赵徐成,胡涛. 基于高原环境的保障装备适应性技术研究[J]. 装备环境工程,2016,13(4):34-38.

[15] 张劼,关莉,于鲁平,等. 航空装备高原环境适应性保障研究[J]. 国防技术基础,2016,2(3):8-11.

[16] 张福泽. 金属涂层的日历寿命计算公式和试验方法[J]. 航空学报,2016,37(2):390-396.

[17] 张福泽. 飞机日历翻修期与总日历寿命确定方法和预计公式[J]. 航空学报,2005,26(4):458-460.

[18] 蒋祖国. 飞机结构腐蚀疲劳[M]. 北京:航空工业出版社,1992:20-90.

[19] 张福泽. 飞机停放日历寿命腐蚀温度谱的编制方法和相应腐蚀介质的确定[J]. 航空学报,2001,22(4):359-361.

[20] 张福泽,叶序彬,宋军. 飞机日历寿命试验的介质成分确定和加速方法[J]. 航空学报,2008,29(4):873-879.

[21] 谭晓明,王鹏,王德. 基于电化学阻抗的航空有机涂层加速老化动力学规律研究[J].装备环境工程,2017,14(1):5-8.

[22] 骆晨,蔡健平,许广兴. 航空有机涂层在户内加速试验与户外暴露中的损伤等效关系[J]. 航空学报,2014,35(6):1750-1758.

[23] 孙志华,章妮,蔡建平. 7B04铝合金的一种阳极氧化膜层电化学性能研究[J]. 腐蚀科学与防护技术,2009,21(3):281-284.

[24] 吴蕾. 米-171E直升机高原停放环境谱编制方案研究[R]. 北京:陆军航空兵研究所,2015.

[25] 吴云章,李健. 高原环境对米-171E直升机日历寿命影响研究[R]. 北京:陆军航空兵研究所,2016.

[26] 张蕾,陈群志,宋恩鹏. 军机某疲劳关键部位加速腐蚀当量关系研究[J]. 强度与环境,2009,36(2):45-50.

[27] 骆晨,李宗原,孙志华. 直升机旋翼桨叶有机涂层防护性能在户内加速试验中的变化[J].装备环境工程,2016,13

(1):1-7.

[28] 骆晨,李宗原,孙志华.直升机蒙皮典型结构有机涂层防护性能在模拟高原大气环境中的变化[J].装备环境工程,2017,13(3):8-13.

[29] 王云英,孙旭,范金娟,等.密封级氟橡胶在两种航空油液中耐150℃高温试验研究[J].失效分析与预防,2015, 10(4):212-216.

[30] 李健,吴云章,石金大,等.某型直升机主减速器橡胶密封圈老化机理分析[J].装备环境工程,2020,17(6): 95-100.

[31] 高晓敏,张晓华.橡胶贮存寿命预测方法研究进展与思考建议[J].高分子通报,2010,23(2):80-87.

[32] 王树浩,丁孝均,赵云峰.空气和液压油环境中氟橡胶老化性能研究[J].宇航材料工艺,2018,48(4):56-59.

[33] 刘振海.热分析导论[M].北京:化学工业出版社,1991.

[34] 肖琐,魏伯荣,刘郁杨,等.橡胶老化研究的方法[J].合成材料老化与应用,2007,36(4):34-38.

[35] 郑静,向科炜,黄光速.红外光谱研究丁基橡胶老化机理及寿命预测[J].宇航材料工艺,2013,43(1):89-92.

[36] 丁国芳,周安伟,石耀刚,等.丁基橡胶阻尼材料的耐热空气老化性能及老化机理研究[J].橡胶工业,2016,63 (4):202-205.

[37] 刘晓丹,谢俊杰,冯志新,等.橡胶材料加速老化试验与寿命预测方法研究进展[J].合成材料老化与应用,2014, 43(1):69-73.

[38] 周堃,罗天元,张伦武.弹箭贮存寿命预测预报技术综述[J].装备环境工程,2005,2(2):6-11.

[39] 张凯,周堃,何建新.一种橡胶密封圈的剩余贮存寿命评估方法[J].装备环境工程,2018,15(4):95-97.

[40] 杨晓华,刘学君,张泰峰.基于年飞行强度的飞机日历寿命研究[J].南京航空航天大学学报,2017,49(1):56-59.

[41] 何宇廷,杜旭,张腾,等.飞机结构寿命控制中的几个基本问题[J].空军工程大学学报,2017,18(3):5-12.

[42] 陈群志,康献海,刘健光,等.军用飞机腐蚀防护与日历寿命研究[J].中国表面工程,2010,23(4):1-6.

[43] 刘文珽,王忠波.一种飞机结构日历寿命延寿方法[J].北京航空航天大学学报,2005,31(6):64-646.

[44] 李健,吴云章,李伯舒,等.基于电化学阻抗的直升机涂层日历寿命评估方法[J].装备环境工程,2017,14(7):79-82.

[45] 王玺,胡昌华,任子强,等.基于非线性Wiener过程的航空发动机性能衰减建模与剩余寿命预测[J].航空学报, 2020,41(2):1-11.

[46] 傅惠民.导弹命中精度整体推断方法[J].北京航空航天大学学报,2006,32(010):1141-1145.

[47] 傅惠民,刘成瑞.ε-N曲线和P-ε-N曲线整体推断方法[J].航空动力学报2006,21(6):7-11.

[48] 热空气老化法测定硫化橡胶贮存性能导则:GJB 92.1—1986/GJB 92.2—1986[S].北京:国防科技工业委员会,1986.

[49] 静密封橡胶零件贮存期快速测定方法:HG 3087—2001[S].咸阳:西北橡胶塑料研究院,2001.

[50] 孙秀茹,熊英,郭少云.氟硅橡胶热空气老化过程中的非阿累尼乌斯行为[J].高分子材料科学与工程,2018,34 (5):116-120.

[51] 张福泽.张福泽文集[M].北京:航空工业出版社,2017.

[52] 蒋祖国,田丁栓,周占廷.飞机结构载荷/环境谱[M].北京:电子工业出版社,2012.

[53] 欧阳绍修,廖圣智.海军特种飞机结构腐蚀防护与控制设计指南[M].北京:航空工业出版社,2019.

[54] 陈跃良,卞贵学,张勇.飞机结构电偶腐蚀数值模拟[M].北京:国防工业出版社,2020.

[55] 何宇廷.飞行器安全工程飞机结构电偶腐蚀数值模拟[M].北京:国防工业出版社,2014.

[56] 陈跃良,陈亮,卞贵学.先进舰载战斗机腐蚀防护控制与日历寿命设计[J].航空学报.2021,42(8):371-383.

[57] 陈跃良.海军飞机结构腐蚀控制及强度评估[M].北京:国防工业出版社,2009.

[58] 陈跃良,段成美,吕国志.军用飞机日历寿命预测技术研究现状及关键技术问题[J].中国工程科学.2002(4):69-74.

[59] 卞贵学,陈跃良,张勇,等. 基于电偶腐蚀仿真的铝/钛合金在不同浓度酸性NaCl溶液中与水介质中的当量折算系数[J]. 材料导报. 2019,33(16):2746-2752.

[60] 刘文珽,贺小帆. 飞机结构腐蚀/老化控制与日历延寿技术[M]. 北京:国防工业出版社,2010.

[61] 刘文珽,李玉海,等. 飞机结构日历寿命体系评定技术[M]. 北京:航空工业出版社,2004.

[62] 李玉海,刘文珽,杨旭,等. 军用飞机结构日历寿命体系评定应用范例[M]. 北京:航空工业出版社,2005.

[63] 金平,杨晓华,穆志韬,等. 飞机结构腐蚀控制与寿命评定[M] .北京:国防工业出版社,2018.

[64] 穆志韬,李旭东,刘治国,等. 飞机结构材料环境腐蚀与疲劳分析[M]. 北京:国防工业出版社,2014.

[65] 穆志韬,曾本银,等. 直升机结构疲劳[M] .北京:国防工业出版社,2009.

[66] 陈跃良,卞贵学,衣林,等. 腐蚀和疲劳交替作用下飞机铝合金疲劳性能及断裂机理研究[J]. 机械工程学报,2012,48(20):70-76.

[67] 宫玉辉,刘铭,张坤,等. 不同腐蚀环境对7475-T7351铝合金疲劳性能及裂纹扩展速率的影响[J]. 材料工程,2010,30(9):71-73.

[68] 张晓君,宋绪丁,上官晓峰. 盐雾腐蚀对7475铝合金疲劳寿命的影响[J]. 热加工工艺,2013,42(4):46-49.

[69] SUN Shuangqing, ZHENG Qifei, LI Defu, et al. Long-term atmospheric corrosion behaviour of aluminium alloys 2024 and 7075 in urban, coastal and industrial environments[J]. Corrosion Science, 2009, 51(4): 719-727.

[70] WANG B B, WANG Z Y, HAN W, et al. Atmospheric corrosion of aluminium alloy 2024-T3 exposed to salt lake environment in western China[J]. Corrosion Science, 2012, 59: 63-70.

[71] 赵全成,罗来正,黎小锋,等. 两种典型大气环境下7A85铝合金的腐蚀行为研究[J]. 装备环境工程,2020,17(7):70-75.

[72] 苏艳,肖勇,苏虹,等. 7B04-T6铝合金微观组织及其对腐蚀行为的影响[J]. 腐蚀科学与防护技术,2012,24(6):458-462.

[73] 苏艳,张伦武,钟勇. 5A90铝锂合金显微组织及海洋大气环境腐蚀行为[J]. 中国腐蚀与防护学报,2016,36(3):260-266.

[74] 钟勇,苏艳,罗来正,等. 四种典型大气环境下7B50铝合金的腐蚀行为研究[J]. 装备环境工程,2021,18(11):143-150.

[75] 杨小奎,张伦武,胡滨,等. 7475高强铝合金在海洋和乡村大气环境中的腐蚀行为研究[J]. 表面技术,2019,48(1):262-267.

[76] YANG Xiaokui, ZHANG Lunwu, ZHANG Shiyan, et al. Properties degradation and atmospheric corrosion mechanism of 6061 aluminum alloy in industrial and marine atmosphere environments[J]. Materials and Corrosion, 2017, 68(5): 529-535.

[77] 张晓云,孙志华,刘明辉,等. 环境对高强度铝合金应力腐蚀行为的影响[J]. 中国腐蚀与防护学报,2007,27(6):354-362.